수학의 아름다움이 \ 서사가 된다면

ONCE UPON A PRIME:
The Wondrous Connections Between Mathematics and Literature

모비 딕의 기하학부터 쥬라기 공원의 프랙털까지

수학의 아름다움이 \ 서사가 된다면

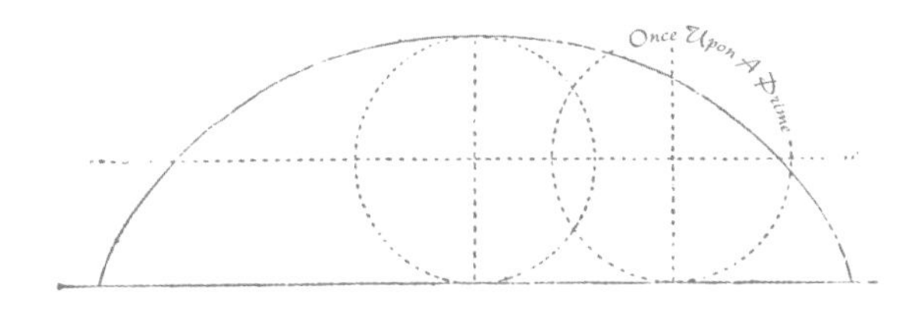

새러 하트Sarah Hart 지음
고유경 옮김

미래의창

마크, 밀리, 엠마를 위해

차례

3부 수학, 이야기가 되다

추천의 글

수학과 문학의 서사시

김 민 형

영국 에든버러대학교 수학과 석좌교수
국제수리과학연구소장

우리나라 교육 시스템의 불행한 산물 중 하나가 '문과'와 '이과' 구분에 대한 강력한 믿음이다. 다수의 학생이 수학을 포기하는 현상은 어느 나라에서나 문제가 되지만 학문적 소양이 상당히 깊은 어른이 되어서까지 나오는 '나는 문과형'이라는 자백(겸 자책)은 우리나라에서 특히 자주 듣는 것 같다. 그 말 자체보다도 수학을 잘하는 사람이 스스로를 문과형으로 분류하며 자괴감에 빠진다는 사실은 더욱 흔한 불행이다.

그런 면에서 문과와 이과 사이의 인위적인 벽을 허무는 새러 하트 교수의 책 출간 소식은 참으로 반가운 일이다. 《수학의 아름다움이 서사가 된다면Once Upon a Prime》은 이미 영국과 미국에서 주목을 받았고, 내가 일하는 국제수리과학연구소에서도 2023년 겨울에 하트 교수를 초청하여 대중 강연을 성황리에 마쳤다.

문과로 분류되는 전공 분야 중 경제학이나 철학에서 수학이 거론되는 일은 당연히 많다. 경제학 같으면 각종 '평형'의 개념을 중심으로 고등수학이 다양하게 활용되고, 경제학 교재는 입문 수준부터 수식으로 가득하다. 영화 〈뷰티풀 마인드〉의 주인공 존 내시를 비롯한 많은 수학자들이 노벨경제학상을 수상해 왔다. 철학자들은 플라톤 때부터 수학을 명료한 사고의 표본으로 여겨왔으며 데카르트, 스피노자, 칸트 같은 근대 철학의 원조들은 물론이고 이 시대 프랑스의 인기 철학자 알랭 바디우Alain Badiou 같은 인물까지도 수학을 거리낌 없이 논한다. 반면 문학은 흔히 상상과 감성의 영역으로 간주되며 수학의 '냉철한 사고'와는 거리가 멀다는 선입관이 있다. 그러나 인간의 탐구 활동은 궁극적으로 비슷해서 수학 연구에서도 상상력이 필요하며 문학 작가에게도 구조적 지성과 엄밀한 사고력이 필요하다는 이야기는 많은 토론의 대상이다. 개인적으로는 문과나 이과나 현실의 섬세한 이해에 대한 갈망은 똑같은데 전문 용어와 방법론만 역사적으로 다르게 개발되어 왔다는 것이 현재 나의 신념이다.

《수학의 아름다움이 서사가 된다면》은 수학적 사고를 활용하는 작가들의 여러 사례 그리고 그들의 작품과 수학의 만남을 풍부하게 보여 준다. 미적분을 좋아한 톨스토이와 그의 대하소설《전쟁과 평화》, 글자와 문자의 무한 조합으로 이루어진 책들을 소장한 바빌로니아 도서관을 묘사한 호르헤 루이스 보르헤스의 단편소설, 그리고 2013년 영국 부커상의 사상 최연소 수상자 엘리너 캐턴의《루미너리스The Luminaries》등 꽤 다양한 시대와 환경에서 탄생한 문학이 포함되었다. 특히 캐턴의 소설은 13이라는 수를 둘러싼 각종 배합, 그리고 챕터의 길이가 계속 반으로 줄어드는 기이한 제약 조건 속에서도 모든 요소가 자연스럽게 맞아 들어가는 기적을 이룩해서 새로운 융합의 가능성을 극적으로 제시했다. 물론 구조적 관점에서 수학을 의식적으로 사용하지 않은 명작 중에도 수학에 대한 저자의 깊은 관심과 조예를 과시하며 짜임새 있는 수학 개념이 소설 여기저기에 흩어져 있는 사례들이 있다. 허먼 멜빌의《모비 딕》, 조지 엘리엇의《미들마치Middlemarch》, 톰 스토파드Tom Stoppard의《아카디아Arcadia》등이 그렇다. 이들 역시 책에서 거론된다. 다만 이 작품들을 모르는 사람도 걱정할 필요 없다. 통찰력과 재치로 가득한 하트 교수의 글은 그 자체로 사전 지식 없는 독자들을 끌어들이기에 충분하다.

내가 가장 흥미롭게 생각하는 문학과 수학의 접점은 문학에 등장하는 수학보다 수학 그 자체의 문학적 성격이다. 하나의 연구 논문을 평가할 때 논리적 정당성은 가장 최소한의 조건이며 이것은 다른 학문이나 대부분의 문학도 마찬가지다.

물론 논문의 가치는 결론의 옳고 그름으로만 결정되는 것이 아니다. 논문에 나오는 주제와 담론의 의미에 대한 주관적인 판단 역시 학계의 인정을 받는 중요한 요소다. 그 과정에서 논문의 서술이 큰 역할을 하므로 나도 학생들에게 간결하면서도 선명한 문장력 그리고 논문의 내용을 일목요연하게 보여주는 서문과 결론의 중요성을 항상 강조한다. (내가 이것을 잘하는 것은 불행히도 아니다.)

그러나 수학 연구의 궁극적 의미는 몇몇 문장이나 논문으로 결정되지 않는다. '페르마의 마지막 정리'의 증명 같은 유명한 업적도 그의 중요성이 모두에게 자명했던 시기가 역사적으로 거의 없었다. 가령 19세기 가장 뛰어난 수학자로 여겨지는 가우스는 그 정리의 증명이 하찮고 의미 없는 문제여서 자기 시간을 투여할 의향이 없음을 밝혔다. (대부분 뛰어난 수학자는 의미 있는 연구 방향을 잘 고르느라 상당히 고민한다.)

'페르마의 마지막 정리'를 중요하게 만든 것은 그 정리를 둘러싸고 수 세기 동안 계속된 전통과 전설 그리고 이론이었다. 이 내용을 다룬 대중적인 수학책들이 꽤 많으므로 길게 설명하지는 않겠지만 '대수적 정수론'이라는 현대 수학의 중요하고 방대한 분야가 이 정리의 영향으로 개발되었음을 강조하고자 한다. 즉, '페르마의 마지막 정리'에 관해 수학자들이 해온 긴 이야기에서 증명은 하나의 에피소드일 뿐이다. 350년 넘게 진행된 복잡다단한 모험담이 앤드루 와일즈Andrew Wiles의 논문이 지닌 진정한 의미를 표현한다.

수학은 수천 년 전부터 수많은 수학자들이 함께 써온 하나의 이야기다. 세대마다 챕터와 문단이 더해지고 줄거리의 가닥이 흩어졌다 합쳐지곤 하면서 지금도 세계 방방곡곡에서 이 거대한 작품에 수많은 수학도들이 조금씩 기여하고 있다. 최근 대화에서 하트 교수에게 이 관점을 제시했다. 그러자 그는 전반적으로 동의하면서도 수학은 '긴 이야기'보다 '긴 서사시'에 더 가깝지 않냐고 반문했다. 아주 특이한 문학 장르인 수학의 서사시가 보편적인 문학과 어느 정도 자연스럽게 교차할 수 있는가? 이 책의 독자가 읽으면서 염두에 둘 만한 질문이다.

2024년 8월

영국 케임브리지에서

들어가며

"나를 이슈메일이라고 해두자."

이 말은 문학계에서는 매우 유명한 첫 문장 중 하나일 것이다. 그러나 부끄럽게도 나는 오랫동안《모비 딕》을 읽지 않았다. 《모비 딕》은 읽지 않으면 죄책감을 불러일으키는, 오래전에 읽었어야 할 책의 범주에 있으면서도 좀처럼 끌리지 않았다. 내가 읽은 책 중 최악의 책으로 기억될까 봐 두려움이 앞섰던 이유도 있었다. 그럼에도 지금 다시 생각해보면 다행히도 나는 그 책에 과감히 도전했고, 그 도전은 나의 인생을 바꿔버렸다. 나는《모비 딕》을 읽으며 수학과 문학 사이의 연결고리를 탐구할 수 있었고, 그 결과는 이 책으로 이어졌다.

이 모든 것은《모비 딕》에 사이클로이드에 관한 이야기가 나온다는 동료 수학자의 말을 우연히 들었을 때부터 시작되었다. 사이클로이드는 직선 위로 원을 굴렸을 때 원 위의 정점이 그리는 곡선으로, 아름다운 수학적 곡선이라고 할 수 있다. 수학자 블레즈 파스칼은 그 곡선에 매료되어 사이클로이드를 떠올리면 극심한 치통도 잊을 수 있다고 말할 정도였다. 하지만 이 곡선이 고래 사냥에 응용되었다는 것은 잘 알려지지 않았다. 나는 호기심이 생겼고, 이 위대한 소설을 드디어 읽기 시작했다. 그리고《모비 딕》에 가득 찬 수학적 비유를 발견할 수 있었다. 멜빌의 책은 읽을수록 나에게 커다란 수학적 기쁨을 안겨주었다. 이후 나는 멜빌뿐만 아니라 레오 톨스토이는 미적분학, 제임스 조이스는 기하학을 다룬 글을 썼다는 사실도 알게 되었다. 아서 코난 도일이나 치마만다 응고지 아디치에Chimamanda Ngozi Adichie처럼 전혀 관련 없어 보이는 작가들의 작품에도 수학자들이 다양한 모습으로 등장한다. 그리고 마이클 크라이튼의 소설《쥬라기 공원》의 기초가 되는 프랙털 구조나 다양한 형태의 시에서 발견되는 대수 원리는 또 어떠한가? 문학 작품에서 언급되는 수학의 예는 기원전 414년에 초연된 아리스토파네스Aristophanes의 희극〈새〉까지 거슬러 올라간다.

특정 장르나 작가의 수학적 측면을 다루는 학술 연구는 더러 있었지만 그 수는 현저히 적었고 내가 보기에 수학을 향한 친밀감이 너무나도 분명한 멜빌의 작품과 수학에 대한 논문도 소수에 불과했다. 수학과 문학 사이의 관련성은 마땅한 관심을 끌지 못한 것이다. 따라서 이 책의 목표는 수학과 문학이 불가분하게 그리고 근본적으로 연결되어 있을 뿐만 아니라 이 연결고리들을 이해하면 두 분야에서 누릴 수 있는 즐거움이 한층 풍성해질 수 있음을 깨닫게 도와주는 것이다.

시집《루바이야트》의 저자로 알려진 11세기의 페르시아 학자 오마르 하이얌*은 수학자이기도 했다. 그는 400년이 지난 후에야 온전한 대수학 해법이 밝혀진 수학 문제에 대한 아름다운 기하학적 해법을 만들어낸 사람이다.《캔터베리 이야기》를 쓴 14세기의 작가 제프리 초서Geoffrey Chaucer는 천체 관측 기구 아스트롤라베에 관한 논문을 쓰기도 했다. 수학자이면서 작가였던 루이스 캐럴을 비롯하여 이러한 사례는 셀 수 없이 많다. 이러한 연관성 외에도 문학에서 수학을 찾는 것에는 더 심오한 이유가 있다. 우주는 기본적인 구조와 패턴 그리고 규칙성으로 가득 차 있고, 수학은 이를 이해할 수 있는 최고의 도구다. 수학은 종종 우주의 언어라고도 불리며 과학 분야에서 매우 중요한 위치를 차지하고 있다.

인간도 우주의 일부다. 그만큼 창의적 표현의 형태, 그중에서도 문학에 패턴과 구조의 성향이 나타나는 것은 당연한 일이다. 따라서 수학은 문학을 완전히 다른 관점에서 바라볼 수 있게 해주는 열쇠라고 할 수 있다. 나는 수학자로서 그 세상을 보여주고 싶은 것이다.

* 현대 학자들은《루바이야트》가 여러 작가의 합작품이라고 보고 있다.

나는 수학자의 길을 가겠다고 결심하기 전부터 패턴을 좋아했고, 그것이 단어든 숫자든 모양이든 상관없었다. 성장하면서 내가 수학자가 되리라는 것은 점점 더 분명해졌다. 그런데 수십 년간 영국의 교육제도에서 수학은 인문학과는 거리가 먼 과학 분야로만 취급받았다. 내가 마지막으로 영어 수업을 들었던 것은 1991년이었는데, 선생님은 내가 좋아할 만한 책들을 잔뜩 적은 멋진 손 편지를 건네며 이렇게 말씀하셨다.

"널 실험실에 빼앗기게 되어 유감이다."

그런 말을 듣자 나 역시 길을 잃은 것 같아 유감스러웠다. 하지만 결과적으로 나는 길을 잃지 않았다. 한 분야를 선택해야 한다고 해서 다른 길을 잃는 것은 아니다. 나는 여전히 언어를 사랑하고, 단어가 서로 맞물려가는 방식을 사랑한다. 문학이 수학처럼 상상의 세계에서 한계를 창조하고, 언어를 요리조리 가지고 놀고, 끝없이 시험하는 방식을 사랑하는 것이다.

나는 수학을 공부하기 위해 옥스퍼드로 향했다. 그리고 내 어린 시절 문학 영웅이었던 C. S. 루이스와 J. R. R. 톨킨이 매주 만나 그들의 작품을 논의하던 술집에서 한 블록 떨어진 거리에 살게 되어 매우 기뻤다. 영국 북부 맨체스터에서 석사와 박사학위를 마친 나는 2004년에 런던으로 옮겨 버벡대학교에서 강의하게 되었고, 2013년에 정교수가 되었다. 이 모든 시간 동안 내 본업은 군론Group Theory이라고 알려진 추상 대수학 분야를 가르치고 연구하는 일이었지만, 나는 수학의 역사, 특히 수학이 어떻게 우리의 폭넓은 문화적 경험과 관련이 되는지에 점점 더 관심을 두게 되었다. 그리고 항상 수학자로서의 내 일이 문학이나 음악과 같은 창조적 예술과도 잘 어울린다고 느꼈다. 좋은 글과 마찬가지로 좋은 수학에도 구조, 리듬, 패턴이 담겨 있다. 위대한 소설이나 완벽한 소네트를 읽을 때 느끼는 감정, 즉 모든 구성 요소가 조화롭고 완벽하게 어우러진 아름다운 작품에 감탄하는 것은 수학자가 아름다운 증명을 읽을 때 느끼는 경험과 같다. 수학자 G. H. 하디는 이렇게 썼다.

"수학자는 화가나 시인처럼 패턴을 만드는 사람이다. 수학자의 패턴은 화가나 시인의 패턴처럼 아름다워야 하고, 그 아이디어는 그들의 색이나 단어처럼 조화롭게 서로 맞아떨어져야 한다. 아름다움이야말로 첫 번째 시험대다. 이 세상에 추한 수학이 설 자리는 없다."

2020년에는 그레셤대학교의 기하학 교수가 되어 수학에 대해 수십 년 동안 생각해왔던 것과 수학의 역사 및 문화에서의 위치를 집대성할 기회를 얻었다. 이 대학의 교수직은 여전히 남아 있는 몇 안 되는 튜더 시대의 직업 중 하나로, 1597년 엘리자베스 시대의 궁정 고문이자 재력가인 토머스 그레셤Thomas Gresham 경의 유언에 따라 만들어졌고, 나는 이 일을 맡은 서른세 번째 학자이자 최초의 여성이다.

나는 버벡대학교의 수학 교수와 그레셤대학교의 기하학 교수를 겸임하며 2명의 멋진 딸을 양육하고 있다. 이쯤에서 독자

여러분이 나에게 무슨 질문을 하고 싶을지 알 것 같다.

"새러, 시간이 나면 뭘 하시죠?"

내 대답은 늘 같다.

"책을 읽습니다."

끊임없이 그리고 폭넓게. 전자책 리더기의 가장 좋은 점은 책장을 넘길 필요가 없어 아이를 팔에 안고서도 편하게 읽을 수 있다는 것이다. 그렇게 해서 나는 아이를 돌보면서도 수학적 놀라움으로 가득했던 《전쟁과 평화》를 마음껏 읽을 수 있었다. 매년 나는 절친 레이철과 함께 부커상 최종 후보작 읽기에 도전한다. 후보작이 선정되고 수상자가 발표되기 전인 약 6주의 시간 동안 6권의 책을 읽는 것이다. 2013년 최종 후보에 오른 책 중 하나는 엘리너 캐턴의 《루미너리스The Luminaries》였다. 캐턴은 이 소설에서 등비수열을 비롯한 몇 가지 구조적 제약을 사용했다.

책 속에는 그 이면에 있는 수학을 아는 독자를 위해 숨겨진 단서와 보상이 있다. 또한 수학과 문학 사이의 연결고리가 한 방향으로만 이어지지 않는다는 점도 잊지 말아야 할 것이다. 수학 자체는 언어학적 창조성이라는 풍부한 유산을 갖고 있다. 전통적으로 고대 인도의 산스크리트 수학은 구전되었다. 고대 인도인들은 수학적 알고리즘이 입으로 전달될 수 있도록 시로 표현했다. 우리는 일반적으로 수학적 개념을 정사각형이나 원처럼 정확하고 고정된 단어라고 생각한다. 하지만 전통적인 산스크리트 수학에서는 단어가 시의 음보에 맞아야 한다. 예를 들어, 숫자는 관련 대상을 가리키는 단어로 대체된다. 숫자 1은 '달'이나 '지구'처럼 유일한 것으로 표현되고, 숫자 2는 '손'처럼 2개인 것 또는 '흑과 백'처럼 짝을 이루는 것으로 나타냈다. 산스크리트 수학에서 '빠진 이 3개'는 치과에 가야 한다는 뜻이 아니라 치아 수 뒤에 3개의 0을 붙여야 한다는 뜻이다. '32,000'의 시적 표현인 셈이다. 이렇게 수많은 단어와 의미가 수학에 매력적인 풍요로움을 더해주었다.

수학이 문학적 비유를 사용하듯 문학에도 숙련된 수학자의 눈으로 간파하고 탐구할 수 있는 수학적 아이디어가 많다. 이 역시 소설 작품을 감상하는 데 특별한 관점을 더해준다. 예를 들어, 멜빌의 소설에 등장하는 사이클로이드는 멋진 특성을 가진 흥미로운 곡선이지만 포물선이나 타원과는 달리 수학자가 아니면 들어본 적 없을 만큼 생소한 개념이다. 참으로 안타까운 일이다. 이 곡선은 '기하학의 헬레네'라고 불릴 만큼 정말 아름다운 곡선이기 때문이다. 사이클로이드는 매우 쉽게 만들 수 있다. 평평한 길을 따라 굴러가는 바퀴를 상상해보라. 그리고 바퀴 가장자리에 점 하나를 찍어보자. 바퀴가 굴러갈 때, 이 점이 공간상에 그리는 자취가 바로 사이클로이드 곡선이다. 자연스럽게 떠오를 법한 개념이지만, 이 곡선에 관한 연구 기록은 16세기가 지나서야 등장했다. 그리고 17, 18세기에 활발한 연구가 이루어지면서 수학에 관심이 있는 사람이라면 누구든 사이클로이드에 관해 이야기했다. 이 아름다운 곡선에 '사이클로이드'라는 이름을 붙인 사람은 갈릴레오로, 그는 장장 50년 동안이나 이 곡선을 연구했다고 한다.

아름다운 수학 곡선 사이클로이드가 《모비 딕》뿐만 아니라 18세기의 위대한 작품 《걸리버 여행기》와 《트리스트럼 섄디 Tristram Shandy》에도 등장한다는 사실은 수학이 지적인 삶의 일부임을 보여주는 증거라고 할 수 있다. 걸리버는 소인국 라퓨타에서 수학에 집착하는 사람들을 목격한다. 라퓨타의 왕과 만찬을 즐기는 동안 걸리버는 '원뿔과 원기둥, 평행사변형 그리고 또 다른 수학적 모양으로 자른 빵' 그리고 '정삼각형으로 자른 양고기'와 '사이클로이드 모양으로 자른 푸딩'을 먹었다. 한편 《트리스트럼 섄디》에 등장하는 토비 삼촌은 다리 모형을 만들기 위해 고민 중이었다. 그는 여러 학술 자료를 검토한 후, 사이클로이드 모양의 다리가 최선이라며 다소 성급한 결정을 내리지만 뜻대로 되지 않는다.

"토비 삼촌은 포물선의 특징을 잘 알고 있었지만, 사이클로이드 전문가는 아니었다. 그는 매일 그 곡선에 관해 이야기했지만, 다리는 만들어지지 않았다."

《트리스트럼 섄디》처럼 위대한 책들을 읽는 즐거움은 그들이 암시하는 문학적이고 문화적인 그리고 당연히 수학적으로 눈부신 풍부함과 웅대함에 있다. 고전 문학을 즐겨 읽는 사람이라면 적어도 한 번쯤 셰익스피어의 작품을 접해보았을 것이다. 그렇다면 셰익스피어의 작품만큼이나 많이 회자되는 수학 관련

책이 있을까? 강력한 경쟁자는《기하학 원론The Elements》또는 그냥《원론》으로 알려진 유클리드의 책으로, 아마도 역사상 가장 영향력 있는 수학책일 것이다.

철학자 토머스 홉스가 기하학에 매료된 이유에 대해 전기 작가 존 오브리는 다음과 같이 기록했다.

> 신사의 서재에는 유클리드의《원론》제1권이 펼쳐진 채 놓여 있었다. 펼쳐진 부분은 마흔일곱 번째 명제였다. 홉스는 그 명제를 읽었다. "G-d에 따라…… 이건 불가능해!" 그래서 그는 그 명제의 증명을 읽었다. 그 증명은 또 다른 증명으로 그를 이끌었고, 홉스는 다시 원래의 증명으로 돌아와 명제를 읽고 또 읽었다. 마침내 그는 처음의 명제가 옳다는 것을 확신했다. 이 일을 계기로 홉스는 기하학과 사랑에 빠졌다.

이 이야기는 수학을 바라보는 관점에 대해 많은 것을 알려준다. 유클리드의《원론》이 펼쳐져 있었던 곳은 수학자의 연구실이 아닌 '신사의 서재'였다. 이 책은 학식 있는 사람을 위한 전인교육의 일부였던 것이다. 게다가 오브리는 독자가 유클리드에 대해 잘 알고 있다고 생각하는 것처럼 아무런 설명 없이 제1권에 있는 명제 47을 언급한다. 사실 우리는 이미 그 명제를 알고 있다. 그 명제는 바로 '피타고라스의 정리'다. 유클리드 기하학에 담겨 있는 아름다운 확신, 즉 이론과 증명으로 이어지는 공리와 정의는 우리가 6장에서 만나게 될, 각자 다른 방식으로 수학을 사랑한 조지 엘리엇과 제임스 조이스, 윌리엄 워즈워스나 에드나 세인트 빈센트 밀레이Edna St Vincent Millay 같은 문학가들에게 수많은 영감과 위로를 주었다.

워즈워스는 시집 《서곡》에서 "기하학은 당신의 슬픔을 달래줄 수 있는 차분하고 심오한 즐거움을 선사한다"라고 말했다.

> 매혹적인 힘
>
> 마음을 괴롭히는 추상적인 생각 중에서
>
> 그 심상과 함께, 그래서 혼자 번민에 휩싸여도
>
> 내게는 특별한 기쁨이 되네
>
> 높게 세워진 그 명확한 통합
>
> 아주 우아하게
>
> 독립된 세계
>
> 순수한 지성이 빚어낸 세계

유클리드의 완벽함은 누구나 알고 있었으므로 19세기에는 유클리드 세계 너머의 기하학, 즉 평행선도 때로는 만날 수 있다는 소위 비유클리드 기하학과 같은 아주 흥미로운 발견이 대중의 상상력을 사로잡았다. 그래서 나는 오스카 와일드에서 커트 보니것에 이르는 문학가들이 이 개념들을 어떻게 해석해왔는지 보여주려고 한다. 수학과 문학을 인간의 삶과 세상 속 우리의 자리를 이해하기 위한 보완적 관계로 바라본다면, 우리는 두 분야를 더할 나위 없이 풍부하게 즐길 수 있을 것이다.

이 책의 1부에서는 소설의 줄거리와 시의 운율 체계 같은 문학 텍스트의 기본 구조를 탐구하며 문학의 바탕을 이루는 수학을 들여다보려 한다. 또한 문학과 수학을 접목시키고자 한 프랑스 문학운동단체 울리포OuLiPo의 수학적 영감을 받은 조르주 페렉과 이탈로 칼비노의 작품처럼 일부러 제약을 사용하는 글에 대해서도 자세히 알아보겠다. 문학이라는 집에서는 이 제약이 하중을 지탱하는 기둥이자 토대다. 그곳에서 우리는 잘 보이지 않는 곳에 숨겨진 수학적 사상을 발견하게 될 것이다.

기둥 다음에 알아볼 것은 집을 꾸미는 장식과 벽지, 카펫이다. 수많은 작가들이 수학적 은유를 사용해 글에 묘미를 더하여 숫자의 상징적 의미가 풍성해지고 완숙해졌다. 이 책의 2부는 이러한 문구와 은유, 암시 등에 초점을 맞출 것이다.

그렇다면 이 집에는 누가 살고 있을까? 우리의 글은 무엇에 관한 것일까? 3부에서는 노골적으로 수학적인 주제를 사용하고 때로는 수학자들이 등장인물로 나서는 소설을 통해 수학이 어떻게 이야기의 일부가 되는지 살펴보겠다. 프랙털 구조에서 4차원에 이르기까지, 대중의 상상력을 사로잡은 수학적 개념과 이 개념들이 소설 속에서 어떻게 탐구되었는지 알아볼 것이다. 또한 수학자들에 대한 고정관념 그리고 수학에 대한 개념이 소설에서 어떻게 사용되었는지도 들여다볼 것이다.

아직 수학을 좋아하지 않는다면, 이 책을 통해 수학의 아름다움과 경이로움, 수학이 창조적인 우리의 삶에서 자연스러운 일부가 된 이유 그리고 수학이 예술의 판테온에서 문학과 함께 한자리를 차지하게 된 이유를 알게 되었으면 한다. 나는 익숙한 작품과 작가들을 보는 또 다른 관점을 더하고, 잘 알려지지 않은 작품을 소개하며, 서사를 경험하는 새로운 방법을 보여주고 싶다. 이 책을 읽고 나면, 단언컨대, 곧 더 큰 책장을 마련해야 할 것이다.

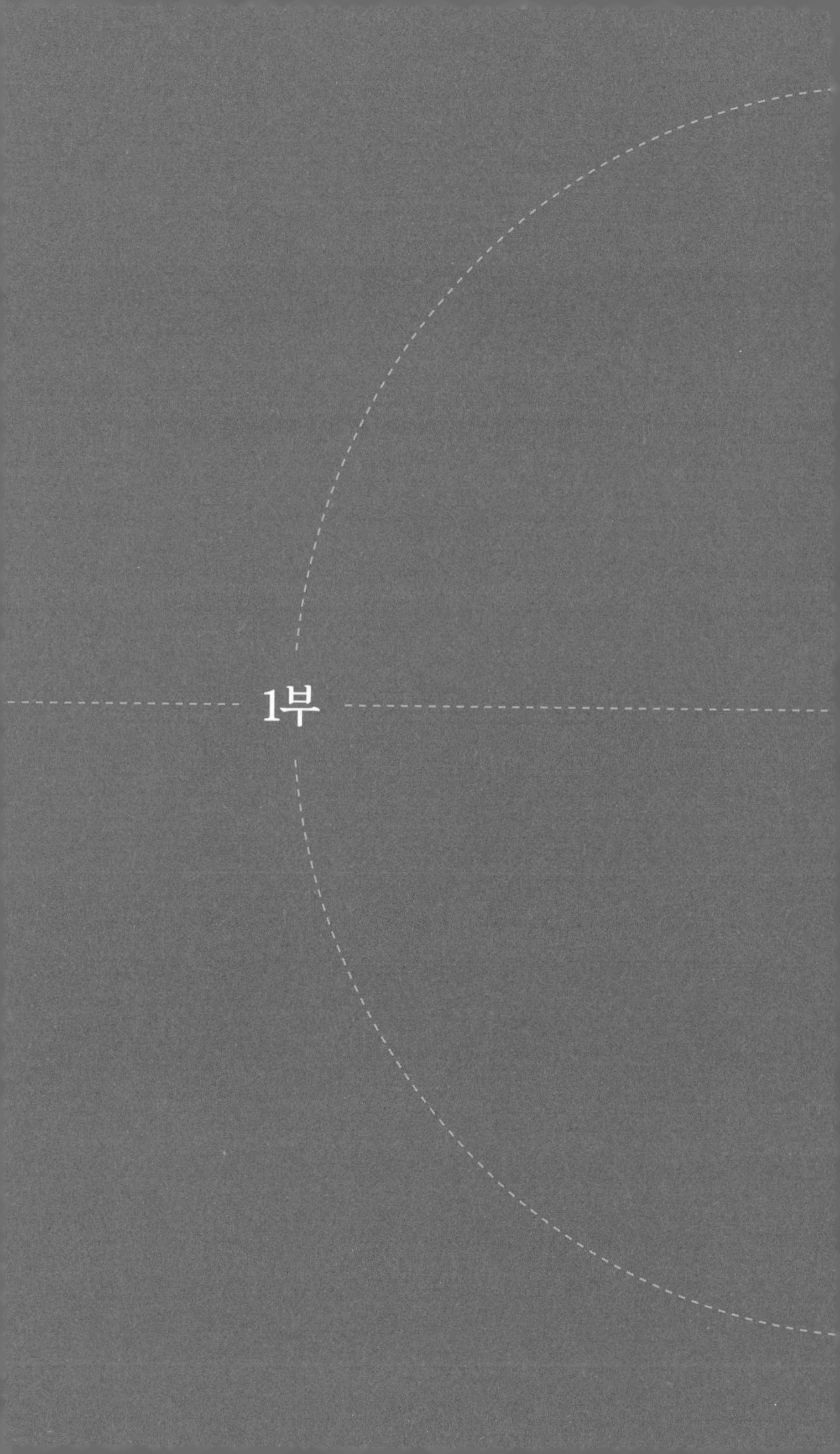

1부

수학적 구조와 창의성 그리고 제약

1

하나, 둘, 신발 끈을 매자

시의 수학적 패턴

수학과 시의 관계는 무척 심오하다. 하지만 둘 다 매우 간단한 요소로 시작한다. 바로 숫자를 세는 리듬(운율)이다. 1, 2, 3, 4, 5라는 숫자 패턴은 숫자들이 등장하는 동요만큼이나 어린아이들을 사로잡는 패턴이다. 시나 문학에서는 약강 5보격이라는 율동적인 강한 운율에서 세스티나Sestina(6행 6연체)와 빌라넬Villanelle(19행 2운체) 같은 복잡한 운문 형식에 이르기까지 훨씬 정교한 율격과 압운 형식이 구조를 향한 열망을 채운다. 이러한 형식과 또 다른 시적 제약의 배후에는 매혹적인 수학적 원리가 있다.

어린 시절에 불렀던 동요를 떠올려보자. 장담하건대 아직도 그 가사들이 기억날 것이다. 그것이 바로 패턴의 힘이다. 우리의 수학적 두뇌는 패턴을 참 좋아한다. 운율을 통해 잠재의식에 스며든 패턴은 오래된 기억을 자연스럽게 소환해낸다. 이 때문에 위대한 영웅들의 행위를 칭송하는 시도 구전될 수 있는 것이다. 수많은 전통적인 운문들은 차곡차곡 쌓여 각 연에 새로운 행을 더하고, 1연으로 다시 돌아가 누적된다.

'오, 초록 들판이 골풀밭으로 자라네Green Grow the Rushes, O' 라는 오래된 영국 민요는 12절까지 있는데, 모든 절의 마지막 문장은 이렇게 끝난다.

"하나는 하나라서 완전히 혼자이고 영원히 그럴 것이다."

유월절에 부르는 히브리어 노래 '하나를 아는 사람Who Knows One'의 가사는 운율과 숫자를 이용해 아이들에게 유대 신앙의 핵심을 가르친다. 이를테면 "가모장은 4명, 총대주교는 3명, 언약 명판은 2개, 하나님은 하늘과 땅을 거느리는 오직 한 분"으로 끝맺는다.

파이(π)의 처음 몇 숫자를 외우기 위해 학교에서 수학적 연상기억법을 배웠을 것이다. 다음 예시를 보자.

> 내가 π를 계산할 수 있다면 얼마나 좋을까.
>
> How I wish I could calculate *pi*.

이 문장은 내가 정말 π를 계산하고 싶다는 이야기가 아니라 3.141592로 시작하는 π의 숫자를 떠올리기 위한 연상기억법 중 하나다. 각 영어 단어의 스펠링 수가 파이의 수를 의미한다. π값을 떠올리기 위한 연상기억법은 매우 다양하다.

앞서 언급한 문장보다 더 많은 π값을 연상시키는 문장도 있다.

양자역학을 비롯한 골치 아픈 강의를 듣고 나니, 나는 타고 난 알코올 중독자답게 술 한잔이 간절하구나!
How I need a drink, alcoholic in nature, after the heavy lectures involving quantum mechanics!

이 연상기억법은 영국의 물리학자 제임스 진스James Hopwood Jeans의 글귀로 알려져 있다. 사실 단어를 이루는 알파벳 수가 π값과 일치하는 '필리쉬Pilish'로 시를 짓는 이들도 많이 있다.[1] 내가 가장 좋아하는 예는 마이클 키스Michael Keith가 쓴 〈까마귀 옆에서Near a Raven〉로, 에드거 앨런 포의 시 〈갈까마귀The Raven〉의 필리쉬 버전이다.

에드거 포

까마귀 옆에서

한밤중은 너무도 음울하고, 지치고, 피곤하다
이제는 완전히 한물간 옛 지식을 추앙하는 책들을 조용히 생각한다
내가 다소 긴 낮잠을 자는 동안, 톡톡 두드리는 아주 기이한 소리가 들린다!
불길한 진동음이 내 방문을 어지럽혔다
"이 소리는" 나는 조용히 속삭였다. "그냥 무시하자."

Poe, E

Near a Raven

Midnights so dreary, tired and weary.

Silently pondering volumes extolling all by-now obsolete lore.

During my rather long nap — the weirdest tap!

An ominous vibrating sound disturbing my chamber's antedoor.

"This", I whispered quietly, "I ignore."

물론 이 시 전체를 암송할 필요는 없다. 40자리의 파이 값만으로도 현재 알려진 우주의 둘레를 수소 원자 크기보다 더 작고 정밀하게 계산할 수 있다고 한다. 따라서 1절만 알아도 대부분의 실용적인 목적에 충분할 것이다. 〈갈까마귀〉의 필리쉬 버전은 수학적 상수에 바탕을 두고 있지만, 그 내용은 전혀 수학적이지 않다. 그렇다면 수학적 퍼즐을 내용으로 한 유명한 시도 한 편 소개해보겠다.

세인트 아이브스로 가는 길에

7명의 아내를 둔 남자를 만났다네.

아내들은 각각 7개의 짐가방이 있었고,

짐가방에는 각각 7마리의 고양이가 있었고,

고양이들은 각각 7마리의 새끼가 있었다네.

새끼 고양이, 어미 고양이, 짐가방, 아내들.

세인트 아이브스로 가는 건 전부 몇이려나?

어렸을 때 나는 시 속에 있는 모든 7을 곱하려 무지 애썼다. 그러다 이 시의 아주 낡고 뻔한 속임수에 빠졌다는 것을 겨우 깨달았다. 하지만 훨씬 더 정교한 수학 문제가 담겨 있는 시도 있다. 앞에서 언급했듯이 산스크리트 전통 수학을 위한 표준 형식의 시들이 그러했다. 12세기의 인도 수학자이자 시인인 바스카라Bhaskara는 모든 수학 작업을 시로 나타냈다. 다음은 바스카라가 딸에게 헌정한 책에 담긴 시 중 하나다.

벌떼의 5분의 1은 카담바 꽃에,

3분의 1은 실린다 꽃에 앉았고,

이 두 수의 차의 3배는 쿠타자 꽃으로 날아갔네.

그리고 나머지 1마리의 벌이 재스민 꽃향기에 빠져 허공을 맴돌고 있네.

아리따운 아가씨, 얼마나 많은 벌이 이 무리에 있었는지 내게 말해주겠소?

세상에, 대수학을 이렇게 아름답게 표현하다니! 불행히도 오늘날에는 수학을 시로 쓰지 않지만 시와의 미학적 연결고리는 여전히 남아 있다. 두 분야의 목표는 표현의 경제성을 이용하는 아름다움이다. 시인이나 수학자는 모두 서로의 전문성을 칭찬했다. 미국의 시인 에드나 세인트 빈센트 밀레이는 1922년 〈유클리드는 오직 아름다움만 바라보았다〉라는 소네트를 지어 유클리드 기하학에 경의를 표했다. 아일랜드 수학자 윌리엄 로언 해밀턴William Rowan Hamilton은 수학과 시 모두 "지구의 둔탁한 소동 위로 마음을 끌어올릴 수 있다"라고 했다. 또한 아인슈타인은 수학이 논리적 사고의 시라고 말했다. 예를 들어, 수학적 증명은 시와 많은 공통점이 있다. 두 가지 모두 각각의 단어가 중요하고 불필요한 것이 없으며, 그 목표 또한 전체 개념을 독립적으로 그리고 간결하게 구조적인 방식으로 표현하는 것이다.

이제 아름답고 순수한 시 같은 증명을 보여주겠다. 유클리드의 노고 덕에 알려진 그 증명은 소수에 대한 것으로, 소수가 무수히 많다는 것을 증명한다. 소수는 2, 3, 5, 7 등과 같이 더 작은 정수로 분해될 수 없는 숫자다. 예를 들어, 숫자 4는 2×2로 분해되고 6은 2×3으로 분해되므로 소수가 아니다. 1보다 크고 셀 수 있는 숫자는 모두 소수이거나 소수로 분해될 수 있으며(수학 용어로 '소인수분해'), 심지어 더욱 멋진 점은 2×3이 기본적으로 3×2와 같다고 말할 수 있다면, 소인수분해는 사실상 하나의 방법으로만 가능하다는 것이다. 물론 숫자 1은 더는 분해될 수 없으므로 소수가 되어야 한다고 생각하겠지만, 우리는 소수 목록에서 1을 제외한다. 그렇지 않으면

$6 = 1 \times 2 \times 3 = 1 \times 1 \times 2 \times 3 = 1 \times 1 \times 1 \times 2 \times 3$……처럼 될 테고, 숫자를 분해하는 방법이 무한히 많아진다.

오, 이런! 따라서 이 문제를 정리하기 위해 소수는 1보다 큰 자연수로서 1과 자기 자신만을 인수로 갖는 숫자로 정의한다.

수학에서 소수를 이해하는 것은 과학에서 화학 원소들을 이해하는 것만큼 중요한 개념이다. 왜냐하면 모든 화학 물질은 원소의 정확한 조합으로 구성되어 있기 때문이다. 물 분자 H_2O는 정확히 2개의 수소 원자와 1개의 산소 원자로 이루어져 있다. 모든 정수도 특정 소수로 분해되는 구조를 갖는다. 흥미로운 사실은 화학 원소와 달리 소수는 무한하다는 것이다. 초기 수학 단계에서는 그 차이가 훨씬 뚜렷했을 것이다. 고대 그리스인들은 땅, 공기, 불 그리고 물이라는 네 가지 요소가 만물을 구성한다고 믿었다. 여기 무한히 많은 소수가 존재한다는 증거가 있다.

유한한 소수 목록이 있다면 어떻게 될까?

2, 3, 5로 시작해보자.

모든 소수를 곱한 뒤 1을 더하면 새로운 소수가 탄생한다.

그 소수는 어떤 수의 2배에 1을 더했으므로 2로 나눌 수 없다.

그 소수는 어떤 수의 3배에 1을 더했으므로 3으로 나눌 수 없다.

그 소수는 어떤 수의 5배에 1을 더했으므로 5로 나눌 수 없다.

목록에 있는 그 어떤 소수도 새로운 소수를 나눌 수 없다.

그 수가 소수든, 목록에 없는 새로운 소수가 그 수를 나누든,

어느 쪽이든 목록은 완전하지 않다.

완전한 목록은 불가능하리라.

그러니 소수는 유한할 수 없다.

증명 끝.

이것은 진정으로 아름다운 시다!

시와 수학 사이의 공명은 미국의 시인 에즈라 파운드Ezra Pound가 1910년 발표한 〈낭만의 정신The Spirit of Romance〉에 잘 표현되어 있다.

"시는 일종의 영감을 받은 수학으로, 추상적인 도형이나 삼각형, 구체 등을 위한 방정식이 아니라 인간의 감정을 위한 방정식을 묘사한다."

파운드는 시와 수학 사이에 또 다른 유사성을 소개했다. 바로 둘 다 다양하게 해석될 수 있다는 것이다.[2] 수학은 무궁무진한 해석을 담고 있는 개념으로 다른 배경에서도 얼마든지 똑같이 발견될 수 있는 만큼 보편성을 갖춘 구조다. 여기서 핵심적인 것은 수학적 표현의 우아한 간결함이 시처럼 복합적인 의미를 두루 아우를 수 있고, 다방면에 걸친 해석이 많을수록 그 예술성이 더욱 커진다는 것이다.

수학은 마치 월트 휘트먼Walt Whitman의 시처럼 문자 그대로나 우화적으로 아주 많은 의미를 포함한다. 시와 수학의 유일한 차이점이라면 우리는 수학이 모순되지 않기를 바란다는 것이다!

시가 무엇인지 정의하기는 꽤 어렵다. 일반적인 운율이나 율격 등이 정해져 있지만, 때로는 압운을 맞추거나 행을 자주 바꾸기도 한다. 다시 말하자면 시는 일종의 제약이 있다는 이야기다. 그 제약이 운율이든, 압운 형식이든, 각 연에 행 수가 정해져 있는 것이든 상관없다. 완전히 자유로운 시라 할지라도 행 바꿈이나 연, 운율은 빠지지 않을 것이다. 어떤 것이 어떻게 구성되었는지를 알면 신비로움이 사라져 그 기대감도 깨진다고 한다. 그래서 우리는 때로 마술사가 어떻게 속임수를 쓰는지 알고 싶어 하지 않고 그저 마술을 믿고 싶어 한다.

그러나 마술과 달리 시는 기교 그 이상이다. 시에 대해 무언가를 알았을 때 그에 대한 찬사를 더하는 것 말고 무얼 할 수 있을까? 나는 구조와 패턴이라는 근본적인 수학 역시 그렇다고 생각한다. 특정 제약을 향한 자발적인 굴복은 창의력을 자극한다. 제약이 필요하다는 것은 독창적이고 창의적이며 세심해야 한다는 뜻이기도 하다. 17음절로 이루어진 하이쿠俳句에서는 헛되이 쓰는 음절이 하나도 없다. 고상함과는 거리가 먼 우스꽝스러운 리머릭Limerick 형식은 단 5행으로 끝을 봐야 한다. 아일랜드 시인 폴 멀둔은 "모든 구속복을 후디니*가 입은 구속복으로 정의한다면, 운문 형식은 구속복"이라는 훌륭한 논평을 남겼다. 이 말이 '구속복'의 뜻에 새롭게 추가될지는 모르겠지만, 그 취지는 정확히 들어맞는다. 제약 자체가 작품의 특성을 정의하기도 한다. 시의 제약에는 여러 가지가 있다. 서양에서는 전통적으로 특정 압운 형식이 선호되었고, 고전시의 운율 그리고 '약강격'과 '강약격'이 적용되었다. 이 두 가지 제약의 이면에는 숫자 세기와 패턴, 즉 수학이 있다. 한편 다른 지역에서는 숫자를 보다 명확히 이용하는 다른 패턴 생성 장치가 사용된다. 이제부터는 시적 제약의 수학에 관해 이야기해보자.

이야기는 11세기 일본 황실에서 시작된다. 귀족 여성이자 쇼시 황후의 시녀인 무라사키 시키부Murasaki Shikibu는 초기 소설 중 하나인《겐지 이야기The Tale of Genji》를 썼다.

《겐지 이야기》는 궁중의 사랑과 영웅주의를 다룬 서사시 소설로, 천 년이 지난 지금도 읽히고 있는 일본 고전이다. 이 소설의 독특한 특징 중 하나는 등장인물들의 대화에 시를 사용하는 것으로, 유명한 시를 인용 또는 수정하거나 그 시의 첫 부분만을 언급한다. 예를 들어, 우리가 "제대로 된 한 땀이 아홉 땀을 던다"라는 말을 "한 번 할 때 제대로"라고 말하듯이 사용한다.《겐지 이야기》에 나오는 수많은 시는 '단카短歌' 형식이라고

* 탈출 묘기 마술사 해리 후디니 – 옮긴이 주.

불리는 것들이다. 단카 형식은 '와카和歌'라고 불리는 일본 고전 시의 더 일반적인 양식이라고 할 수 있다. 현대적인 하이쿠처럼 일본 고전시는 5-7-5음절과 7-7음절의 행을 특징으로 하지만, 하이쿠가 5-7-5 패턴으로 총 17음절을 가지고 있는 반면에 단카는 5-7-5-7-7로, 총 31음절이다.[3] 사실 정확하게는 '음절'이 아니라 '소리'를 세는 것이다. 이는 미묘하지만 중요한 차이로, 좀 더 정확한 표현법을 찾지 못한 내 불찰에 대해 일본 시 전문가들에게 양해를 구한다.

이 숫자들은 수학자에게 소수와의 연관성을 떠올리게 한다. 하이쿠의 경우를 살펴보자. 하이쿠는 3행으로 이루어져 있고, 각 행의 길이는 5와 7음절 그리고 총 17음절이다. 숫자 3, 5, 7 그리고 17은 모두 소수다. 단카는 5음절의 2행과 7음절의 3행으로 이루어져 있으며, 2, 3, 5, 7, 31은 모두 소수다. 5-7음절을 쌍으로 이룬 시는 이전의 '자연스러운' 12음절 운문에서 비롯되었다고 한다. 이 운문은 이야기가 살짝 멈추는 틈과 함께 두 부분으로 나뉘어 있다. 5-7음절 사이에 휴지가 있다는 건 지루하게 정확한 6-6분할이나 너무 불균형한 4-8보다 확실히 더 흥미롭고 역동적으로 보인다. 그래서 아마 5-7음절로 굳어졌을 것이다. 소수는 더 이상 나눌 수 없는 수이므로, 5-7 사이의 휴지는 행을 분리할 수 없는 독립체로 분류하는 데 도움이 될 수 있지만 4, 6, 8은 모두 구조를 흔드는 '불완전한 행'처럼 보이기 때문이다.

《겐지 이야기》가 쓰인 지 수 세기 후, 16세기 일본 귀족의 응접실에서는 '겐지코'라는 게임이 유행했다. 게임 방법은 이렇다. 우선 여주인이 여러 가지 향 중에서 5개의 향을 몰래 선택한다. 이때 5개의 향 중 일부는 같을 수도 있다. 그런 다음 여주인은 5개의 향에 차례로 불을 붙이고, 손님들은 어떤 향이 같고 어떤 향이 다른지 추측한다. 물론 모든 향이 다를 수도 있고, 아니면 첫 번째와 세 번째 향은 같고 다른 향은 다 다를 수도 있다. 그 다양한 가능성은 다음과 같은 도표로 그려볼 수 있다.

맨 왼쪽 도표는 모든 향이 다르다는 것을 나타낸다. 다음 도표는 첫 번째와 세 번째 향이 같다는 뜻이다. 그다음은 첫 번째, 세 번째, 다섯 번째 향이 같고, 두 번째와 네 번째 향이 같다. 맨 오른쪽 도표는 첫 번째와 다섯 번째 향이 같고, 두 번째와 세 번째, 네 번째 향이 같음을 나타낸다. 이러한 경우의 수를 사람들에게 잘 설명할 수 있도록 각 가능성은《겐지 이야기》의 각 장의 이름을 따 지어졌다. '모두 다름'과 '모두 같음' 그리고 그사이에 있는 모든 가능성을 계산하니 총 52가지의 경우가 있었다.[4] 이 게임은 매우 유명해져 심지어《겐지 이야기》의 어떤 판에는 해당 장 제목 옆에 이 도표 무늬가 등장하기도 했다.

한편 수천 마일 떨어진 곳에 있는 영국에서 조지 퍼트넘은

1589년《영시의 기법The Arte of English Poesie》이라는 저서에 다음과 같은 도표를 포함했다.

이 도표들은 마치 '겐지코 도표'를 옆으로 눕힌 것처럼 보인다. 특히 다음 2개의 그림을 비교해보자.

대체 어떻게 된 일일까? 퍼트넘은 5행짜리 연의 압운 형식을 설명하기 위해 독자의 이해를 돕는 도표를 삽입한 것이다.

조지 퍼트넘은 다음과 같이 말했다.

"시각적으로 설명해보겠다. 그래야 더 잘 이해할 수 있기 때문이다."

시 또는 시 안에 있는 연의 압운 형식은 행 마지막 단어의 운을 맞추는 패턴이다. 우리가 쉽게 접할 수 있는 노래나 동요는 압운 형식이 간단한 시라고 할 수 있다.

메리는 어린양을 한 마리 길렀죠

양털은 눈처럼 하얘요

메리가 가는 곳마다

어린양이 꼭 함께할 거예요.

Mary had a little lamb

Its fleece was white as snow

And everywhere that Mary went

The lamb was sure to go.

이것은 *abcb*의 압운 형식을 가진 4행시 '쿼트레인Quatrain'이다. 두 번째와 네 번째 행은 서로 운을 맞추지만 나머지 행은 운을 맞추지 않는다. 이와는 대조적으로 존 던의 시 〈태양이 떠오르다〉에는 다음과 같은 4행시가 있다.

바쁘디바쁜 늙은 바보, 제멋대로인 태양아,

어째서 너는 이러는지,

창문 틈으로, 커튼 사이로 우리를 찾아오는지?

연인들의 시간이 반드시 네 움직임에 맞춰 흘러야 하는가?

Busy old fool, unruly sun,

Why dost thou thus,

Though windows, and through curtains call on us?

Must to thy motions lover's seasons run?

이 시의 압운 형식은 *abba*다.

4행시는 매우 대중적인 형식이다. 만약 당신이 누군가에게 시를 써달라고 부탁한다면, 4행시를 받을 가능성이 클 것이다. 나는 딸 엠마에게 '엄마의 책을 위한' 시를 써달라고 실험 삼아 부탁했다. 3분쯤 지난 후 딸아이는 이렇게 훌륭한 수학 시를 갖고 돌아왔다.[5]

끝없는 숫자
죽을 때까지 셀 수 있지
우주보다 더 오래 살
그 수는 바로 파이.

Endless numbers
You could count them till you die
It can outlive the universe
That is Pi.

이 시의 압운 형식은 '수numbers'가 '우주universe'와 운이 맞는지에 따라 *abab* 또는 *abcb*가 될 수 있을 것이다.

4행시의 경우, 15개 정도의 압운 형식이 있다. 운이 가장 많은 경우에서 가장 적은 경우까지 살펴보면 *aaaa*(단조로운 운), *aaab*, *aaba*, *aabb*, *abaa*, *abab*, *abba*, *abbb*, *aabc*, *abac*, *abbc*, *abca*, *abcb*, *abcc* 그리고 *abcd*(운이 아예 없음) 등이다. 퍼트넘은 이 중 세 가지만 허용 가능하다고 주장한다. 사실 이것들조차 슬쩍 치켜세우다 깎아내린다. 그는 *aabb*를 '가장 통속적'(진부하다는 뜻), *abab*를 '일반적이고 흔한' 그리고 마지막으로 *abba*는 '그리 흔하지는 않아도 충분히 허용 가능하고 유쾌한' 운이라고 묘사한다. 존 던은 정말 안심이 되겠다!

4행시는 이 정도면 충분하지만, 퍼트넘이 도표에서 묘사했듯이 5행시에는 더 많은 압운 형식이 있다. 앞서 봤듯이 겐지코의 향 조합과 5행시 압운 형식이 정확히 같다는 걸 금방 알 수 있을 것이다. 각 세트(다섯 가지 향 또는 다섯 가지 행)에서 어떤 경우가 같은지를 고려하기 때문이다. 하지만 퍼트넘의 압운 형식은 모든 경우를 인정하지는 않는다. 그는 5행짜리 연에는 단지 7개의 압운 형식만 가능하다고 강조하며 "그중 일부가 귀에 거슬리고 불쾌하다면 다른 것도 그럴 수 있다"라고 말했다. 반면에 겐지코를 즐기는 사람들에게는 실제로 52개의 가능성이 존재했다.

겐지코 덕에 일본 수학자들은 서양 수학자들보다 훨씬 전에 일련의 물체(향 스틱 등)를 각 부분으로 쪼개는 방법의 수를 세는 데 관심을 두게 되었다. 이 방법의 수를 요즘은 집합의 벨 수 Bell Number라고 한다. 벨 수는 매우 빠르게 늘어난다. 네 번째 벨 수는 15(4행시 압운 형식의 수), 다섯 번째 벨 수는 52, 여섯 번째 벨 수는 203이지만 열 번째 벨 수는 115,975이다. 사실 나는 열한 살짜리 딸 밀리의 친구들을 초대해 여름 파자마 파티를 열어주는, 조금은 무모한 결정을 내린 후 끔찍하고 상세하게 여섯 번째 벨 번호를 경험했다. 6명의 10대 여자애는 이런저런 경우의 수로 편을 가르는 203가지 방법을 하룻밤 사이에 전부 시도하는 것 같았다.

일본 수학자 마츠나가 요시스케는 18세기 중반에 어떤 크기의 집합에서든 벨 수를 계산해내는 기발한 방법을 발견했다. 예를 들어, 열한 번째 벨 수는 678,570이다. 어째서 이러한 숫자들이 20세기 스코틀랜드 수학자 에릭 템플 벨Eric Temple Bell의 이름을 따랐는지 모르겠다. 벨이 1934년에 이 숫자들에 대한 논문을 쓰긴 했지만, 그는 논문을 통해 자신이 처음으로 벨 수를 발견한 것이 아니며 그 숫자들은 이미 여러 번 재발견되었다고 했다. 이것은 과학적 발견이 반드시 발명자의 이름을 따서 명명되는 일은 드물다는 '스티글러의 명명법칙Stigler's law of eponymy'의 또 다른 예다.

압운 형식은 운문 형식, 즉 소네트, 빌라넬, 알렉산더격 시구Alexandrine 등의 일부 특징을 정의한다. 예를 들어, 전원시로 불리는 빌라넬은 *aba* 압운 형식의 3행시 5연과 마지막에는 *abaa* 운의 4행시를 포함한 19행으로 이루어져 있다. 또 다른 구조의 빌라넬도 있다. 첫 번째 연의 첫째 행과 셋째 행이 후속 연의 마지막 행 및 4행시의 마지막 두 행에 번갈아 반복되는 경우다. 아마 가장 유명한 빌라넬은 딜런 토머스Dylan Thomas의 인간 정신을 향한 멋진 찬가 〈저 근사한 밤을 순순히 받아들이지 마라〉일 것이다. 한편 소네트는 14행으로 이루어져 있다. 언어마다 전통적인 압운 형식이 다르지만, 셰익스피어를 비롯한 대부분의 영어권 작가들은 *abab*의 4행시 3개와 운이 맞는 2행시가 4행시 뒤에 이어지는 구조를 사용했다.

셰익스피어는 다작 시인으로 1609년에 발표된 소네트 모음집에는 총 154편의 소네트가 담겨 있다. 사실 이것은 프랑스 작가 레몽 크노Raymond Queneau의 《100조 편의 시Cent mille milliards de poèmes》에 비하면 아무것도 아니다. 크노의 이 작품집은 수학의 무작위성을 이용해 1권의 책에 무려 100조 편의 소네트가 딱 맞게 들어가도록 설계되었다. 대체 어떻게 이런 일이 가능한 걸까? 이에 대해 자세히 말하고 싶지만, 내가 만약 이 책에서 소네트 100조 편을 모두 언급한다면 편집자가 날 가만두지 않을 것이다. 나는 내 수명을 연장하고 싶으므로 이를 간단하게 설명하기로 했다. 그리고 작시 실력을 발휘해 리머릭도 몇 개 지어보았다.

리머릭은 보통 *aabba* 압운 형식을 갖춘 익살스러운 시로, 빅토리아 시대 작가 에드워드 리어Edward Lear가 19세기 영국에 널리 알렸다.

다음은 리어의 1861년 베스트셀러 《난센스 책》에 실린 전형적인 리머릭이다.

어리석은 늙은 여인이

호랑가시나무에 무심코 앉았다네

가시에 찔리고

드레스는 찢어지고

그 여인은 금세 우울해졌다네.

There was Old Lady whose folly,

Induced her to sit on a holly

Whereon by a thorn,

Her dress being torn,

She quickly became melancholy.

리어는 리머릭의 아버지로 불리기도 한다. 물론 리어가 직접 '리머릭'이라는 용어를 사용하지도 않았고*, 심지어 리머릭을 발명하지도 않았다. 하지만 많은 사랑을 받은 여러 권의 책들을 통해 리어는 리머릭 형식을 대중화했고, 그 과정에서 212개의 인상적인 리머릭을 썼다. 리머릭이 아일랜드 카운티의 지역 이름을 얻게 된 과정은 다소 불분명하다. 한 가지 이론은 그 이름이 "리머릭에 올 것인가(또는 안 올 것인가)?"라는 문장으로 인기를 얻은 시(리어의 시는 아님)에서 유래했다는 것이다.

* '리머릭'이란 용어는 1898년에 처음 기록되었다.

하여튼 나는 212개의 리머릭에 코웃음을 치며 최소한의 노력과 예술적 능력 그리고 무작위성의 놀라운 힘으로 더 많은 리머릭을 짓는 방법을 제시하고자 한다.

우선 내가 직접 지은 그저 그런 리머릭 2편(왼쪽과 오른쪽으로 구분)을, 만나보자.

제인이라는 여자가 있었다
There once was a woman called Jane

메인에서 온 여자가 있었다
There once was a person from Maine

여자는 줄곧 기차로 여행했다
Who constantly traveled by train

여자는 비가 오면 절대 나가지 않았다
Who never went out in the rain

외국에 갈 때면
When going abroad

날이 축축하면 몹시 지루했다
Damp days left her bored

여자는 돈이 없었다
She couldn't afford

오 그 여자는 얼마나 간절했을까
Oh how she adored

비행기로 멋진 여행을 떠날 수 있는
A wonderful journey by plane

스페인의 햇살 속에서 보내는 일주일을
A week in the sunshine in Spain

왼편과 오른편의 두 가지 시를 가지고 아주 많은 리머릭을 만들 수 있다. 각 지점에 있는 두 가지 선택 중에 아무 행이나 골라 새로운 시를 만들면 된다. 동전을 던져 새로 만들 행을 결정해도 된다. 앞면이 나오면 왼쪽 행을 고르고, 뒷면이 나오면 오른쪽 행을 고른다. 놀랍게도 저스트플리파코인Justflipacoin.com이라는 웹사이트를 이용하면 동전 없이도 동전 던지기를 할 수 있다. 내가 지금 막 해봤더니 앞면, 뒷면, 뒷면, 앞면, 뒷면이 나왔다. 그 결과 새로운 리머릭이 탄생했다

제인이라는 여자가 있었다
여자는 비가 오면 절대 나가지 않았다
날이 축축하면 몹시 지루했다
여자는 돈이 없었다
스페인의 햇살 속에서 일주일을 보낼 수 있는

There once was a woman called Jane
Who never went out in the rain

Damp days left her bored

She couldn't afford

A week in the sunshine in Spain

리머릭의 효과를 제대로 느끼고 싶다면, 그 구조를 이해해야 한다. 어떤 행을 고르든 운이 맞아야 하니까. 이미 말했듯이 리머릭은 *aabba*라는 압운 형식을 가지므로 리머릭마다 3개의 *a* 운이 필요하다. 한마디로 2개의 리머릭에는 6개의 *a*운이 있어야 한다는 뜻이다. 나는 2개의 리머릭을 위해 'Jane(제인)', 'train(기차)', 'Maine(메인)', 'rain(비)', 'plane(비행기)' 그리고 'Spain(스페인)'을 골랐다. 만약 3개의 리머릭을 만들고 싶다면 'drain(배수)', 'pain(고통)', 'complain(불평)', 'feign(꾸며내다)', 'rein(고삐)' 등의 단어를 추가하여 엮으면 된다. 2개의 리머릭으로 만들 수 있는 우리의 시는 5개 행마다 두 가지의 선택지가 있다. 첫 행으로 가능한 문장은 두 가지며, 이들은 행마다 각각 2개의 두 번째 행을 선택할 수 있다. 따라서 첫 두 행에 가능한 문장의 경우의 수는 2×2 = 4개다. 이 행들은 차례대로 2개의 선택지가 있는 세 번째 행이 뒤따르므로, 첫 3행으로 가능한 문장은 2×2×2 = 8개다. 이처럼 각 단계를 거칠 때마다 가능한 시의 수가 2배가 된다. 5개 행을 모두 고르면, 총 2×2×2×2×2 = 32개의 리머릭을 얻을 수 있다. 여기에 리머릭을 하나 더 추가하면 어떨까. 각 행에 세 가지 선택지가 생기고,

그러면 총 3×3×3×3×3 = 243개의 리머릭이 생긴다.

다음은 재미 삼아 추가한 세 번째 리머릭이다.

바레인에서 온 소녀가 있었다
소녀는 눈과 우박을 보며 경멸했다
소녀가 혐오하는 추위였다
소녀는 성공에 환호했다
아프리카 평원으로 여행을 떠날 수 있는

There once was a girl from Bahrain
Who viewed snow and hail with disdain
The cold she abhorred
She cheered when she scored
A trip to the African plain

축하합니다! 이제 당신은 에드워드 리어의 작품집에 포함된 리머릭보다 31개나 더 많은 리머릭의 주인이 되었다. 만약 당신이 이 조합에 네 번째 리머릭을 추가한다면, 만들 수 있는 시의 총개수는 1,024개(4×4×4×4×4)로 훌쩍 뛰어오를 것이다. 내가 만든 리머릭으로는 243개만 만들 수 있지만, 당신은 1,000개가 넘는 리머릭 시를 지은 사람이 되는 것이다.

자, 이제 레몽 크노가 어떻게 100조 편의 시를 설계했는지 알 수 있을 것이다. 우리가 지금까지 살펴본 것과 정확히 같은 원리다. 단지 규모가 더 클 뿐이다. 크노의 시는 소네트이므로 14행으로 이루어져 있으며, *abab abab ccd eed* 압운 형식을 선택했다. 《100조 편의 시》는 10장 연속으로 인쇄된 10개의 소네트로 구성되어 있다. 모든 첫 번째 행은 서로 운이 맞고, 모든 두 번째 행도 서로 운이 맞는다. 10개의 소네트가 줄을 서서 3차원적으로 시를 이루고 있는 것이다. 그리고 총 140개의 행 중에서, 각 소네트에서 4개씩 40개의 행이 *a*운으로 끝나야 한다. 그런 다음 해당 위치에서 10개의 행 중 하나를 선택하면 소네트가 이루어진다. 예를 들어, 3번 시에서 1행, 1번 시에서 2행, 4번 시에서 3행을 고르는 식이다. 만약 내가 파이의 숫자를 따라 시 번호를 계속 선택한다면, 파이 시를 만들었다고 자부해도 좋지 않을까?

그렇다면 크노의 이 작은 책에 정말 100조 편의 시가 들어 있는지 확인해보자. 일단 첫 번째 행의 수는 10개다. 각 행 뒤에는 10개의 두 번째 행 중 하나가 이어질 수 있으므로, 첫 두 행으로 가능한 문장은 10×10 = 100개다. 14개의 행을 모두 조합할 때 가능한 경우의 수는 총 10의 14제곱이므로, 100,000,000,000,000가 된다. 다시 말해 100조다. 그렇다면 이 책이 역사상 가장 긴 책이라고 할 수 있을까? 만약 1분에 한 편씩 서로 다른 소네트를 구성해 쉬지 않고 읽는다면, 다 읽는 데 190,128,527년이 걸릴 것이다. 레몽 크노 역시 계산했지만, 그는 190,258,751년이라는 답에 도달했다. 그래서 나는 내 산수 실력에 문제가 있나 싶었다. 하지만 빠른 확인 결과, 1분에 한 편의 소네트를 읽되, 윤년을 배제하면 크노의 계산이 맞다. 아마 크노는 독자들이 2월 29일에 푹 쉴 수 있도록 너그러운 아량을 베푼 것으로 보인다.

어떤 철학자는 이렇게 질문할지도 모르겠다.

'크노가 진정 이 모든 시를 썼다고 할 수 있을까? 그 시들의 존재 의미는 무엇일까?'

크노는 '잠재 문학'이라는 장르를 실험하는 작가와 시인 모임인 울리포의 일원이었다. 그리고 100조 편의 시로 이루어진 책은 분명 잠재 문학의 훌륭한 예다. 울리포의 작업과 아이디어에 대해서는 나중에 더 이야기해보자.

시의 수학은 압운 형식으로 끝나지 않는다. 구조가 있는 곳마다 수학이 있고, 압운 형식은 시를 이루는 구조 중 한 가지일 뿐이다. 만약 운을 버린다면, 다른 무언가가 그 자리를 차지해야 한다. 중세 시대로 거슬러 올라가 그 자리를 대신할 만한 구조를 찾아본다면 세스티나Sestina를 들 수 있다. 세스티나 구조는 매우 우아하며 숫자 6을 비롯한 몇 가지 흥미로운 수학적 요소와 함께 작동한다. 세스티나는 6개의 연으로 구성되어 있으며 각 연은 6행으로 이루어져 있다. 첫 번째 연에 있는 각 행의 끝 단어는 순서를 바꿔(하지만 규칙적으로) 후속 연에 있는 각 행의 끝 단어로 다시 등장한다. 그리고 6개의 끝 단어를 모두 포함하는 3행짜리 결구Envoy로 끝난다. 어떤 형식인지 이해할 수 있도록 완벽한 예를 찾아보자. 세스티나는 800여 년 전에 처음 등장했지만, 여전히 사용되고 있을 만큼 큰 인기를 누리고 있기 때문에 수많은 예를 발견할 수 있다. 심지어 UC버클리 영문과 교수인 제임스 브레슬린은 1950년대가 세스티나의 시대라고 언급한 적도 있을 정도다. 단테에서 키플링, 엘리자베스 비숍에서 에즈라 파운드, 미국 시인이자 〈노숙자를 위한 만찬의 손님 엘렌〉을 쓴 데이비드 페리David Ferry에 이르기까지 다양한 세스티나가 있다.

수많은 예 중에서 내가 고른 것은 〈누런 벽지The Yellow Wallpaper〉라는 단편소설로 유명한 샬럿 퍼킨스 길먼Charlotte Perkins Gilman이 1892년에 발표한 시다.

무심한 여자들에게

샬럿 퍼킨스 길먼

1,000개의 집에서 행복한 당신

아니면 그 안에서 바보 같은 평화를 위해 혹사당하는 당신

누군가의 영혼이 완전히 집중된 삶

당신이 사랑하는 그 작은 무리의 삶을

당신은 알 필요도 신경 쓸 필요도 없다고 누가 말했는가

세상의 죄와 슬픔까지?

당신은 세상의 슬픔을 믿는지
당신은 뻔한 가족 속에 있는 당신을 걱정하지는 않는지?
당신은 그 보살핌을 외면하면서
인간의 진보와 인간의 평화를 위해 애쓰고
우리가 지닌 사랑의 힘을 확장하는 허가를 받은 걸까
그 힘이 삶의 모든 영역을 아우를 때까지?

모든 인간의 첫 번째 의무는
세상의 진보를 촉진하는 것
정의와 지혜와 진리와 사랑으로;
당신은 그 의무를 무시한 채 집에 숨어,
가족들을 불확실한 평화 속에 두는 것에 만족하고,
당신의 보살핌이 없다면 떠나버릴 모든 것에 만족한다.

하지만 당신은 어머니! 그리고 어머니의 보살핌은
친근한 인간의 삶을 향한 첫걸음
모든 나라가 평화롭게 사는 삶
서로 하나가 되어 세상의 수준을 높이고
가족이 추구하는 행복을 꾸리고
강인하고 비옥한 사랑을 온 세상에 전파하라.

당신은 그 강력한 사랑에 만족하라

영원한 첫걸음, 있는 그대로의 보살핌으로

배우자와 자녀, 가정을 위한 동물이 되어

그 사랑을 삶에 쏟아붓는 게 아니라

그 거대한 물살로 온 세상을 부양하라

세상 모든 아이가 평화롭게 자랄 때까지.

당신은 가정의 작은 평화를 지킬 수 없다

미성숙한 사랑이 고인 그 작은 웅덩이를

소외되고, 굶주리고, 엄마 없는 세상이

부족한 어머니의 보살핌을 위해 투쟁하고 싸우는 동안

격렬하고, 쓰라리고, 부서진 삶이

이기적인 가족 틈에 사는 당신에게 휘몰아친다.

우리 모두 즐겁고 평화로운 집에서 살 수 있기를

여자의 삶이 풍요로운 사랑의 힘으로

남자의 삶과 손잡을 때 온 세상을 보살핀다.

To the Indifferent Women

A Sestina

by Charlotte Perkins Gilman

You who are happy in a thousand homes,

Or overworked therein, to a dumb peace

Whose souls are wholly centered in the life
Of that small group you personally love—
Who told you that you need not know or care
About the sin and sorrow of the world?

Do you believe the sorrow of the world
Does not concern you in your little homes?
That you are licensed to avoid the care
And toil for human progress, human peace,
And the enlargement of our power of love
Until it covers every field of life?

The one first duty of all human life
Is to promote the progress of the world
In righteousness, in wisdom, truth and love;
And you ignore it, hidden in your homes,
Content to keep them in uncertain peace,
Content to leave all else without your care.

Yet you are mothers! And a mother's care
Is the first step towards friendly human life
Life where all nations in untroubled peace

Unite to raise the standard of the world
And make the happiness we seek in homes
Spread everywhere in strong and fruitful love.

You are content to keep that mighty love
In its first steps forever; the crude care
Of animals for mate and young and homes
Instead of pouring it abroad in life
Its mighty current feeding all the world
Till every human child shall grow in peace.

You cannot keep your small domestic peace
Your little pool of undeveloped love,
While the neglected, starved, unmothered world
Struggles and fights for lack of mother's care,
And its tempestuous, bitter, broken life
Beats in upon you in your selfish homes.

We all may have our homes in joy and peace
When woman's life, in its rich power of love
Is joined with man's to care for all the world.

이제 세스티나가 어떻게 만들어지는지 설명해보겠다. 한 연에서 다음 연으로 이동하려면, 매번 정확하게 같은 방법으로 끝 단어를 이동한다. 문장 맨 뒤에 있는 끝 단어를 거꾸로 이동하는 일종의 질서 있는 무질서로, 모든 끝 단어를 첫 끝 단어에 순서대로 끼워 넣는다. 샬럿 퍼킨스 길먼의 세스티나에서 확인해보자.

첫 번째 연의 끝 단어는 Homes(집)/Peace(평화)/Life(삶)/Love(사랑)/Care(보살핌)/World(세상)이다. 끝 단어를 역순으로 배치하면 '세상/보살핌/사랑'이고, 다시 이 단어들을 '집/평화/삶'에 끼워 넣으면 이렇게 된다.

세상　　보살핌　　사랑
　　집　　　평화　　삶

즉, 세상/집/보살핌/평화/사랑/삶의 순이다. 이는 정확히 두 번째 연의 끝 단어 순서다. 이 독특한 뒤섞기는 연과 연 사이의 세련된 연속성을 부여한다. 한 연의 마지막 행 끝 단어가 다음 연의 첫째 행 끝 단어이기 때문이다. 여기서 끝이 아니다. 두 번째 연 끝 단어에 역순 끼워 넣기를 똑같이 반복하면 세 번째 연의 끝 단어를 알 수 있다. 실제로 살펴보면 세상/집/보살핌/평화/사랑/삶이었던 순서가 삶/세상/사랑/집/평화/보살핌으로 바뀐다. 그리고 이 과정을 다시 반복하면서 네 번째, 다섯 번째,

여섯 번째 연을 이루는 끝 단어가 정해진다. 여기에도 보이지 않는 아름다운 구조가 있다. 만약 일곱 번째 연이 있어서 끝 단어 끼워 넣기 과정이 계속된다면, 여섯 번째 연의 평화/사랑/세상/보살핌/삶/집이라는 끝 단어는 일곱 번째 연에서 집/평화/삶/사랑/보살핌/세상 순으로 바뀔 것이다. 이 순서는 어디서 본 것 같지 않은가? 당연히 그렇다. 처음 순서와 완전히 같기 때문이다. 6개의 연은 6번의 반복으로 이루어진 완전한 원이 된다. 그래서 만약 이 과정이 계속되면 정확히 출발점으로 돌아갈 것이다. 나는 우리가 의식적으로 감지하지 못할지라도 무의식적으로는 이 수학적 구조를 경험하고 감상하고 있다고 믿는다. 게다가 이러한 뒤섞기는 깔끔한 내부 대칭도 보여준다. 모든 끝 단어는 처음부터 끝까지 정확히 하나의 연에서 모든 행 끝에 등장한다. 참 매력적인 설계다.

이렇게 오래된 형식은 그 시작점을 찾기 힘든데 이례적으로 세스티나에는 그 형식을 발명한 것으로 보이는 유력한 후보가 있다. 바로 12세기의 시인 아르노 다니엘Arnaut Daniel이다. 세스티나는 노련한 음유시인만이 터득할 수 있는 매우 세련된 형태의 시다. 다니엘이 어떻게 이런 아이디어를 떠올렸는지는 모르겠지만, 꽤 단순한 순열이라 기억하기 어려운 것은 아니다. 또한 과정을 생각해보면, 연의 수 및 각 연의 행의 수가 모두 6개로 같으므로 6번을 뒤섞으면 자연스럽게 원래 위치로 되돌아온다고 짐작할 수 있다. 하지만 같은 방식으로 '콰르티나Quartina

(4행 4연시)'를 만든다면 어떻게 되는지 살펴보자. 우선 4행짜리 연으로 시작한다. 끝 단어는 '북/동/남/서'라고 정해보자. 규칙을 기억하라. 끝에서부터 역순으로 배치하고 처음부터 단어들을 끼워 넣는다. 그러면 두 번째 연의 끝 단어는 '서/북/남/동'이다. 세 번째 연은 '동/서/남/북'이고, 네 번째 연은 다시 '북/동/남/서'가 된다. 아니, 이런! 네 번째 연에서 원래 순서를 되찾다니! 그래서 이 과정에서는 4개의 서로 다른 연이 생기지 않는다. 설상가상으로 '남'은 위치를 한번도 바꾸지 못하고 모든 연의 세 번째 행 끝 단어에 그대로 있다.

이처럼 6이 아닌 다른 숫자로 세스티나를 쓰려고 한다면, 가능할 때도 그렇지 않을 때도 있다는 것을 알게 될 것이다. 1960년대에 사람들은 숫자 n으로 이루어진 작업에 어떤 가치가 있는지 연구하기 시작했다. '일반적인 세스티나'는 울리포가 레몽 크노를 기리기 위해 퀴니나Quenina라고 명명했다. 알고 보니 이 작업은 상당히 까다로운 과정이 필요했다. 예를 들어 3, 5, 6, 9, 11에서는 가능했지만, 4, 7, 8, 10에서는 완벽한 퀴니나를 만들 수 없었다. 수학자 장 기욤 뒤마Jean-Guillaume Dumas가 2008년 논문에서 그러한 n이 가져야 할 특징을 정확하게 설명했음에도, 놀랍게도 퀴니나가 가능한 n값이 무한한지 아닌지는 여전히 해결되지 않았다. 다만 항상 퀴니나를 이루는 멋진 숫자들이 있다는 것은 확실하게 말할 수 있다. 바로 소피 제르맹 소수Sophie Germain prime라고 불리는 숫자들이다. 소피 제르맹 소수는 소수에 2를 곱하고 1을 더했을 때 다시 소수가 되는 소수다. 예를 들어, 숫자 3의 경우에는 $3 \times 2 + 1 = 7$이 되어 다시 소수가 되므로 소피 제르맹 소수지만, 7은 $7 \times 2 + 1 = 15$가 되므로 소피 제르맹 소수가 아니다. 내가 사랑하는 퀴니나는 소피 제르맹 소수일 경우에는 늘 가능하다고 밝혀졌다. 다음의 시는 영국 시인 커스틴 어빙Kirsten Irving의 트리티나Tritina(3행으로 된 3개의 연과 3개의 끝 단어를 모두 포함한 1행짜리 결구로 이루어진 시)다.

탈룰라가-하와이-훌라 춤을-추네

커스틴 어빙

멍청한 이름이 어디서 끝나려나, 이 잘린 꼬리표들
포기한 부모에게 발이 묶여
왕실을 귀찮게 하는 폭군을 예견하는 것인가?

오늘 너희 셋은, 이제 이방인이니, 왕실을 떠나라
반대편에 있는 화장실에서 꼬리표를 풀어라
그 소지품에서, 너희가 포기한 것처럼

이름으로 통했던 것. 그 아픈 이름은 버려졌다
부패한 왕실은 놀이터가 되고
얼룩진 꼬리표는 화장실 벽에 붙었다.

꼬리표가 버려졌으니, 탈룰라가 아닌 소녀는 세상을 얻으리.

Talula-Does-the-Hula-from-Hawaii

by Kirsten Irving

Where do stupid names end up, these shorn tags

tied on toes by parents with the abandon

and foresight of tyrants annoying their court?

Today the three of you, now strangers, leave court

in opposite directions, untying cloakroom tags

from belongings, as you abandon

what passed for a name. That punchline abandoned

to the playground's corrupt court

and the toilet wall's smeared tags.

Tags abandoned, a girl who's not Talula courts the world.

압운 형식과 퀴니나는 행 끝에 구조를 부여하고, 흥미를 유발하는 매혹적인 수학을 보여준다. 하지만 행 내부의 패턴을 살펴보면 탐구해야 할 것이 더욱 많이 있다. 우리가 다음으로 파고들어야 할 내용이 바로 그것이다.

압운 형식 외에도 운문 형식은 행마다 특정 운율을 갖는데, 그 운율을 율격이라고 부른다. 예를 들어, 셰익스피어의 희곡은 '약강 5보격'으로 가득 차 있다. '펜타penta'는 그리스어로 5를 뜻하고, '약강격'은 두 번째 음절이 강조되는 두 음절의 구절이다. 따라서 약강 5보격은 총 10개의 음절을 가지며 각 쌍의 두 번째 음절이 강세 음절이 되는 율격이다.

다음은《로미오와 줄리엣》의 발코니 장면 대사에 있는 강세 음절에 밑줄을 그은 것이다.

> But soft, what light through yonder window breaks?
>
> 하지만 부드러운, 그 어떤 빛이 저 창문을 통해 부서질까?
>
> It is the East, and Juliet is the sun.
>
> 동쪽에 있는 빛, 줄리엣은 태양이다.

위와 같은 '약강/약강/약강/약강/약강'은 모스 부호처럼 점과 대시를 이용해 시각적으로 표현할 수 있다.

약강격을 ·— 이라고 도식화하면, 약강 5보격은 다음과 같이 나타낼 수 있다.

·—·—·—·—·—

강세 음절과 비강세 음절로 이루어진 기본 패턴을 음보라고 한다. 방금 살펴본 약강격음보와 함께 많이 알려진 두 가지 일반적인 음보로는 강약격음보trochee(—·)와 강약약격음보dactyl(—··)가 있는데, 〈갈까마귀〉의 "Quoth the Raven 'Nevermore'(까마귀가 말하길, '아니, 결코')"는 강약격음보 그리고 로버트 브라우닝Robert Browning의 시 〈잃어버린 지도자The Lost Reader〉의 첫 구절인 "Just for a handful of silver he left us(단지 그가 우리에게 남긴 한 줌의 은을 위해)"는 강약약격음보의 대표적인 예다. 주어진 음절 수에 대한 율격은 얼마나 만들 수 있을까? 각 음절당 두 가지 경우, 즉 강세 음절과 비강세 음절이 있으므로, 1음절 음보의 수는 2개(· 또는 —)다. 2음절 음보를 만들려면 1음절 음보에 · 또는 —를 추가하면 된다. 그러면 율격은 총 4개가 된다. 이 4개에 각각 하나의 · 또는 —를 추가하면 3음절 음보는 8개로 늘어나고, 음절을 추가할수록 율격의 개수는 계속 2배가 된다. 결국 이 개수는 1, 2, 4, 8, 16……, 즉 2의 거듭제곱으로 이루어진 수열이 된다.

하지만 이런 일반적인 형태와는 매우 다른 시도 있다. 나는 조던 엘렌버그Jordan Ellenberg의 기하학을 향한 훌륭한 찬가인 《기하학, 세상을 설명하다Shape》에서 그 형태를 처음 접했다. 엘렌버그는 수학자 친구인 만줄 바르가바가 알려준 산스크리트 시의 율격에 대해 자세히 설명한다. 영시처럼 산스크리트 시도 음절의 패턴이 중요하다. 하지만 영어에서는 강세의 위치를 살피는 반면, 산스크리트어에서는 길이를 중시한다. 산스크리트어의 음절은 가벼운 음절인 라구laghu 또는 무거운 음절인 구루

guru로 분류된다. 결정적으로 라구는 1음절, 구루는 2음절이다. 말하자면 이것은 4음절 율격이 얼마나 가능한가와 같은 계산이 좀 더 복잡하다는 뜻이다. 3음절 율격의 수로는 2배씩 늘릴 수 없다. 그러면 어떻게 해야 할까? 1음절만 가능한 경우는 라구다. 2음절은 두 가지가 있다. 라구 라구 또는 구루다. 3음절에는 세 가지 경우가 있다. 라구 라구 라구, 라구 구루 또는 구루 라구다.

4음절은 조금 더 영리하게 2개의 경우로 나눠보겠다. 라구로 시작하는 율격과 구루로 시작하는 율격이다. 라구로 시작한다면, 그 라구에 3음절 율격 중 무엇이든 추가하면 된다. 그러면 총 4음절이 된다. 만약 구루로 시작한다면, 2음절 율격 중 하나를 선택하면 된다.

따라서 4음절 율격은 총 3 + 2 = 5개다.

라구 라구 라구 라구

라구 라구 구루

라구 구루 라구

구루 라구 라구

구루 구루

이 방법은 음절이 늘어나더라도 얼마든지 활용할 수 있다. 5음절 율격은 라구 + (4음절 율격) 또는 구루 + (3음절 율격)이다.

따라서 5음절 율격의 개수는 4음절 율격의 수에 3음절 율격의 수를 더한 5 + 3 = 8개다. 다른 율격의 개수도 계속 이러한 방식으로 구하면 된다. 다음 숫자는 앞의 두 숫자의 합일뿐이다.

그러면 다음과 같은 산스크리트 율격 수열을 얻을 수 있다.

1, 2, 3, 5, 8, 13, 21……

영어권에서는 피보나치수열로 더 잘 알려진 이 수열은 13세기에 피보나치라는 별명을 가진 피사의 레오나르도Leonardo of Pisa가 대중화했다. 앞서 말했듯이, 두 항 뒤에 있는 각 항은 앞 두 항의 합이다. 예를 들어, 13 = 5 + 8이다. 따라서 21 뒤에 오는 다음 항은 13 + 21 = 34가 된다. 피보나치수열에는 흥미로운 특징이 많다. 그중 하나는 수열 $\frac{2}{1}, \frac{3}{2}, \frac{5}{3}, \frac{8}{5}, \frac{13}{8}, \frac{21}{13}$……처럼 연속하는 항의 비율이 유명한 황금비 $\frac{1+\sqrt{5}}{2} \approx 1.618$에 수렴한다는 것이다. 피보나치는 1202년에 출간한 《산반서Liber Abaci》에서 그 수열을 소개하면서 토끼를 소재로 한 다소 엉뚱한 퍼즐로 이야기를 시작한다. 갓 태어난 토끼 한 쌍이 있다. 이 토끼들은 한 달 후 서로 짝짓기를 하고, 암컷은 한 달 후에 새로운 암수 한 쌍의 토끼를 낳는다. 다소 비현실적인 전제지만 토끼는 절대 죽지 않고 영원히 번식하며, 근친상간과 같은 사소한 걱정은 무시해야 한다. 그렇다면 1년 후에는 토끼가 몇 쌍이나 될까? 이 수열에도 역시 같은 규칙이 적용된다는 것을 알 수 있다. 어느 달에 토끼 쌍의 수는 전 달의 토끼 쌍의 수에 신생아 쌍의 수를 더한 것이며, 신생아 쌍의 수는 새로운 쌍을 만드는 데 생후 두 달이 걸리므로 두 달 전 쌍의 수다. 따라서 각 항은 앞의 두 항의 합과 같다. 피보나치가 대중화한 이 수열은 사실 수 세기 이전부터 인도의 시 학자들 사이에서는 널리 알려져 있었다. 율격 전문가인 비라한카(600~800년경), 고팔라(1135년경), 헤마찬드라(1150년경)는 모두 이 수열과 생성법을 알고 있었고, 핑갈라(기원전 300년경)의 글에서는 훨씬 더 일찍 알려졌다는 증거가 있다. 어쩌면 피보나치 수의 이름을 바꿀 때가 된 것은 아닐까?

수학과 시는 가장 오래된 창조적 표현의 형태이며, 그 둘의 연관성은 글의 시작으로까지 거슬러 올라간다.

인류의 역사를 통틀어 작가의 이름을 남긴 최초의 작품은 4천 년 전 메소포타미아의 도시 우르에 살았던 엔헤두안나 Enheduanna라는 여성의 시집이다. 엔헤두안나는 42개의 시가를 모은 《사원 찬가Temple Hymns》라는 시집을 썼다. 엔헤두안나는 달의 신 난나의 대사제로서 천문학과 수학에 대한 지식을 갖추고 있었을 것이다. 이 두 학문은 숫자, 특히 숫자 7의 사용과 계산 및 기하학을 언급하면서 엔헤두안나 시집에 모두 등장한다.

《사원 찬가》 마지막 부분에서 엔헤두안나는 '탁월한 지혜를 발휘하는 진정한 여성'의 수학적 활동을 이야기한다.

그 여인이 하늘의 높이를 재며

땅 위에 계량 끈을 늘어뜨린다.

이렇게 아주 옛날부터 시와 수학 사이의 관계는 매우 밀접하고 돈독했다. 수학은 운문의 깊은 흐름 속에 자리하며 운율을 뒷받침하고 구조 속에 숨겨져 있었다. 위대한 19세기 수학자 칼 바이어슈트라스Karl Weierstrass가 썼듯이, 시인이 아닌 수학자는 결코 완벽한 수학자가 될 수 없다. 그렇다면 시는 어떨까? 내 생각에 시는 수학을 계속하는 색다른 방법 중 하나다.

2

서사의 기하학

수학은 어떻게 이야기를 구성하는가

2004년에 있었던 공개 강연에서 작가 커트 보니것은 몇 가지 이야기를 그래프로 보여주었다.[1] 그중 첫 번째 그래프는 '구멍 속의 인간'이었다.

보니것의 그래프에서 수직축은 행운을, 수평축은 시간의 경과를 나타낸다. 상승 곡선은 운이 좋아지고 있음을, 하강 곡선은 상황이 나빠지고 있음을 말한다.

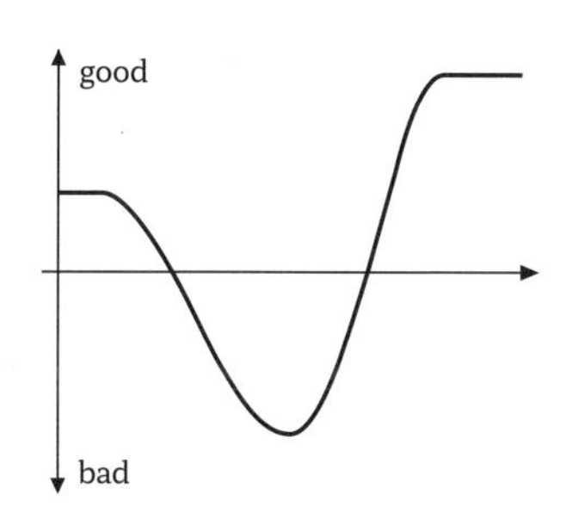

구멍 속의 인간

'구멍 속의 인간' 그래프에 따르면 행복하게 잘 살던 누군가에게 갑자기 재난이 닥치더라도 결국에는 모든 일이 멋지게 해결된다. 이 범주에 속하는 소설에는《데이비드 코퍼필드David Copperfield》가 있다. 어린 데이비드는 일곱 살이 될 때까지 매우 행복한 어린 시절을 보낸다. 하지만 어머니가 야수 같은 머드스톤과 결혼하는 첫 시련을 맞이하게 되고, 얼마 지나지 않아 어머니가 사망하여 불쌍한 고아 신세가 된다. 하지만 많은 시련과 반전 끝에 데이비드는 결국 행복을 찾게 된다.

보니것은 3개의 다른 그래프를 보여주었다.

'소년이 소녀를 만남' 그래프는 대부분의 로맨틱 소설에서 볼 수 있는 특징이다. 남자가 여자를 만나고, 남자가 여자를 잃고, 남자가 결국 다시 여자를 얻는다. 대표적인 예로는 제인 오스틴의《오만과 편견》에 나오는 제인 베닛과 빙리의 이야기를 들 수 있다. 제인과 빙리는 이미 소설 시작 부분에서부터 서로에게 상당한 호감을 보인다. 두 사람은 사랑에 빠지고, 행복한 삶이 이어질 것 같다. 하지만 오만한 다아시와 속물적인 빙리 여동생의 계략으로 헤어지게 되는 불행을 겪는다. 결국 자기 방식에 문제가 있음을 깨달은 다아시는 빙리에게 모든 것을 고백하고, 빙리는 제인에게 돌아간다. 그리고 그들은 영원히 행복하게 산다. 한편 '신데렐라' 그래프는 불행으로 시작한다. 불쌍한 신데렐라는 재투성이 속에서 잠을 자고, 하루 종일 끔찍한 이복자매를 위해 허드렛일을 한다. 그러다 상황이 호전되기 시작한다. 우연

소년이 소녀를 만남　　　　신데렐라　　　　변신

히 무도회에 갔다가 매력적인 왕자를 만나지만, 곧이어 재앙이 닥친다! 자정이 되면 모든 걸 잃을 것만 같다. 다행히도 신데렐라는 유일무이한 발 크기를 가진 덕분에 도망칠 때 남겨진 유리구두의 주인임을 증명하며 왕궁에 입성한다. 그리고 왕자와 결혼하며 무한한 행복을 누린다.

보니것의 마지막 그래프는 프란츠 카프카의 음울한 희극 소설 《변신Metamorphosis》이다. 이 소설은 출장 판매원이라는 소외된 직업을 가진 그레고르 잠자의 이야기다. 어느 날 아침, 잠에서 깨어난 그레고르는 밤사이에 자신이 거대한 해충(바퀴벌레로 추정됨)으로 변했다는 걸 알게 된다. 그리고 질병과 죽음으로 치닫는 모멸적이고 고통스러운 내리막이 이어진다. 전형적인 카프카 소설이다. 우리는 《변신》처럼 비관적인 결말을 맞이하는 소설을 부조리 문학이라고 한다. 작가 퍼트리샤 록우드는 부조리 문학의 작문 스타일에 대해 "한 남자가 시골집에서 블랙베리 잼 한 스푼으로 변하는 소설"이라고 재미있게 묘사하기도 했다.[2] 하지만 이야기를 그래프로 만들었을 때, 정말 터무니없는 것으로는《트리스트럼 섄디Tristram Shandy》만한 게 없다. 로런스 스턴Laurence Sterne의 이 소설은 1759년부터 1767년까지 8년에 걸쳐 출판된 9권짜리 책으로, 훌륭하면서도 무질서한 천재적인 작품이라는 평가를 받는다. 소설의 화자인 신사 트리스트럼 섄디는 자서전을 쓰기로 결심했지만, 다른 등장인물들의 개입으로 목표가 끊임없이 좌절된다. 사실 트리스트럼이라는 인물은 너무 많은 탈선과 분위기 전환으로 주제가 옆길로 새는 바람에 3권의 마지막에 겨우 등장한다.

6권이 끝날 무렵, 트리스트럼 섄디는 지금까지의 자신의 서사를 '선'으로 그려 넣는다.

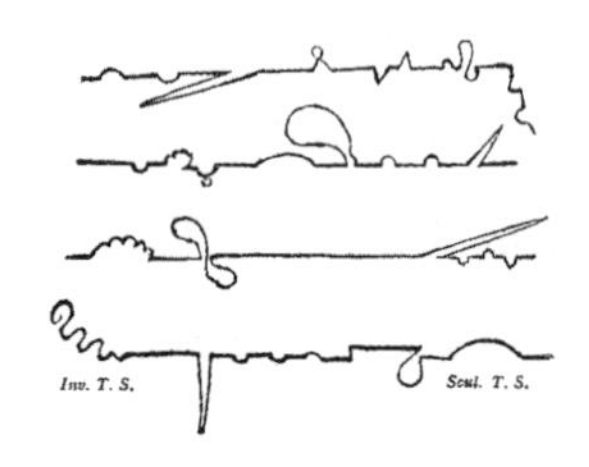

그리고 이렇게 말한다.

"이 4개의 선은 1권, 2권, 3권, 4권 동안 내가 살아온 모습이다. 5권에서 나는 매우 훌륭하게 살았다. 정확하게 선으로 묘사하자면 다음과 같다."

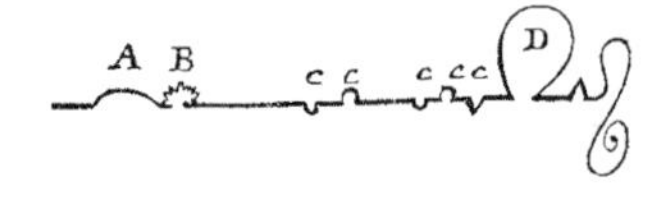

트리스트럼은 이 선을 개선이라고 주장한다.

"나바르로의 여행을 나타내는 곡선 A 그리고 보시에르 부인, 그녀의 하인과의 만남을 표시한 톱니 모양 곡선 B를 제외하면, 나는 거의 탈선을 하지 않았다. 존 드 라 카세의 악마가 D라는 둥근 고리로 날 이끌기 전까지는 말이다. 그 전의 5개의 c는 그저 괄호에 불과하다. 그리고 내가 이런 식으로 개선해간다면 앞으로 다음과 같은 선이 계속되는 훌륭한 삶에 이르는 것이 불가능하지만은 않을 것이다.

이것은 내가 최대한 똑바르게 그릴 수 있는 선이다. 최고의 선! 양배추 재배자들이 선호하는 가장 짧은 선이자 아르키메데스가 말하는 한 점에서 다른 점을 잇는 선이다."

누구든 이 낙관적인 예측이 완전히 틀렸다는 것을 그리고 이 소설의 마지막 권이 첫 권만큼 유쾌하게 우당탕거리는 혼돈이 가득하다는 것을 알게 되면 재밌어할 것이다.

보니것의 그래프와 샌디의 기묘한 선은 매우 흥미로운 이야기지만 서사와 줄거리를 진짜 수학으로 정교하게 다루는 법이 있지 않을까? 이번 장의 제목은 힐베르트 쉥크Hilbert Schenck의 1983년 소설 《서사의 기하학The Geometry of Narrative》에서 따왔다. 소설의 주인공인 프랭크 필슨이라는 대학생은 '선'이 단순한 줄거리로 시작에 불과하며 마치 차원을 추가하듯 이야기 속의 이야기를 생각해야 한다고 주장한다. 그는 셰익스피어의 《햄릿》을 4차원 '초입방체'와 연결하는 방법을 찾아낸다. 프랭크 필슨은 시간이라는 4차원 대신 '서사적 거리'를 이용하라고 제안한다.

> 《햄릿》에는 서로 분리된 3차원 현실 2개가 마주치는 장면이 있다. 하나는 햄릿의 삼촌 클로디우스가 햄릿이 일부러 기획한 연극 공연을 보고 발끈하는 《햄릿》의 장면 그 자체고, 또 하나는 그 무대에서 상연된 짧고 작은 연극 〈곤자고의 암살〉이다. 이 짧은 연극은 《햄릿》에서도, 실제 관객과 그 연극을 보는 덴마크 왕실에서도 멀리 떨어져 있다. 이 연극은 '진짜' 드라마 내에서 창조된 인공물이기 때문이다. 《햄릿》의 이 부분은 4차원적인 기하학적 물체에 따라 모델링되었을 뿐만 아니라 초입방체를 투영한 형태로 공연된다. 하나의 작은 무대가 다른 하나의 더 큰 무대 중간에 위치하는 것이다.

소설의 나머지 부분은 매우 영리하게도 서사적 카메라가 반복적으로 확대되면서 기준틀이 계속해서 변화한다. 이 소설은 주인공 필슨이 문학 세미나에 대해 들려주며 어떤 이야기에서 발췌한 것을 인용하는 일인칭 설명일까, 아니면 사실은 필슨이라는 학생을 소재로 소설을 쓴 작가에 관한 이야기일까? 이처럼 이야기를 다양한 입장에서 이해하다 보면 소설을 재검토하면서 다시 읽게 되며, 다른 관점이나 순서로도 읽을 수 있다.

셰익스피어가《햄릿》을 쓸 때 초입방체를 떠올리지는 않았겠지만, 수많은 작가들은 일부러 자신들의 서사에 수학적 제약을 주기도 했다.

에이모 토울스Amor Towles는 2021년 인터뷰에서 다음과 같이 말했다.[3]

"구조는 예술적 창작에 매우 중요한 것일 수 있다. 시인이 소네트의 규칙을 중요하게 여기는 것처럼 그리고 규칙을 채택하고 그 규칙 안에서 새롭고 다른 것을 발명하려고 노력하는 것처럼, 소설의 구조도 같은 역할을 맡을 수 있다."

이런 생각이 들지도 모르겠다. 작가는 어째서 난해한 구조를 만들어 스스로를 성가시게 할까? 그냥 친절한 이야기를 쓰면 안 되는 걸까? 나는 이 생각이 잘못된 이분법이라 주장하고 싶다. 모든 글쓰기는 구조를 갖고 있으며, 언어는 그 자체로 각각의 패턴이 있는 구성 요소로 이루어진다. 글자는 단어를 이루고, 단어는 문장을 이루고, 문장은 단락을 이룬다. 이것은 기하학에서 볼 수 있는 점, 선, 면의 구조체계와 비슷하다. 각 단계에서는 더 많은 구조가 추가되기도 한다. 예를 들어, 단락이 결합하면 장을 이룰 수 있다. 결국 작품을 구조화하느냐의 여부가 아니라 어떤 구조를 선택하느냐의 문제인 것이다. 작가는 각 단계에서 구조적 제약 조건을 추가할 수도 있다. 그리고 이렇게 추가된 구조가 작품에 자연스럽게 스며들어 소설의 주제나 줄거리 구도에 꼭 들어맞을 때 최고의 결과를 낳는다.

소설에서 주로 사용되는 가장 높은 단계인 장부터 시작해보겠다. 2013년에 출판된 엘리너 캐턴의 《루미너리스》는 놀라운 작품이다. 캐턴은 부커상에서 선정한 후보 중 가장 어린 결선 진출자였고, 28세의 나이로 역대 최연소 수상자가 되었다. 심사위원들은 이 책을 "눈이 부시는", "빛나는" 작품이라고 묘사했고, "제멋대로 뻗어나가지 않았음에도 광대하다"라고 평가했다. 《루미너리스》는 정말 방대하다. 총 848쪽에 이르는 이 책은 부커상을 수상한 책들 중 가장 긴 책이다. 이 소설의 사건들은 1860년대 중반 뉴질랜드의 호키티카 마을의 골드러시를 중심으로 전개된다. '구 안의 구'라는 수학적인 제목이 달린 첫 번째 장은 1866년 1월 27일 호키티카에 도착한 탐험가 월터 무디가 최근에 일어난 일련의 범죄를 토론하기 위해 그 지역 출신의 남자 12명으로 구성된 모임에 참석하는 내용으로 시작한다. 월터는 살인과 기이한 실종, 자살 시도, 아편 거래 그리고 4,096파운드 상당의 도난당한 금을 발견하는 등 각종 사건과 얽히게 된다. 이 책은 12개의 장으로 이루어져 있으며, 각각 1865년 또는 1866년의 하루 동안 일어나는 이야기를 다룬다. 이 소설의 첫 장은 사건의 중간 지점에서 연대순으로 시작되는데, 시작 부분에 등장하는 12명의 남자들은 각각 황도대의 특정 별자리와 관련 있다. 각 장에서 나타나는 남자들의 행동과 태도는 해당 장의 날짜와 관련된 별자리의 천문학적 배치에 따라 결정되는 것이다. 캐턴은 정확한 날짜를 계산하여 호키티카 밤하늘에 있는 별들과 행성들의 위치를 세심하게 연구했다. 나는 그녀가 점성술을 믿기 때문에 그렇게까지 했다고 생각하지는 않는다.

캐턴은 월터 무디에 대해 이렇게 설명한다.

"그는 다른 이들의 미신 이야기가 흥미롭다고 생각하지만, 정작 미신을 믿지 않았다."

점성술과 천문학적인 정보는 이 책이 운명과 상황, 자유의지 사이의 상호작용을 강조하기 위한 더 넓은 명상법이자 구조를 부여하는 방법일 뿐이다.

《루미너리스》의 각 장은 특정 개수의 단락으로 나뉘며, 장 번호와 단락 수를 더하면 13으로 모두 같다. 따라서 1장은 12개 단락으로, 2장은 11개 단락으로 이루어져 있다. 마지막 장인 12장은 오직 1개의 단락으로 이루어져 있다. 수학에서는 매번 일정한 수를 더하거나 빼는 이런 유형의 수열을 등차수열이라고 한다. 장 번호와 단락 수를 더한 13이라는 숫자에는 이 소설의 전체 단락 수를 합산하는 정말 간단한 비법이 숨겨져 있다. $1 + 2 + \cdots\cdots + 12$의 합을 일일이 힘겹게 계산하려면 세상 귀찮을 것이다. 하지만 12장을 찬찬히 살펴보면, 장 번호와 그 장의 단락 수를 더한 수가 모두 13이라는 사실을 알게 된다. 따라서 12장에 걸친 이러한 13의 총합은 $12 \times 13 = 156$이다. 다음 그림을 보면 왼쪽에는 장 번호, 오른쪽에는 단락 수가 있다. 그리고 매번 13개씩 추가된다.

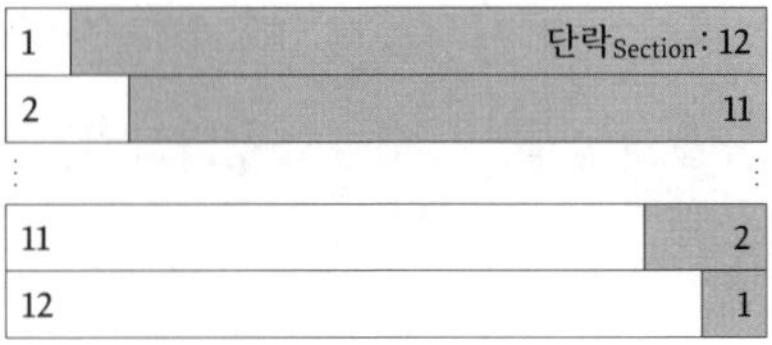

1	단락Section : 12
2	11
⋮	⋮
11	2
12	1

하지만 총합은 우리가 원하는 단락 수가 아니라 그 2배다. 왜냐하면 그 합에는 장 번호를 더한 1 + 2 + …… + 12도 포함되어 있기 때문이다. 이제는 그 총합을 반으로 줄이기만 하면 된다. 따라서 단락의 총수는 $\frac{1}{2}(12 \times 13) = 78$개다. 이 계산법은 어렸을 적 어머니가 내게 처음 가르쳐 준 계산법이다. 나는 계산법을 배우고 꽤 놀라웠다. 어머니는 위대한 수학자 카를 프리드리히 가우스Carl Friedrich Gauss의 어린 시절을 이야기해주셨다. 어느 날 선생님은 가우스와 다른 아이들에게 1부터 100까지의 모든 숫자를 더하는 문제를 냈다. 선생님은 아이들이 그 문제를 푸는 동안의 평온함과 조용함을 원했던 듯하다. 그러나 어린 가우스는 내가 방금 설명한 계산법을 그 자리에서 발견해내 선생님의 바람을 무너뜨렸다. 1 + 2 + …… + 100은 $\frac{1}{2}(100 \times 101) = 5050$. 정말 끝내준다!

《루미너리스》의 수학적 구조에서 가장 인상적인 부분은 각 장이 앞 장의 절반 길이라는 것이다. 이 제약은 소설의 길이에 큰 영향을 미친다. 우선 1장의 길이를 직사각형으로 나타내보겠다. 단어나 문자, 행, 쪽수 등 원하는 길이를 적용하면 된다.

이제 다음 장은 1장의 절반이므로 처음 직사각형 오른쪽에 절반 크기의 직사각형을 붙인다. 3장은 2장의 절반이고, 4장은 3장의 절반이다. 이를 그림으로 나타내면 다음과 같다.

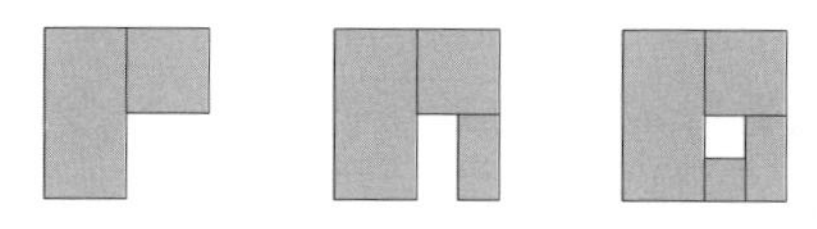

계속해서 점점 더 작은 직사각형들을 붙여 넣는다. 이 직사각형들은 바깥쪽 직사각형 경계를 절대로 벗어나지 않는다. 다음 그림의 왼쪽은 5장, 6장, 7장, 8장을 추가한 것이고, 오른쪽은 9장에서 12장까지 추가한 것이다.

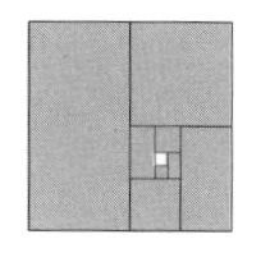

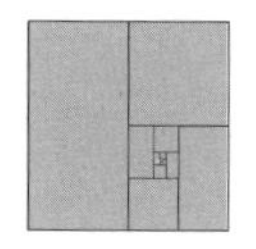

이 그림은 아름다운 나선 효과를 보여주고 있으며, 점점 작아지는 공간 속에 연속하는 장이 계속해서 들어간다. 아무리 많은 장이 있더라도, 책의 총길이는 첫 장의 2배가 되지 않는다. 1,000,000개의 장이 있다고 해도 마찬가지다.[4]

다시 말하지만《루미너리스》는 총 12장으로 되어 있다. 그렇다면 단락 수를 계산하는 방법처럼, 첫 장의 길이를 알면 책의 총길이를 정확히 알 수 있는 멋지고 쉬운 계산법이 있을까? 다행히도 있다. 여기서 각 장의 길이로 만든 수열 1, $\frac{1}{2}, \frac{1}{4}, \frac{1}{8}$……은 한 단계서 다음 단계로 넘어갈 때 일정한 수를 더하거나 빼는 게 아니라 오히려 일정한 수를 곱한다. 이 경우에는 $\frac{1}{2}$이다. 이러한 수열을 등비수열이라고 한다. 등비수열은 항을 추가하는 요령에 기발한 발상이 숨어 있다. 우선 연속하는 항을 반으로 줄이는 경우를 살펴보자. 앞서 장의 길이를 구할 때 다루기는 했지만, 훨씬 더 일반적으로 쓰이는 똑같은 개념이 있다.

자, 첫 장의 길이를 L이라고 가정하자. 여기서 L은 쪽수, 단어 수 등 원하는 대로 정하면 된다. 그러면 2장의 길이는 $\frac{1}{2}L$이고, 3장의 길이는 $\frac{1}{4}L$이다. 그러면 책의 총길이는 다음과 같다.

$$L+\frac{1}{2}L+\frac{1}{4}L+\frac{1}{8}L+\frac{1}{16}L+\frac{1}{32}L+\frac{1}{64}L+\frac{1}{128}L$$
$$+\frac{1}{256}L+\frac{1}{512}L+\frac{1}{1024}L+\frac{1}{2048}L$$

공통인수 L을 밖으로 꺼내면 조금 더 간단한 식을 만들 수 있다.

책의 총길이
$$=L\left(1+\frac{1}{2}+\frac{1}{4}+\frac{1}{8}+\frac{1}{16}+\frac{1}{32}+\frac{1}{64}+\frac{1}{128}+\frac{1}{256}+\frac{1}{512}+\frac{1}{1024}+\frac{1}{2048}\right)$$

이제 그 기발한 요령이 등장할 차례다. 양변을 반으로 나누자.

$$\frac{1}{2}(\text{책의 총길이})$$
$$= L\left(\frac{1}{2}+\frac{1}{4}+\frac{1}{8}+\frac{1}{16}+\frac{1}{32}+\frac{1}{64}+\frac{1}{128}+\frac{1}{256}+\frac{1}{512}+\frac{1}{1024}+\frac{1}{2048}+\frac{1}{4096}\right)$$

이제 첫 번째 식에서 두 번째 식을 뺄 것이다. 좌변에서는 책의 총길이에서 그 길이의 절반을 빼므로 총길이의 절반만 남는다. 우변에서는 거의 대부분의 수가 소거되며, 결국 아래와 같은 식이 된다.

$$\frac{1}{2}(\text{책의 총길이}) = L\left(1-\frac{1}{4096}\right)$$

양변을 2배 하면, 《루미너리스》의 총길이를 계산하는 공식 $2L\left(1-\frac{1}{4096}\right)$을 얻을 수 있다. 소설 속에서 도난당한 금 4,096파운드를 기억하는가? 바로 여기 《루미너리스》에 숨겨져 있었다.

12개의 장이라는 선택은 책의 다른 구조적 요소들과도 매우 잘 들어맞지만, 장의 수는 등비수열과 매우 밀접한 관련이 있다. 이 책의 장 길이를 좀 더 자세히 살펴보면, 이들은 모두 2의 거듭제곱과 관련이 있다. 거듭제곱이란 같은 숫자를 여러 번 곱한 횟수를 뜻하며, 수학적으로는 해당 숫자 위에 작은 위첨자로 표기한다. 예를 들어 2^5는 $2\times2\times2\times2\times2$, 즉 32를 의미한다. 앞서 《루미너리스》 7장의 길이를 구할 때, 첫 장의 길이를 여섯 번 반으로 줄여야 했다. 책의 총길이를 구하는 방정식에서도 알 수 있듯이, 7장의 길이는 $\frac{1}{2^6}L = \frac{1}{64}L$이다. 마지막 장인 12장의 길이는 $\frac{1}{2048}L = \frac{1}{2^{11}}L$이다. 여기서 가장 짧은 장의 길이를 S라고 하자. 그러면 12장으로 이루어진 《루미너리스》의 경우, $L = 2^{11}S = 2048S$다. 이 책의 총길이는 $2L\left(1 - \frac{1}{4096}\right)$였다. L을 $2^{11}S$로 바꾸면, $2 \times 2^{11}S\left(1 - \frac{1}{4096}\right)$이 된다. 2×2^{11}은 2^{12}, 즉 4096이다. 이 모든 것을 간단히 하면, $(2^{12} - 1)S$로 아름답게 정리된다.

이 숫자의 거듭제곱을 풀어 그 값을 잠시 계산하면, $2^{12} - 1 = 4096 - 1 = 4095$가 된다. 말하자면, 책의 총길이가 마지막 장 길이의 4,095배라는 것이다. 그렇다면 쪽 단위로 총길이를 구할 수 없다는 것은 분명하다. 마지막 장이 단 한 쪽에 불과해도 엘리너 캐턴은 4,095쪽에 이르는 방대한 책을 써야 했을 것이기 때문이다. 물론 《루미너리스》는 총 848쪽으로 길지만, 한 편으로는 또 그렇게 길지는 않다. 그래도 2020년 방영한 BBC 드라마 〈더 루미너리스〉가 어째서 12장이라는 원작의 구조를 따르지 않고 절반으로 줄였는지 알 만하다. 만약 마지막 에피소드가 단 1분이었다고 해도, 첫 번째 에피소드는 34시간 이상 방영되었을 것이다.

1,000쪽이 훨씬 넘는 책을 쓰는 것은 상당히 어려운 일이며, 그 책을 기꺼이 출판할 출판사를 찾는 것은 아마 훨씬 더 어려울 것이다. 일단 1,000쪽이 합리적인 최대치라고 생각해보자.

각 쪽에는 약 400단어 정도의 글이 있을 것이다. 그렇다면 작업할 수 있는 합리적인 상한선은 400,000단어가 된다. 그렇다면 우리가 계산한《루미너리스》의 경우, 가장 짧은 장에 100개의 단어만 있더라도 단어 총수는 100×4095, 즉 409,500개가 될 것이다. 그러면 달성할 수 있는 상한선을 뛰어넘는다. 실제로《루미너리스》의 마지막 장인 12장에 있는 단어를 세어보면 95개다. 그렇다면 단어의 총개수는 389,025개다. 물론 이 값이 정확한 수치라고 볼 수는 없다. 각 장의 제목을 포함해야 할까? 아니면 '12장'이라는 단어도 세야 하는 걸까? 등등. 단어를 세는 방법은 다양한 해석의 여지가 있으므로 다른 결과가 나올 수도 있다. 아무튼 가장 짧은 장의 단어 수가 95개일 경우, 이 책은 12장 이상이 될 수 없다. 13개의 장으로 이루어져 있다면, 단어 수가 778,145개로 2배 이상 늘어나 합리적인 상한선을 훨씬 뛰어넘게 된다.

하지만 굳이 12장이 넘는 책을 쓰고 싶다면, 최대 몇 장까지 쓸 수 있을까? n장짜리 책의 총길이를 알아내려면 어떻게 해야 할까. 가장 짧은 장의 길이를 기준으로 12장짜리 책의 길이를 계산했던 방법을 반복하면 된다. 장이 n개인 경우, 마지막 장의 길이는 $S = \frac{1}{2^{n-1}}L$ 또는 $L = 2^{n-1}S$가 된다. 책의 총길이는 $(2^{12} - 1)S$가 아니라 $(2^n - 1)S$다. 가장 짧은 장이 단 1개의 단어로 이루어져 있다 하더라도 상한선에 꽤 빨리 도달한다. 합리적 상한선인 400,000단어 이내를 유지하려면 $2^n - 1 \le 400000$

을 계산해 최대 장수를 찾으면 된다. 이 부등식을 풀면 최대 n값은 18이라는 것을 알 수 있다. 이 경우 12장 이후의 6장에는 단어의 수가 극단적으로 줄어들어 총 63개의 단어만 있을 것이다.

이제 이 질문을 던져볼 때가 왔다. 캐턴은 왜 이렇게 특이한 구조를 사용했을까? 만약 황도 12궁과의 연관성을 강조하기 위해 12와 관련된 구조로 책을 쓰고 싶었다면, 각 문장을 12단어 길이로 만들거나, 12장 및 $12^2 = 144$개의 단락으로 구성하는 등 여러 방법이 가능했을 것이다. 그러나 그 많은 방법 중 달이 차츰 작아지듯이 12장의 길이를 매번 반으로 나누기로 한 결정은 책을 아우르는 천문학적·점성학적 주제뿐만 아니라 줄거리 전개와 기본 핵심 내용인 태양과 달로 대표되는 두 연인의 이야기와 일맥상통해 더욱 설득력이 있다. 《루미너리스》에는 여러 울림이 있다. 태양, 달, 별 그리고 등장인물들의 운명처럼 각 상황이 2배가 되거나 절반이 되고, 떨어지거나 올라가고, 늘어나거나 줄어든다. 소설 속 매춘부 안나 웨더렐은 지난달 빚이 2배로 늘어났다는 사실에 절망하며 "추락한 여자에게는 미래가 없고, 비상한 남자는 과거가 없다"고 말한다.

각 장이 점점 줄어들면서 긴장감도 점점 고조된다. 캐턴은 2014년 인터뷰에서 다음과 같이 말했다.

"《루미너리스》는 거대한 수레바퀴처럼 시작할 때는 삐걱거리지만 움직일수록 점점 더 빨리 회전한다."

각 장의 제약이 점점 더 엄격해지면서 피할 수 없는 운명을 향한 감각도 예민해진다. 그야말로 내부로 파고드는 나선 효과처럼, 마지막 12장에 도착하면 불운한 연인들의 다정한 마지막 장면이 우리를 강렬하게 끌어당긴다. 12장의 제목은 '초승달 품에 안긴 그믐달'로, 1장의 사건들이 일어나기 바로 며칠 전인 1866년 1월 14일의 이야기를 다룬다. 따라서 마지막 장이 소설의 진정한 중심이라고 할 수 있으며, 이런 전개는 예이츠의 시 〈재림〉에 나오는 "점점 넓어지는 나선"의 모습을 떠올리게 한다.

> 점점 넓어지는 나선을 그리며 빙빙 도는 매는
> 사냥꾼의 소리를 들을 수 없다.
> 모든 것이 산산이 부서진다. 중심을 잡을 수 없다.
> 그저 무질서만이 세상에 만연하다.

이 시에 등장하는 나선은 소용돌이치는 폭풍의 중심에서 점점 바깥쪽으로 이동한다. 하지만 《루미너리스》에서는 그 경로가 반대로 바뀌어 점점 더 중앙으로 향한다. 점성술에 대한 언급이 많은 소설이라는 점에서 《루미너리스》가 순리가 아닌 역순으로 향하는 나선을 보여주는 건 너무나 당연하다.

《루미너리스》의 등비수열식 구조는 물리적인 길이, 즉 장으로 나타난다. 하지만 모든 이야기에는 공간적 구조가 아닌 시간적 구조라는 또 다른 구조가 있다. E.M. 포스터가 말했듯이, "소설에는 항상 시계가 있다." 가끔은 똑딱거리는 소리가 매우 크게 들릴 때도 있다. 알렉산드르 솔제니친의《이반 데니소비치의 하루》가 바로 그렇다. 이 소설은 10년 형을 선고받은 이반 데니소비치가 러시아 강제 노동 수용소에서 하루 동안 겪은 사건에 대한 이야기다. 버지니아 울프의《댈러웨이 부인》과 제임스 조이스의《율리시스》도 하루 동안 일어난 사건을 다룬다. 이는 엄격한 제약이 창의성을 제한하지는 않는다는 것을 보여준다. 더 믿기 힘든 시간을 다룬 책들도 있다. 짧은 기간을 다룬 대표적 작품으로는 터키 작가 엘리프 샤팍Elif Shafak이 2019년에 발표한 가슴 아픈 소설《이 낯선 세상에서의 10분 38초10 Minutes 38 Seconds in This Strange World》가 있다. 소설의 주인공 레일라는 잔인하게 살해되어 뇌가 서서히 멈추기 시작할 즈음 영혼이 육체를 완전히 벗어날 때까지 지난 삶의 기억들이 주마등처럼 뇌리에 스쳐 지나간다. 이 생소한 삶과 죽음의 경계선을 지나는 시간의 길이가 바로 책의 제목이다.

그렇다면 시간이 전혀 흐르지 않는 책은 어떨까? 프랑스 작가 조르주 페렉Georges Perec의《인생 사용법Life: A User's Manual》은 1975년 6월 23일 오후 8시경, 찰나의 시간 동안 일어난 일을 이야기한다.

에이모 토울스의 2016년 소설《모스크바의 신사A Gentleman in Moscow》는 정반대로 32년이라는 아주 긴 시간을 다루고 있다. 이 소설의 연대기적 틀은 매우 정교하다. 2011년 첫 소설《예의범절Rules of Civility》을 출간하기 전까지 20년 동안 월 스트리트에서 은행원으로 일했던 작가의 작품에서 수학적 구조를 발견하는 것은 그리 놀라운 일이 아닐 것이다. 토울스에 관한 이야기 중 가장 흥미로웠던 사실은 그가 10살 때 병에 편지를 담아 매사추세츠 웨스트 찹에 있는 바다에 던졌다는 것이다. 토울스는 "만약 이 편지가 중국에 도착한다면 답장을 써 주세요"(또는 그런 뜻으로)라는 메시지를 썼다고 한다. 이 세상에 이런 일을 실제로 해본 아이가 얼마나 있을까? 그래서 답장을 받은 아이가 있긴 할까? 헌데 놀랍게도 몇 주 뒤, 누군가 토울스에게 답장을 보냈다. 중국에서 온 것은 아니지만 말이다. 당시 《뉴욕 타임스》의 편집장이었던 해리슨 솔즈베리가 그 병을 우연히 발견했고 답장을 썼다. 그 후 몇 년 동안 두 사람은 서신을 주고받다가 토울스가 18살이 되었을 때 마침내 만났다. 솔즈베리는 《모스크바의 신사》에서 러시아 특파원이라는 실제 모습 그대로 카메오로 등장한다. 물론 솔즈베리가 토울스의 병을 볼가강에서 건져낸 것은 아니다. 그는 웨스트 찹에서 약 2마일 정도 떨어진 비니어드헤이븐 해변에서 그 병을 주웠다.

모스크바의 유명한 메트로폴 호텔을 배경으로 한 《모스크바의 신사》는 1922년 볼셰비키 법원의 결정으로 그가 장기간 투숙하고 있던 호텔에 갇히는 종신연금형을 선고받은 알렉산드르 일리치 로스토프 백작의 32년 동안의 삶에 대한 이야기다. 로스토프는 현명한 사람이었다. 수십 년 동안 호텔 6층 다락방에 갇혀 지내면서도 자신의 삶을 묵묵히 의연하게 살아간다. 그리고 그가 갇혀 있는 동안 바깥세상은 몰라보게 변하고 있었다.

이미 책을 읽었다면, 몇 년 동안의 중요한 사건들이 같은 날짜에 일어난다는 것을 알아차렸을지도 모르겠다. 《모스크바의 신사》에는 6월 21일이 반복적으로 나타난다. 사실 이러한 전개는 토울스가 아코디언 같다고 말하는 숨겨진 구조의 측면에서 보면 빙산의 일각에 불과하다. 이야기가 진행되는 32년 동안 어떻게든 2의 거듭제곱이 포함된다는 암시가 있었을지도 모른다. 32는 2^5, 또는 2×2×2×2×2이므로. 그리고 정말 그랬다. 이 책은 로스토프의 가택연금이 시행된 1922년 6월 21일, 하짓날의 사건을 묘사하면서 시작된다. 그런 다음 호텔에 도착한 지 하루, 이틀 그리고 5일 후에 무슨 일이 일어나는지 설명한다. 그러다 10일, 3주, 6주, 3개월, 6개월이 지나고, 마침내 로스토프가 감금된 지 1주년이 되는 1923년 6월 21일에 이른다. 시간 주기는 대략 2배씩 늘어난다. 그리고 법칙은 계속된다. 로스토프가 메트로폴 호텔에 감금된 지 2년, 4년, 8년 그리고 16년이 지난 1938년 하짓날에 로스토프를 다시 만난다. 낮이 가장 길고 밤이 가장 짧은 하지가 1년의 중간 지점인 것처럼 1938년의 하지는 이야기의 중간 지점이다. 이제 토울스가 해야 할 일은 이 중간 지점에서 선회하며 아름다운 대칭으로 순서를 뒤집는 것이다. 시간은 어느덧 8년을 훌쩍 뛰어넘어 1946년에 이른 뒤 이야기 주기를 4년, 2년 등 반으로 줄인다. 그리고 이 책의 마지막은 백작이 메트로폴 호텔에 도착한 6월 21일로 돌아간다. 자세히 말할 수 없지만, 결말은 해피엔딩이다.

어쩌면 소설 초반에 1, 2, 5, 10, 21(3주)로 시작하는 수열을 대략 2배씩 커지는 수열이라고 주장하는 것에 살짝 불편함을 느끼는 사람도 있을 것이다. 사실 $2 \times 2 = 5$라는 결론은 조지 오웰의 디스토피아 소설 《1984》에 나오는 전체주의적 고문실에서나 가능한 억지일 것이다. 그러나 1년에서 시작해 합리적인 정수로 '버림'하면 모든 것이 딱 들어맞는다. 1년의 반은 6개월이고, 그 절반은 3개월이다. 3개월의 반은 6주 남짓이다. 그래서 6주로 버림하면 다시 그 절반은 3주, 즉 21일이 된다. 21일의 반은 10일, 그 절반은 5일, 5일의 반은 $2\frac{1}{2}$이다. 따라서 2일로 버림하면, 마지막 절반은 1일이 된다. 그러므로 수학과 교수인 내 권한으로 이 수열을 공식 인정한다!

《모스크바의 신사》가 수학적 구조와 등비수열을 선택하고 다시 그 역방향으로 진행하는 것에는 타당한 이유가 있다. 수학적 구조는 이야기를 펼치는 데 도움이 된다. 토울스가 언급했듯이 로스토프가 메트로폴 호텔과 그의 새 다락방 숙소 그리고 그곳에 사는 다른 사람들, 즉 손님과 직원들을 제대로 소개하려면 초반 부분에서는 세분화가 필요하다. 시간이 흐를수록 이야기가 더 빨리 진행되는 것이 흥미 면에서도 훨씬 낫다. 누구든 30여 년에 걸친 매일매일의 이야기를 시시콜콜 세세하게 듣고 싶지는 않을 것이다. 하지만 이 과정이 무한히 계속되면 안 된다. 이야기의 끝이 다가올수록 세분화가 다시 등장해 흥미진진하게 그리고 독자의 기분을 망치지 않는 결론을 끌어내야 한다. 2배로 늘리거나 줄이는 전개는 마지막을 장식하는 훌륭한 방법이다. 이것은 인간의 기억이 작동하는 방식과 같다. 우리는 어린 시절을 매우 뚜렷하게 기억하면서도 어른이 되면 시간이 빨라지는 것처럼 느낀다. 찰나의 순간에 가까워질수록, 오늘, 어제 그리고 아주 최근의 과거에 대한 좋은 기억이 남지만, 기억이 과거와 멀어질수록 시간은 짧아진다.

2배씩 늘어나거나 절반씩 줄어드는 수열 구조도 숫자를 따라 줄을 지어 이루어지지만, 수학적 구조의 2차원적 예를 문학에서 찾는다면, 조르주 페렉의《인생 사용법》만 한 게 없다. 이 소설의 모든 사건은 한순간에 일어난다. 시간적 구조의 모든 가능성을 뒤집으면 다른 틀이 열리기 마련이다. 이야기의 배경은 파리 시몽크뤼벨리 11번가에 있는 아파트로, 이곳에는 주민들의 삶이 다양하게 얽혀 있다. 이 소설의 주인공은 바틀부스라는 괴짜 영국인이다. 그는 수년간 그림을 배우면서 세계 곳곳을 여행하며 여러 항구의 모습을 수채화로 그린다. 그런 다음 그 그림을 직소 퍼즐로 만들어 다시 맞추는 일을 평생의 업으로 삼는다. 퍼즐 제작자와 바틀부스의 그림 선생님은 시몽크뤼벨리 11번가에 살고 있다. 불행히도 바틀부스는 모든 퍼즐을 완성하기 직전인 1975년 6월 23일 오후 8시에 사망하여 자신의 목표를 이루지 못한다. 이 소설에서 눈에 띄는 부분은 아파트 건물이 10×10 정사각형으로 배열된 100개의 방으로 이루어져 있다는 사실이다. 여기에는 다락방, 지하실, 계단도 포함된다. 소설의 각 장에는 다른 방의 이야기가 펼쳐진다. 뭐, 지금까지는 아주 단순한 구조라고 할 수 있다. 하지만 소설을 읽을수록 구조가 훨씬 더 깊이 있으며, 그 이면에는 카드놀이와 러시아의 제국주의, 초기 컴퓨터, 세상에서 가장 위대한 수학자 중 1명이 저지른 실수 같은 수학 이야기가 숨어 있다는 것을 알게 된다.

스도쿠를 풀어본 적이 있는가? 만약 그렇다면 라틴 방진Latin Square이라는 수 배열을 접해보았을 것이다. 그렇지 않더라도 걱정할 필요 없다. 아주 간단한 스도쿠를 통해 충분히 이해할 수 있다. 지금부터 예로 들 스도쿠는 4×4 배열이지만, 보통 9×9 배열을 사용한다. 일단 격자에는 숫자 1부터 4가 각 행과 열에 겹치지 않도록 단 한 번씩만 있어야 한다.

내가 미리 몇 개의 숫자를 넣어보았다. 이제 모든 행과 모든 열에 1, 2, 3, 4가 하나씩 있도록 격자를 완성해보자. 9×9 격자판이라면 1부터 9까지 넣으면 된다.

3	1		
		1	3
4	2		
1		2	

첫 번째 열에는 2가 빠져 있으므로 첫 번째 열 빈칸에는 2를 넣고, 두 번째 행의 두 번째 열 빈칸에는 4를 넣는 식으로 격자

를 채우면 된다. 완성된 격자는 다음과 같다.

3	1	4	2
2	4	1	3
4	2	3	1
1	3	2	4

이처럼 모든 숫자가 각 행과 열에 정확히 한 번씩 나타나는 사각형 격자를 라틴 방진이라고 한다. 재미있고 논리적인 오락을 좋아했던 17세기 프랑스 귀족들은 색다른 라틴 방진을 즐겼다. 라틴 방진을 적용한 카드놀이다. 이 놀이에서는 카드 한 벌에 있는 네 가지 모양(하트, 다이아몬드, 스페이드, 클럽)이 그려진 4×4 격자에 각 모양의 가장 높은 4개의 카드(잭, 퀸, 킹, 에이스)*를 배열해야 한다. 모든 행과 열에는 각 모양의 카드가 정확히 하나씩 있어야 하며, 4개의 다른 그림 카드(에이스, 킹, 퀸, 잭)가 포함되어야 한다. 완성된 퍼즐의 예는 다음과 같다.

A♠	K♥	Q♣	J♦
K♦	A♣	J♥	Q♠
J♣	Q♦	K♠	A♥
Q♥	J♠	A♦	K♣

* 영국에서는 '그림 카드court cards'라고 부른다.

그러므로 이 퍼즐은 라틴 방진이 1개가 아니라 2개를 완성해야 한다. 모양으로 이루어진 라틴 방진과 카드 이름으로 된 라틴 방진이다. 이 밖에도 각각의 조합이 정확히 한 번 있다는 점에서 2개의 라틴 방진은 참으로 조화롭다고 할 수 있다. 2개의 서로 다른 숫자나 기호를 포함하는 한 쌍의 라틴 방진으로, 모든 기호 쌍이 정확히 한 번 등장하는 방식이다. 이러한 퍼즐을 '이중 라틴 방진'이라고 한다. '직교 라틴 방진' 또는 '겹 라틴 방진'이라고도 하며, '그레코 라틴 방진'이라고 하기도 한다. 그레코 라틴 방진에서 모든 기호 쌍의 한 요소는 그리스 알파벳, 다른 한 요소는 라틴어로 이루어져 있다.

나는 '이중 라틴 방진'이라는 명칭을 사용하고자 한다.

카드 퍼즐에는 여러 해법이 있다. 하지만 1,152개라는 정확한 숫자는, 몇 세기 후에 영국 수학자 캐슬린 올러렌쇼Kathleen Ollerenshaw가 알아냈다. 올러렌쇼는 대단한 여성이었다. 1912년에 태어난 올러렌쇼는 8살 때 청력을 잃었고, 청각 장애가 방해되지 않는 몇 안 되는 과목 중 하나가 수학이라는 것을 깨달았다. 그는 어린 시절부터 수학을 매우 좋아했다. 오랫동안 수학을 파고든 올러렌쇼는 첫 번째 학술 논문으로 시작 위치와 관계없이 루빅큐브를 맞추는 방법을 발표했다. 올러렌쇼는 맨체스터시 시장으로 재직했으며, 아이스하키와 피겨 스케이팅 같은 운동을 즐겼다. 늙은 낭만주의자로 보일지 모르겠으나, 나는 올러렌쇼에 관한 이야기 중에서 그가 어릴 적 연인 로버트와 결혼했다는 점이 가장 마음에 든다. 올러렌쇼는 로버트가 계산자를 선물로 주었을 때 그게 사랑임을 알았다고 한다.

다시 카드 퍼즐로 돌아가보자. 수많은 해법을 이용하면 겨울밤을 며칠 정도는 즐겁게 보낼 수 있었다. 하지만 얼마 지나지 않아 더 복잡하고 더 어려운 도전이 필요해졌고, 그러한 퍼즐이 1770년대에 인기를 끌게 되었다. 바로 '36명의 장교 배열 문제 36 officers problem'라는 퍼즐이다. 이 퍼즐에는 6개의 부대가 있고, 각 부대에는 중위, 대위, 소령 등 6개 계급의 장교가 6명씩 있다. 따라서 이번에는 6×6의 사각형 격자에 장교 36명을 배치해야 한다. 각 행과 열에 각 부대와 각 계급이 정확히 하나씩 있어야 하는 '6×6 이중 라틴 방진'이다. 이 퍼즐은 상트페테르부르크 귀족층에서 유행했다. 또한 러시아를 통치하던 예카테리나 대제 역시 이 퍼즐에 푹 빠져 있었는데, 도저히 문제를 풀 수 없어서 당시 러시아 상트페테르부르크대학교의 유명한 수학자 레온하르트 오일러Leonhard Euler를 불러 도움을 요청했다고 한다. 오일러는 수많은 수학책에 이름을 올린, 존경받고 영향력 있는 수학자 중 1명이다. 여기서 중요한 사실이 있다. 그 오일러도 퍼즐을 풀지 못했다. 오일러는 그래프 이론이라는 수학 연구 분야를 정립했고, 함수 표기법을 비롯한 현대의 수학 표기법에 많은 영향을 미쳤다.

프랑스 수학자 피에르 시몽 라플라스Pierre-Simon Laplace는 말했다.

"오일러를 읽어라. 오일러를 읽어라. 그는 모든 면에서 우리의 지도자다."

그런 오일러가 풀 수 없는 문제가 있다니 놀랍지 않은가? 나는 문제가 풀리지 않을 때 다른 수학자처럼 내가 실패한 것인지 아니면 진짜 풀 수 없는 문제인지 여부를 결정한다. 쉽지 않은 일이다. 그 문제에 해결책이 없다고 결론을 내리고 논문이나 학회에서 발표하면, 누군가가 그 해법을 찾아내고 나를 바보로 만들어버릴 수도 있다. 그러므로 결론을 내리기 위해서는 그에 대한 확신이 있어야 한다.

오일러에게는 '36명의 장교 배열 문제'가 그랬다. 그는 해법을 찾지 못한 것이 아니라 해법이 없다는 결론을 내렸다. 그의 주장에 따르면 6×6 이중 라틴 방진은 존재하지 않는다. 이것이 진짜 불가능하다고 확신하는 방법은 오로지 수학적으로 증명하는 것뿐이다. 이때 수학자는 해결책이 없는 이유를 제시해야 한다. 무슨 뜻인지 감을 잡을 수 있도록 '4명의 장교 배열 문제', 즉 2×2 이중 라틴 방진의 해법이 없다는 것을 증명해보겠다. 이 퍼즐에는 2개의 계급과 2개의 부대가 있을 것이다. 부대 1과 부대 2에 각각 장군과 소령이 1명씩 있다면, 이 4명의 장교를 2×2 정사각형 격자 안에 배치한다. 각 행과 열에는 장군과 소령이 1명씩 있어야 하고, 각 부대의 장교가 1명씩 배치해야 한다. 2명의 장군을 같은 줄이나 열에 둘 수 없으므로, 그들은 서로 대각선으로 반대편에 있어야 한다.

이렇게 배치하는 방법은 다음 그림처럼 두 가지뿐이다.

장군	소령
소령	장군

소령	장군
장군	소령

따라서 장군 1은 어느 모퉁이에 있든 1명의 소령과는 행을, 다른 소령과는 열을 공유하고 있다. 이럴 수가! 이 말인즉슨 장군 1과 소령 1이 모두 포함된 행이나 열이 있다는 것이고, 각 행과 열에 각 부대의 장교를 1명씩 배치해야 한다는 규칙을 어길 수밖에 없다. 이것은 아무리 위대한 수학자라고 해도 어쩔 수 없는 일이다.

예카테리나 대제의 퍼즐을 풀지 못한 오일러는 대신 존재할 수 있는 이중 라틴 방진과 존재할 수 없는 이중 라틴 방진의 크기를 찾는 규칙을 알아냈다. 우선 2×2는 불가능하고, 그다음으로 풀 수 없는 크기의 방진은 6×6이었다. 그리고 홀수(3×3, 5×5 등) 크기와 4의 배수(4×4, 카드 퍼즐, 8×8 등) 크기일 때는 이중 라틴 방진이 존재한다고 증명했다. 1782년에는 2부터 시작해 4씩 커지는 6, 10, 14, 18…… 등의 나머지 숫자들은 그 크기의 이중 라틴 방진이 불가능할 것이라는 추측도 내놓았다. 6×6의 경우를 해결하더라도 존재하지 않음을 증명해야 하는 수가 천문학적으로 늘어난 것이다. 마침내 1901년, 프랑스 수학자 가스통 타리Gaston Tarry가 '전수증명법'*으로 6×6이 존재하지 않는다고 밝혀냈다. 물론 타리가 정말 모든 경우를 일일이 확인한 것은 아니다. 다만 한 번에 많은 사례를 배제할 수 있는 몇 가지 방법을 발견했다. 그래서 라틴 방진이 가능한 경우를 확인하고 증명했다. 여전히 많았지만 말이다. 타리가 내린 결론은 예카테리나 대제와 오일러가 옳았다는 것이다. 36명의 장교 배열 문제 해결은 불가능했다.

그런데 놀라운 일이 일어났다. 1959년, E. T. 파커E. T. Parker와 R. C. 보스R. C. Bose, S. S. 슬릭한데S. S. Shrikhande가 처음으로 컴퓨터를 이용하며 10×10 이중 라틴 방진 해결법을 발견해냈다! 더 놀랍게도 그들은 6보다 큰 다른 모든 숫자, 심지어 오일러가 해법이 없다고 추측한 14, 18 등의 라틴 방진도 존재한다는 것을 증명했다. 오일러는 틀렸다. 하지만 그 오류를 알아내는 데 거의 2세기가 걸렸다. 이 발견은 굉장한 뉴스였다. 1959년 11월 《사이언티픽 아메리칸》 표지에는 '불가능했던' 10×10 이중 라틴 방진의 사진이 실렸다. 여기서 조르주 페렉에게 돌아가자. 페렉은 특히 새로운 문학적 형식과 제약 조건을 만들기 위해 수학적 구조의 잠재적 용도를 탐구하는 데 관심이 있었다. 흥미롭게도 오일러가 불가능하다고 추측한 이중 라틴 방진은 페렉의 소설 속에서 발견되었다.

* 모든 경우의 수를 일일이 조사하는 방법 – 옮긴이 주.

《인생 사용법》의 배경은 각 층에 10개의 방이 있는 10층 건물로, 100개의 방은 모두 10×10 정사각형 모양이다. 또한 페렉은 소설 속에 10개의 옷감 목록처럼 10개를 특징으로 하는 여러 목록을 만들었다. 소설의 각 장은 건물의 특정한 방, 즉 10×10 정사각형에 해당하는 특정 장소에서 펼쳐진다. 10×10 이중 라틴 방진을 중첩한 각 장의 이야기는 10개씩 이루어진 목록에서 선택한 각기 다른 특징을 독특하게 조합하며 펼쳐진다. 그래서 매우 풍부한 이야기 구조를 갖추고 있다. 물론 여기서 끝이 아니다. 각 이야기는 10×10 체스판을 이동하는 기사의 움직임에 따라 방을 이동하며 연속적으로 펼쳐진다. 체스(8×8 정사각형)에서 기사가 유일하게 이동할 수 없는 칸은 바로 옆 칸이다. 기사는 한 방향으로 두 칸을 이동한 뒤 수직 방향으로 한 칸을 이동한다. 예를 들면 오른쪽으로 두 칸, 위쪽으로 한 칸을 이동한다. 따라서 기사는 체스판 전체를 이동하되, 각 정사각형을 정확히 한 번만 들를 수 있다. 이 해법은 9세기 중반 바그다드에 살았던 알 아드리 아르 루미al-Adli ar-Rumi가 최초로 기록했다. 그렇다면 다른 해법도 있을까? 혹시 다른 크기의 체스판에서도 가능할까? 이에 대해 가장 처음 체계적으로 연구한 이가 오일러였고, 두 질문에 대한 답은 "그렇다"였다.

추측이 잘못되었다는 것이 밝혀지는 것은 부끄러운 일이 아니다. 오일러의 추측은 또 다른 흥미로운 수학으로 이어졌고, 이를 해결하는 데 수 세기가 걸렸다. 그래서 나는 오일러를 실패자라고 부르지 않으며, 오일러만큼 성공적인 실패를 꿈꿀 뿐이다! 《인생 사용법》의 주제 중 하나는 실패다. 바틀부스는 모든 직소 퍼즐을 맞추는 인생 목표를 이루지 못하고 실패한다. 아파트에 살고 있는 화가 발렌은 모든 방과 그곳에 사는 사람들의 모습을 그리려는 계획에 실패한다. 이 소설의 이중 라틴 방진 구조는 오일러의 실패를 이야기에 담아 함축한 것이다. 그리고 페렉이 의도한 마지막 실패가 있다. 기사는 건물을 다 들러보는 데 실패한다! 이 책은 100장이 아니라 99장이다. 지하실 방이 하나 빠져 있다.

나는 이 책의 구성 및 모든 방을 들러보는 데 실패한 원인을 기술한 페렉의 '설명'이 좋다.

"그 이유는 전적으로 295쪽과 394쪽에 등장하는 어린 여자아이 탓이다."[5]

이 장에서는 엘리너 캐턴과 에이모 토울스와 같은 작가들이 어떤 수학적 구조로 소설의 연대기를 형성했는지 살펴보았다. 또한 조르주 페렉이 《인생 사용법》에서 기하학적 구조 내의 공간과 시간을 결합하는 복잡한 설계를 통해 이야기를 점점 발전시켰다는 것도 알아보았다. 페렉은 문학적 제약의 최전방에서 눈부신 작업에 매진하는 작가 모임 울리포의 일원이었다. 다음 장의 주제는 바로 울리포다.

3

잠재 문학을 위한 작업실

수학자와 울리포

1960년 11월 24일, 파리의 한 카페에서 레몽 크노와 프랑수아르 리오네Francois Le Lionnais는 수학에 관심 있는 동료 작가들과 문학에 관심 있는 수학자들을 만나 '울리포'를 결성했다. 울리포는 '잠재 문학 작업실Ouvroir de Literature Potentiel' 정도로 해석할 수 있다. 울리포의 목적은 시, 소설, 연극 등 문학에 사용될 만한 새로운 구조의 가능성을 탐구하는 것이었다. 특히 수학은 구조의 주춧돌이므로, 울리포는 수학적 사고가 새로운 문학 형식과 구조적 제약의 출발점이 될 수 있는지에 관심이 많았다. 아마 사람들에게는 이탈로 칼비노와 마르셀 뒤샹 같은 울리포 회원들이 더 친숙할 것이다. 그리고 조르주 페렉 역시 마찬가지다.

예술에서 새로운 것을 만드는 방법에 관한 문제는 1960년대 프랑스만의 문제도 아니고, 문학만의 문제도 아니다. 수학을 활용한 울리포의 대응은 어떤 면에서 초현실주의자들을 향한 반발이기도 하다. 초현실주의자들은 무의식적인 글쓰기와 잠재의

식에서 꺼낸 자료를 책에 옮겨 넣는다. 그러나 울리포는 기본적으로 새로운 종류의 문학을 창조하려면 새로운 문학 형식을 만들어 그 틀에서 작업해야 한다고 생각했다.

그 당시 수학적 글쓰기에 관련된 어떤 움직임이 있었고, 그 움직임은 울리포에게 영향을 주었다. 바로 1940년대부터 꾸준히 등장했던 니콜라 부르바키Nicolas Bourbaki의 책들이 그랬다. 그에 대한 흥미로운 사실 하나는 부르바키라는 이름을 가진 수학자는 현재에도 없을뿐더러 과거에도 없었다는 것이다. 부르바키는 사람이 아니라 프랑스를 중심으로 활동하던 수학자들의 학회의 가명이다. 그들은 최초의 이론부터 시작해 현대 수학의 건축적 기초를 다루는 책들을 공동으로, 그리고 익명으로 펴내기 위해 의기투합했다. 참 놀라운 이야기다. 부르바키의 책들은 지금도 여전히 읽히고 있다. 나도 소장하고 있고, 특히 내 연구 관심사인 대수학을 다룬 책은 모서리가 닳아 있을 정도다.

관심 주제에 대한 참여 규칙을 정하고 이 견고한 기초를 바탕으로 정리를 증명하는 관행은 수천 년 전 유클리드로 거슬러 올라가는 고귀한 혈통을 갖고 있다. 첫 번째 참여 규칙은 사용할 단어를 정의하는 것이다. 가령 '원' 또는 '선'을 정의할 때도 그 의미를 통일한 다음, 서로 동의하는 바가 사실이고 그 사실에서 더 많은 사실을 추론할 수 있다는 출발점을 확립한다. 수학자들의 이러한 접근법은 시인들이 지켜야 하는 제약 조건(소네트 형식처럼)과 정확히 같다. 어떤 구조를 제공하고 그것을 탐구하도록 요청하는 것이다. 이 제약으로 나는 무엇을 이룰 수 있을까? 우선 유클리드 기하학 법칙으로 피타고라스의 정리를 증명할 수 있다. 또한 소네트의 규칙을 따라 다음과 같은 시구를 쓸 수 있다.

"당신을 여름날에 비유할까요? 당신이 더 사랑스럽고 훨씬 온화합니다."

그렇다면 문학에서는 어떤 종류의 '공리'가 이치에 맞을까? 아주 간단한 예는 리포그램Lipogram*에 사용되는 규칙이다. 리포그램이라는 단어는 고대 그리스어의 '글자를 생략함'이라는 뜻에서 유래했다. 가장 잘 알려진 리포그램 소설은 조르주 페렉이 1969년에 발표한《실종La Disparition》이다. 이 소설은 단 하나의 공리를 지킨다. 바로 글자 e를 금지하는 것이다. 오늘날 대부분의 유럽 언어에서 e는 생략하기 가장 어려운 글자다. 왜냐하면 e는 가장 흔하기 때문이다. 프랑스어에서는 일반 텍스트의 문자 중 6분의 1 이상이 e(è, é, ê 등 악센트가 있는 글자 포함)를 포함한다. 영어로 e 없이 딱 한 문장만 써보라.

'It's difficult to do(은근히 어렵다)'.

내가 쓴 문장을 보았는가?

못 보았다면

'Look at my action just now(지금 이 문장을 보라)'.

* 특정 글자들이 금지된 텍스트.

울리포가 리포그램을 발명한 것은 아니다. 리포그램은 고대 그리스까지 거슬러 올라가는 오래된 문학 형식이다. 기원전 6세기 시인 허마이어니의 라수스Lasus of Hermione는 시그마(δ)라는 글자를 쓰는 것이 너무 싫었는지 일부러 시그마가 없는 시를 두 편 이상 썼다. 뭐, 누구나 제멋에 사는 법이니까. 또한 10세기경 비잔틴 백과사전《수다Suda》에 따르면 시인 트리피오도로스Tryphiodorus는 호메로스의《오디세이》를 리포그램 판으로 만들었다.《오디세이》는 24권으로 이루어졌고, 그 당시 그리스 알파벳은 24개의 글자가 있었다. 트리피오도로스는 이에 착안해 책마다 한 글자씩 빠져 있는《오디세이》를 썼다. 이는 안타깝게도 지금은 소실되었다. 첫 번째 책에는 α가 없고, 두 번째 책에는 β가 없다. 게다가 페렉의《실종》이 e를 생략한 첫 번째 소설도 아니었다. 그 영광은 지금은 거의 잊힌 어니스트 빈센트 라이트Ernest Vincent Wright의 1939년 소설《개즈비Gadsby》가 차지했다. 울리포 회원들은 울리포가 탄생하기 전 울리포적 정신으로 제작된 작품에 '예상 표절anticipatory plagiarism'이라는 다소 오만한 단어를 붙인다. 소설《실종》에는《개즈비》가 예상 표절했다고 짐작되는 등장인물 개즈비 V. 라이트 경이 나온다.

라이트의 작품 그리고 다른 모든 리포그램에는 항상 다음과 같은 질문이 뒤따른다.

"네, 참 영리하군요. 하지만 왜 그러는 겁니까? 그 방식이 좋은 예술을 만드는 데 도움이 되나요?"

e 없이 《개즈비》를 쓸 이유는 딱히 없다. 특히나 《개즈비》에는 그 선택이 적절했다고 느낄 만한 부분이 하나도 없다. 나는 지적인 도전에 반대하지 않는다. 하지만 그 도전이 그저 무익한 게임이 아니길 바란다. 바로 이 이유 때문에 페렉의 《실종》이 다른 리포그램들보다 우위에 있다. 모국어에서 가장 흔히 사용되는 글자를 빼고 책 전체를 쓰는 일이 엄청나게 어려운 기술적 도전이기 때문만은 아니다. 페렉의 소설은 같은 울리포 회원인 자크 루보Jacques Roubaud가 설정한 두 가지 수칙 중 하나를 따르고 있다. 그 수칙은 주어진 제약 조건 내에서 쓰인 텍스트는 어떤 식으로든 그 조건을 언급해야 한다는 것이다. 루보의 두 번째 수칙에 대해서는 나중에 이야기해보자.

《실종》은 사라진 무언가를 쫓는 이야기를 중심으로 전개되고, 소설 속의 등장인물들은 결국 그것이 글자 e라는 사실을 깨닫는다. 이 책에는 독자를 위한 단서도 여럿 있다. 예를 들어, 이 소설은 26장까지 있는데 5장이 빠져 있다. e가 알파벳 다섯 번째 글자이기 때문이다. 또한 소설 속 인물들을 위한 단서들도 있다. 26개의 병상을 갖춘 병동이 있지만, 5번 병상에는 아무도 없다. 그리고 제5권이 없는 26권짜리 백과사전이 나오기도 한다. 루보는 페렉의 《실종》을 "실종, 그것도 e의 실종에 관한 소설로, 실종을 재조명하는 것에 관한 이야기이자 재조명된 것을 창조하는 제약에 관한 이야기"라고 묘사했다.

페렉은 소설 후기에서 왜 e가 없는 글을 썼는지 설명한다.

"빛을 발할 만큼 독창적인 기교를 구성하는 것은 작가로서 야망이자 목표였으며, 심지어 끊임없는 집착이라고까지 말할 수 있을 정도였다. 여기서 기교는 구조와 서사, 줄거리, 행위의 개념에 대한 자극제, 즉 소설 쓰기에 대한 자극제로 작용한다."

문학 평론가이자 뛰어난 페렉 전문가인 워런 F. 모트Warren F. Motte는 《실종》 역시 상실에 대한 명상이라고 시사했다. 페렉은 제2차 세계대전 중에 고아가 되었다. 페렉의 아버지는 전사했고 어머니는 홀로코스트에서 살해되었다. 모트는 e의 부재에는 다음과 같은 의미가 있다고 주장했다.

"페렉은 그의 소설에서 아버지père, 어머니mère, 부모님parents, 가족famille이라는 단어를 말할 수 없을뿐더러 e가 4개나 들어 있는 조르주 페렉Georges Perec이라는 자신의 이름도 쓸 수 없었다. 다시 말해, 소설 속 각각의 '공백'에는 풍부한 의미가 담겨 있으며, 페렉이 어린 시절과 성년 초기에 걸쳐 고심했던 실존적 공백을 가리키고 있다."

어떤 책이 더 쓰기 힘들까? 페렉의 《실종》처럼 e가 없는 소설일까, 아니면 그의 속편 《돌아온 사람들Les Revenentes》처럼 모음은 오로지 e만 있는 소설일까? 크노는 '리포그램 난이도'를 가늠하는 수학적인 방법을 제안했다. 누구든 본능적으로 x를 생략하는 것이 t를 생략하는 것보다 더 쉽다는 것을 안다. 물론 텍스트가 길어질수록 쓰기가 더 힘들다는 것도 당연하다. 크노의 아이디어는 텍스트 내 언어에 대한 글자 빈도 분포로 이러한 난이도를 정확하게 측정하는 것이었다. 텍스트마다 서로 글자의 비율이 살짝 다르겠지만, 광범위하고 다양한 텍스트를 대상으로 조사한 후 그 결과를 대조한다면, 각 글자의 비율을 꽤 정확하게 예측할 수 있다. 가장 흔한 글자는 순서대로 'e, t, a, i, o'다. 가장 비율이 적은 글자는 'z, q, x, j 그리고 k'다. 이러한 지식은 수 세기 동안 암호를 해독하는 데 사용되었다. 상대방이 여러 글자나 기호를 특정 글자로 대체해 메시지를 암호화했다면, 가장 빈번하게 나타나는 기호는 e, 그다음으로 흔한 기호는 t 등으로 나타났다. 상대가 리포그램을 작성하지 않았다면 말이다. 암호에 대해서는 8장에서 자세히 다룰 예정이다.

크노의 리포그램 난이도 측정 방법은 생략 문자의 빈도 f를 계산한 뒤 텍스트 내 단어 수 n을 곱하는 것이다. 영어의 경우, 일반 텍스트에 있는 글자 100개 중 y는 평균 2개, e는 13개가 있다. 왜냐하면 y의 빈도는 0.02이고 e의 빈도는 0.13이기 때문이다. 따라서 y의 개수는 $0.02 \times 100 = 2$, e의 개수는 $0.13 \times 100 = 13$개로 예측할 수 있다. 원한다면 더 정확하게 계산할 수도 있다. 소수점 이하 다섯 자리까지 구하면 e의 빈도는 0.12702이고 y의 빈도는 0.01974다. 이 방법은 실제로 어떻게 적용될까. y가 없는 500개 단어로 텍스트를 제작하는 리포그램 난이도는 0.01974×500, 소수점 이하를 반올림하면 10이다. e

없이 글을 쓰는 것은 훨씬 더 어렵다. e가 없는 200개 단어로 된 텍스트의 리포그램 난이도는 다시 소수점 이하 반올림했을 때, $0.12702 \times 200 = 25$가 된다. 더 짧은 텍스트인데도 난이도가 올라간다.

그렇다면 《실종》은 어떨까? 프랑스어의 e는 영어보다 더 흔해 빈도가 0.16716이다. 따라서 《실종》처럼 약 80,000개의 단어가 쓰인 소설의 난이도는 13,373으로 무척 어렵다. 《실종》의 영문판은 길버트 어데어Gilbert Adair가 번역한 《공백A Void》이다. 아무것도 없는 백지상태에서 시작했다면, e 없는 80,000단어짜리 영문판 소설의 난이도는 10,162가 될 것이다. 하지만 잠시라도 《공백》이 《실종》보다 더 쓰기 쉬웠을 것이라고 생각하지 마라. 어데어 같은 번역가들은 충실한 번역은 물론이고 리포그램의 제약까지 따라야 하는 엄청난 도전을 하는 것이다. 그 도전이 성공했다는 것만으로도 놀랍다고 할 수 있다. 조금 더 신중하게 비교한다면 《실종》과 페렉이 농담조로 《실종》에서 생략한 e를 모두 써버렸다고 말한 후속 소설 《돌아온 사람들》의 난이도를 비교하는 것이 더 좋다. 이번에는 프랑스어에 있는 e를 제외한 다른 모든 모음의 빈도를 합산해 난이도를 계산해야 한다. 다른 모음들의 빈도를 합한 값은 0.28018이고, 《돌아온 사람들》의 단어 수는 대략 36,000단어이므로 이 책의 리포그램 난이도는 10,086이다. 《돌아온 사람들》의 단어 수가 더 적은 이유는 명백하다. 만약 《실종》과 단어 수가 같았다면, 글쓰기가

거의 2배 더 힘들었을 것이다.[1]

《실종》처럼 자기 참조적 특징이 있는 최근의 리포그램 텍스트는 마크 던Mark Dunn의 2001년 소설 《엘라 미노우 피Ella Minnow Pea》다. 주인공의 이름과 같은 이 책의 제목에는 l, m, n, o, p라는 순서처럼 그다음에 오는 알파벳에 대한 힌트가 있다. 이 책은 가상의 섬 놀롭Nollop을 배경으로 하고 있으며, 놀롭의 주민들은 "재빠른 갈색 여우가 게으른 개를 뛰어넘는다The quick brown fox jumps over the lazy dog"라는 팬그램pangram*의 발명가로 추정되는 네빈 놀롭을 존경한다. 놀롭섬에는 놀롭의 동상이 있고, 동상 아래에도 역시 팬그램이 새겨져 있다. 어느 날, 팬그램 글자가 새겨진 타일 중 하나가 떨어지자 섬의 통치자들은 알파벳에서 이 글자를 삭제하고 금지하라는 신의 계시로 받아들인다. 이때부터 모든 텍스트에서 그 글자가 사라진다. 이후로도 더 많은 글자가 동상에서 떨어지고, 그 글자들 역시 금지된다. 정부는 고심 끝에 이 같은 일을 중단할 수 있는 유일한 방법은 놀롭이 신이 아님을 밝혀내고, 그의 존재는 더 짧은 팬그램이 발견될 때까지만 인정할 것이라고 발표한다. 이제 사용할 수 있는 알파벳은 오직 l, m, n, o, p만 남은 절망적인 순간, 소설 제목에 등장하는 엘라가 32글자의 팬그램을 가까스로 찾으면서 사라진 알파벳이 복구되고, 섬의 주민들은 영원히 행복하게 산

* 알파벳의 모든 글자를 넣은 문구나 문장.

다. 참고로 엘라의 팬그램은 놀롭의 팬그램보다 세 글자 적다.

리포그램 이야기를 마무리하기 전에, 2002년 캐나다의 그리핀 시 문학상을 받은 캐나다 작가 크리스티앙 보크Christian Bök의 《유노이아Eunoia》를 잠시 언급하겠다. 이 책의 주요 부분은 5개의 장으로 이루어져 있다. 각 장은 모음 하나만 사용하며 y는 쓰이지 않는다. A장에 있는 문장을 예로 들자면, "파트와Fatwa*만큼 가혹한 A법칙은 모든 절에 A가 반드시 있어야 한다는 것이다." 이 소설의 제목 'Eunoia(유노이아)'는 모든 모음을 포함한 가장 짧은 영어 단어로, 건강하고 아름다운 생각을 의미한다. 프랑스어에서 모든 모음을 포함한 가장 짧은 단어는 이 책의 소제목 중 하나인 '새'를 뜻하는 'oiseau(와조)'다. 책의 마지막 부분인 '새로운 권태The New Ennui'에서 언급했듯이, 《유노이아》는 "일부러 언어를 무력화하는 수고로 끝없는 볼거리를 자아낸다. 그토록 강압적이고 불가능한 것 같은 상황에서도 언어는 숭고하지는 않지만 신비로운 생각을 표현할 수 있다는 것을 보여주기 위해서다." 이 의도가 아름답게 표현되어서인지 책 속에는 사랑스러운 형상들이 가득하다.

내가 볼 때는 절묘한 리포그램 역작을 만드는 데 필요한 기술적 재주도 감탄할 만하나, 작품의 감정적 호소력에 대한 영리한 기법의 비율이 살짝 더 높은 것 같다. 이제 《유노이아》를 끝

* 이슬람 법에 따른 명령 – 옮긴이 주.

으로 리포그램에 대한 논의는 마치려 한다.

울리포에는 왠지 모르게 프랑스적인 것이 있다. 파리의 카페 말고 다른 곳에서도 울리포가 생길 수 있었을까? 울리포 회원 중에서 가장 유명한 이는 아마도 쿠바 태생의 이탈리아인 이탈로 칼비노일 것이다. 그의 어머니는 쿠바에서 태어난 아들에게 이탈리아 혈통임을 상기시키는 이름을 지어주었으나, 오래 지나지 않아 이탈리아로 돌아가게 된다. 다시 말해 이탈로 칼비노는 스스로 "호전적인 민족주의자belligerently nationalistic"라 묘사한 이름을 영원히 떠안고 살았다는 뜻이다.

칼비노의 가장 유명한 작품은 보기 드문 이인칭 소설《어느 겨울밤 한 여행자가If on a Winter's Night a Traveler》다. 이 작품은 《어느 겨울밤 한 여행자가》라는 책을 읽으려는 독자에 관한 이야기다. 주인공인 독자는 이 책을 샀으나, 16쪽에 이르는 첫 장이 계속 반복된다. 조판 문제로 여긴 독자는 책을 바꿔오지만, 이번 책에는《말보크 마을을 벗어나Outside the Town of Malbork》라는 아예 다른 소설이 인쇄되어 있다. 그 책 역시 뭔가 잘못되었다고 느낀 독자는 세 번째로 책을 바꿔 와서 다시 읽는다. 그러나 그 책도 제대로 된 책은 아니었고, 독자는 제대로 된 책을 찾기 위해 다양한 시도를 한다. 책에는 영리하고 고집스러운 독자라면 바로 알아볼 수 있는 도서목록도 담겨 있다. '올여름 열일 제쳐두고 읽을 만한 책', '유사시에 유용하게 쓰고 싶은 책',

'당신을 포함한 모두가 읽는 책' 등등. 만일 이미 당신이 《어느 겨울밤 한 여행자가》를 읽었다면, 올여름에도 열 일 제쳐두고 칼비노의 책을 읽을지도 모른다. 그래서 이번에는 내가 칼비노의 우울하지만 아름다운 책 《보이지 않는 도시들Invisible Cities》을 소개하려 한다. 칼비노의 도서목록 범주에 따르면, 이 책은 분명 '책장에 꽂힌 책들과 제법 잘 어울리는 책'에 해당할 것이다. 《보이지 않는 도시들》은 마르코 폴로의 여행기 《동방견문록》과 토머스 모어의 《유토피아》 그리고 《천일야화》가 가미된 작품이다. 이 책은 쿠빌라이 칸 제국에 있었던 것으로 추정되는 55개의 도시를 한 단락 또는 두세 쪽에 걸쳐 환상적으로 묘사한다. 예를 들어, 지하 도시 아르지아는 단 14개의 선으로만 이루어져 있다. 지상에서는 아무것도 보이지 않아, 그 도시가 지하에 존재하는지조차 알 수 없다.

칼비노는 이렇게 묘사한다.

"그곳은 인적이 없다. 그러나 밤에 귀를 땅에 대고 있으면 이따금 문이 쾅 닫히는 소리가 들리기도 한다."

이 모든 도시 이면에는 마르코 폴로가 절대 언급하지 않는 유일한 도시, 하지만 다른 모든 도시에 투영된 도시가 있다. 바로 그의 고향이다.

마르코 폴로는 칸에게 말한다.

"도시를 묘사할 때마다 나는 베네치아 얘기를 하고 있습니다."

《보이지 않는 도시들》은 총 9장으로 이루어져 있으며, 각 도시를 특정 유형으로 구분하고 번호를 매기며 설명하는 방식이 꽤 독특하다. 각 도시는 유형별로 5개로 나뉜다. 예를 들면, '도시와 죽은 자' 또는 '계속되는 도시' 등 11개의 범주 중 하나에 속한다. 2장의 목차는 다음과 같다.

2.

……

도시와 기억 • 5

도시와 욕망 • 4

도시와 기호 • 3

섬세한 도시들 • 2

도시의 거래 • 1

……

점선은 제목을 달지 않은 부분으로 마르코 폴로와 쿠빌라이 칸의 대화가 담겨 있다. (2장을 포함하여) 3장에서 8장까지는 5, 4, 3, 2, 1로 번호가 매겨진 5개의 도시가 있다. 하지만 1장과 9장에는 각각 10개의 도시가 있고, 겉보기에는 무작위로(사실은 그렇지 않지만) 번호가 매겨져 있다. 1장에는 5가 없고 9장에는 1이 없다. 대체 어떻게 된 걸까? 어째서 5, 4, 3, 2, 1이라는 내림차순으로 번호를 매겼을까? 각 장에 5개의 도시가 있는 11개의 장 또는 11개의 도시가 있는 5개의 장으로 구성했다면 어땠을까?

애초에 왜 55개의 도시였을까? 마지막 질문부터 시작해보자.

《보이지 않는 도시들》에 영감을 준 것 중 하나는 토머스 모어의 《유토피아》였다. 토머스 모어는 튜더 왕조의 작가이자 정치가로 활약하다 마침내 헨리 8세 밑에서 영국 대법관이 되었다. 하지만 불행히도 모어는 영국을 가톨릭교회에서 분리하려는 헨리 8세의 결정에 반대했고, 그 때문에 반역죄로 처형되었다. 모어가 1516년에 쓴 《유토피아》는 상상 속의 완벽한 나라에 관한 이야기다. 토머스 모어가 만든 단어 '유토피아Utopia'는 그리스어에서 유래한 것으로, 'U'는 그리스어로 어떻게 변환하느냐에 따라 '어디에도 없는 곳' 또는 '좋은 곳'을 의미한다. 《유토피아》에서는 55개의 도시 중 오직 하나, 아마로트Amaurot만 자세히 묘사된다. 다른 도시들은 모두 비슷하다는 이유에서다. 그래서 칼비노는 55개의 모든 도시에 대해 이야기하며 《유토피아》의 공백을 메우고 있다. 그런데 《유토피아》 영문판*의 앞부분을 유심히 살펴보면 모두 54개의 도시가 있다고 말한다. 좀 이상하다. 칼비노에게 55개의 도시라고 잘못 적힌 이탈리아어 번역본이 있었던 걸까? 아니면 아마로트 외에 54개의 도시가 있다고 이해해야 할까? 한 인쇄본에서는 유토피아의 54개 도시가 "모어 시대에 잉글랜드와 웨일스를 구성했던 53개 카운티에 런던을 합친 것과 유사하다"는 각주가 있다. 내 라틴어 실력이 뛰어

* 원래는 라틴어로 된 책이다.

난 것은 아니지만, 초판에 있는 "quatuor et Quinquaginta(4개와 50개)"는 아무리 봐도 54를 이야기하는 것처럼 보인다. 물론 여기서 논란을 만들고 싶은 마음은 없다. 따라서 평화를 유지하기 위해 그저 《유토피아》는 54를 이야기하지만, 《보이지 않는 도시들》은 55를 말하고 싶었던 것일 뿐이라고 이해하겠다.

어쨌든 55개의 도시가 있다. 이제 이 도시들을 각 장에 어떻게 배열할까? 음, 일단 11개 도시 유형별로 5개의 도시가 있다. 이것을 직사각형과 같은 구조로 나타낼 수 있다. 각 행은 장, 각 열은 도시 유형을 나타내며 숫자 1, 2, 3, 4, 5는 각 도시 유형에 속하는 5개의 도시를 뜻한다.

첫 번째 열은 '도시와 기억'이고, 두 번째 열은 '도시와 욕망', 열한 번째 열은 '숨겨진 도시들'이다.

1장	1	1	1	1	1	1	1	1	1	1	1
2장	2	2	2	2	2	2	2	2	2	2	2
3장	3	3	3	3	3	3	3	3	3	3	3
4장	4	4	4	4	4	4	4	4	4	4	4
5장	5	5	5	5	5	5	5	5	5	5	5

이 구조에서 1장은 각 유형의 도시 1을, 2장은 도시 2를 묘사하면서 순서대로 진행된다. 한마디로 참 지루한 구조다. 매번 같은 순서로 11개 요소를 순환하면 이야기가 진행되는 느낌이 없을뿐더러 새로운 장을 읽어도 색다른 묘미를 느끼기 힘들다. 칼비노는 이렇게 지루한 구조를 사용하지 않았다.

칼비노가 선택한 구조에 관한 단서는 쿠발라이 칸의 대사에 나와 있다.

"나의 제국은 결정체로 이루어져 있고, 그 분자들은 완벽한 패턴으로 배열되어 있습니다. 원소들이 솟구치는 화려하고 단단한 다이아몬드 모양을 이루지요."

칼비노는 다음 그림처럼 각 열을 아래쪽으로 계속 이동시킨다.

```
1
2 1
3 2 1
4 3 2 1
5 4 3 2 1
  5 4 3 2 1
    5 4 3 2 1
      5 4 3 2 1
        5 4 3 2 1
          5 4 3 2 1
            5 4 3 2 1
              5 4 3 2
                5 4 3
                  5 4
                    5
```

칼비노는 도시가 한두 개만 있는 장이 없도록 그리고 유쾌한 대칭성이 보이도록 구성했다. 1장과 9장은 이 구조의 첫 네 열과 마지막 네 열로 이루어져 있으며, 그 사이에 있는 각 장은 모두 5, 4, 3, 2, 1 패턴으로 진행된다. 이 패턴에서는 한 유형의 다섯 번째 도시가 등장하고, 다음 유형의 네 번째 도시가 등장한다. 그리고 각 장은 새로운 유형의 도시를 소개하면서 끝을 맺는다.

옛것과 새로운 것, 익숙한 것과 생소한 것의 혼합은 책에 묘한 추진력을 부여한다.

```
            1
            2 1
            3 2 1
1장         4 3 2 1
-------------------
2장         5 4 3 2 1
3장           5 4 3 2 1
4장             5 4 3 2 1
5장               5 4 3 2 1
6장                 5 4 3 2 1
7장                   5 4 3 2 1
8장                     5 4 3 2 1
-----------------------------------
9장                       5 4 3 2
                            5 4 3
                              5 4
                                5
```

또한 1장과 9장을 함께 보면, 그 2개의 장이 전체의 축소판을 이루도록 서로 들어맞으며 정확히 4개의 '5 4 3 2 1' 패턴을 갖추고 있다는 걸 알 수 있다. 쿠빌라이 칸이 말한 대로 "화려하고 단단한 다이아몬드 모양을 이룬다." 참으로 우아한 설계다. 실제로 칼비노도 《보이지 않는 도시들》은 쓰면서 매우 즐거웠던 작품 중 하나라고 말했다. 왜냐하면 이 소설을 통해 "최소한의 단어로 최대한 많은 것을 말할 수 있었기 때문이다."

이 책의 구조에는 수학을 사랑하는 독자를 위해 숨겨진 이스터 에그Easter Egg가 하나 더 있다. 《보이지 않는 도시들》의 8장에서 쿠빌라이 칸은 체스 게임에 대해 이야기한다. 체스는 8×8 정사각형에서 진행되므로 8장에서 언급하는 것이 당연하다.

"만약 각 도시가 체스 게임과 같다면, 내가 규칙을 배운 날, 나는 마침내 제국을 소유하게 될 것이다. 비록 그 제국에 있는 모든 도시를 결코 알지 못하더라도."

이 책의 구조와 패턴을 되돌아보자. 도시의 수 55개와 장의 수 9개를 더하면 체스판의 정사각형 개수 64개와 같다. 우연일까? 당연히 아니다. 성공적인 프랜차이즈가 그렇듯이, 울리포에도 여러 파생 모임이 있다. '울리포'는 '잠재 문학을 위한 공동 작업실Ouvroir de literature potentielle' 또는 '잠재 문학 실험실'을 의미한다. 그래서 모든 창의적인 시도를 '잠재적 X를 위한 실험실' 또는 'Ou-X-po'로 부르기도 한다. 우바포Oubapo(만화책), 우페인포Oupeinpo(그림) 그리고 심지어 울리포포Oulipopo, 즉 잠재 탐정 소설을 위한 작업실Ouvroir de littérature policière potentielle 등 수많은 잠재적인 실험실들이 있다. 만약 살인사건을 곁들인 울리포를 좋아한다면 클로드 버지Claude Berge의 《덴스모어 공작은 누가 죽였을까?Quaituéle Duc de Densmore?》만 한 게 없다. 버지는 그래프 이론에 상당한 기여를 한 존경받는 프랑스 수학자이자 울리포의 오랜 회원이었다. 그는 수학과 문학을 둘 다 좋아해서 어느 분야에 초점을 두고 경력을 쌓아야 할지 결정할 수 없었다고 한다.

"내가 수학을 하고 싶은지 확신이 서지 않았다. 왕왕 문학을 공부하고 싶은 충동이 더 컸다."

덴스모어 공작 살인사건을 다룬 버지의 소설은 수학적 아이디어뿐만 아니라 그 아이디어의 수학적 결과도 사용한다. 버지는 자크 루보가 제안한 두 번째 수칙을 따른다.

루보의 첫 번째 수칙은 특정 제약 조건을 사용하는 글은 어떤 식으로든 해당 제약 조건을 언급해야 한다는 것이다. 두 번째 수칙은 수학적 아이디어가 사용된다면, 그 아이디어의 결과도 포함되어야 한다는 것이다. 버지의 소설에는 오래된 미제 사건을 해결하기 위해 유명한 형사가 등장한다. 덴스모어 공작은 수년 전에 살해되었지만, 범인은 여전히 잡히지 않았다. 용의자는 공작과 사귄 7명의 여자 친구들이다. 그들은 살인이 일어나기 전 공작의 집을 각각 방문했지만, 그후로 몇 년이 흐르다 보니 그들 모두는 정확한 방문 날짜를 잊었다고 주장한다. 하지만 당시 그곳에 누가 있었는지는 기억해낸다. 만약 두 사람이 만났다면, 그들의 방문 시간은 짧게나마 일치했을 것이다. 형사가 얻은 것은 결국 시간 간격과 겹치는 시간대를 모은 자료뿐이었다. 이것만으로는 별로 할 수 있는 것이 없어 보인다. 하지만 이런 상황에 연결 관계를 시각화하는 수학적 방법 '구간 그래프Interval Graph'를 적용하면 이야기가 달라진다. 구간 그래프는 지하철 노선도와 비슷하다. 다양한 점(지하철역 또는 시간 간격)이 있고, 연결된 점끼리 하나로 합칠 수 있다(지하철 노선과 인접한 정류장 또는 겹치는 시간 간격).

《작은 아씨들》의 주인공 네 자매를 살펴보자. 메그와 조, 베스, 에이미가 모두 심술궂은 마치 대고모 댁을 방문한다고 가정하겠다. 메그는 대고모님 댁에서 조와 에이미를 봤다고 말하고, 조는 메그와 베스를 봤다고 말한다. 베스는 조와 에이미를 만났다고 말하고, 에이미는 베스와 메그를 봤다고 말한다. 구간 그래프는 이 모든 정보를 효율적으로 담을 수 있다.

네 자매가 모두 진실을 말했을 경우, 다음과 같은 구간 그래프가 그려진다.

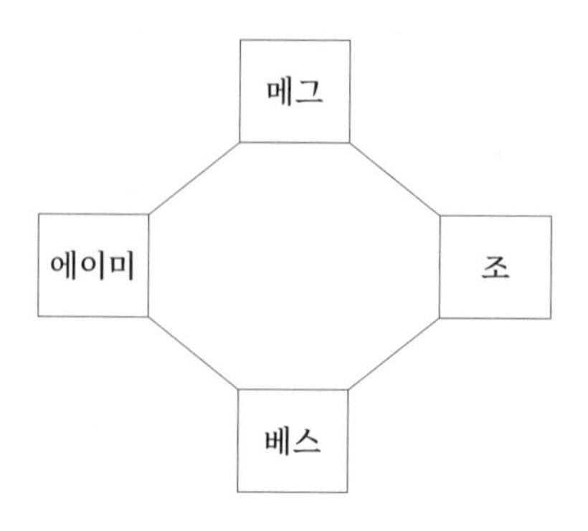

여기엔 문제가 있다. 그래프는 메그-조-베스-에이미가 주기를 이룬다. 하지만 그래프 이론에 '모든 구간 그래프는 현 그래프Chordal Graph다'라는 정리가 있다. 이 말은 모든 주기 어딘가에 현Chord, 즉 두 점을 연결하는 중간선이 있어야 한다는 뜻이다. 그래프에 이 속성이 없으면 구간 그래프가 될 수 없다. 네 자매의 그래프에서는 메그와 베스를 연결하거나 에이미와 조를 연결하는 선이 있어야 한다. 그 선이 없다는 것은, 이렇게 말하기 참 고통스럽지만, 적어도 네 자매 중 1명은 거짓을 말하고 있다는 뜻이다. 네 자매의 엄마는 매우 실망할 것이다. 그러나 이 예시만으로는 누가 거짓말을 하는지 증명할 수 없다. 나는 에이미가 거짓말을 했다는 데 돈을 걸겠다. 하지만 덴스모어 살인사건에는 더 많은 용의자가 있다. 그래서 그래프를 작성하고 그래프에서 사람들을 제거해 나가다 보면 그래프의 나머지 부분을 진짜 구간 그래프로 만들게 하는 딱 1명이 나올 것이다. 살인사건에서 거짓을 말하는 사람은 범인일 가능성이 상당히 높다. 마침내 형사는 구간 그래프 정리로 살인범을 잡는다.

이 장에서 살펴본 바와 같이, 울리포의 글쓰기 방법은 내가 좋아하는 조합 중 하나인 장난스러우면서도 진지한 면을 모두 갖추고 있다. 항간에 인생은 심각하게 받아들이기에는 너무 소중하다는 말이 있다. 울리포를 여행하는 동안 나는 나만의 잠재 문학 작품을 발명하고 싶은 영감을 받았다. 전에도 그런 작품이 있었는지 모르겠다. 하지만 만약 있었다면, 나는 내 전임자들의 훌륭한 예상 표절에 경의를 표한다.

1976년, 레몽 크노는 〈문학의 기초(다비트 힐베르트를 본떠서)〉라는 제목의 짧은 논문을 발표했다. 다비트 힐베르트David Hilbert는 19세기와 20세기의 수학자로, 특히 기하학에 관한 확고하고 엄격한 기반을 마련하는 데 큰 공을 세웠다. 기하학을 연구한 옛날 학자들은 유클리드의 평행 공리를 증명하기 위해 2천 년이라는 세월을 공들였다. 평행 공리에 따르면 임의의 직선과 그 직선 위에 있지 않은 한 점이 있을 때, 그 점을 지나면서 처음 직선과 평행한 직선은 딱 하나다. 이것이 성립하지 않는다는 것을 증명한 이가 없었으므로, 이 개념은 공리로 받아들여져야 했다. 하지만 19세기에 들어서 학자들은 평행 공리가 성립하지 않는 소위 비유클리드 기하학이라는 기하학 분야가 있다는 것을 깨달았다. 이것은 유클리드 기하학의 일부 속성을 더 이상 따르지 않을 수도 있다는 걸 의미한다. 지구를 예로 들어보겠다. 북극에서 적도까지 내려간 뒤 적도를 따라 4분의 1을 이동한 다음 다시 북극으로 돌아가 삼각형을 그린다. 이 삼각형은 직각이 3개다! 우리가 방금 기하학을 파괴한 것일까? 아니다. 곡면의 기하학 구조는 평면의 기하학 구조와는 다를 뿐이다. 또 다른 예가 있다. 바로 투시도다. 투시도에서 평행선은 '소실점'에서 서로 만나게 된다. '평행'의 정의가 '절대로 만나지 않는다'라면 이는 다소 실망스러운 일이다.

힐베르트가 이룬 훌륭한 업적은 공통점은 유지하되 다양한 사례와 또 다른 많은 예를 포괄할 만큼 매우 일반적인 기하학 규칙이나 공리를 세운 것이었다.

힐베르트의 공리는 다음과 같다.

1. 임의의 두 점이 있을 때, 그 두 점을 잇는 직선은 항상 존재한다.
2. 임의의 직선은 오직 그 직선 위에 있는 두 점이 결정한다.

이 규칙에 따르면 임의의 두 점을 지나는 직선은 오직 하나다. 이 공리는 일반적인 기하학에서도 참일 뿐만 아니라 구면 위의 굽은 선과 투시도 위의 선에서도 참이다. 사실, '선'과 '점'이라는 개념이 유용하게 쓰이는 상황은 많다. 여기서 중요한 점은 그 공리들이 특정 설정에 참인 이상 아무리 기이하고 별나더라도 그 공리들의 모든 결과 또한 참이라는 것이다. 그래서 별도의 노력 없이도 수많은 시나리오에서 참인 정리를 증명할 수 있다. 다시 〈문학의 기초〉로 돌아가보자. 크노는 문학적 텍스트가 특정 문학 공리에 따라 만들어질 수 있다고 제안한다. 이 공리는 선과 점이 아니라 단어와 문장으로 설명될 수 있다. 일련의 공리로 창조된 새로운 문학 형식은 그 공리들을 만족시키는 글로 구성될 것이다.

크노는 두 가지 기하학 공리를 다음과 같이 적용한다.

1. 임의의 두 단어가 텍스트에 있을 때, 그 두 단어를 포함하는 문장이 항상 존재한다.
2. 텍스트에 있는 임의의 문장은 오직 그 문장에 포함된 두 단어가 결정한다.

크노가 지적했듯이 공리를 설명하는 텍스트 자체가 그 공리를 만족시키지 않아도 괜찮다. 운이 맞는 2행 연구의 시라고 해서 반드시 운이 정확히 딱딱 맞는 2행 연구는 아니다. 물론 지금 생각해보면 운이 잘 맞는 2행 연구 시도 있겠지만 말이다. 이제부터 참으로 이상한 '기하학'을 보여주겠다. 파노 평면Fano Plane이라 불리는 것으로, 이 평면을 발견한 이탈리아 수학자 지노 파노Gino Fano의 이름을 따서 명명되었다. 사실 적어도 2명의 다른 예상 표절자가 파노보다 앞서 발견했다. 하지만 파노는 이 사실을 몰랐던 것 같다. 파노 평면은 정확히 7개의 점과 7개의 '직선'으로 이루어져 있다.

그림에 따르면 6개의 선과 1개의 원으로 보인다. 각 직선은 정확히 3개의 점을 포함한다.

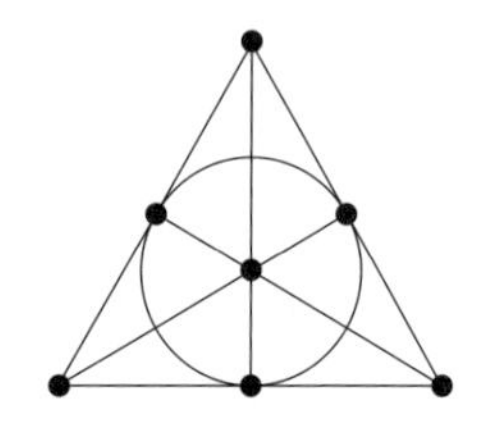

이 평면은 놀라울 정도로 대칭적이다. 모든 점의 쌍은 정확히 한 직선 위에 있고 모든 직선의 쌍은 정확히 한 점에서 만난다. 모든 직선은 정확히 3개의 점을 포함하고, 모든 점은 정확히 3개의 직선 위에 있다. 정말 아름답다. 이 구조에는 1,000,000개 정도의 응용 이론이 있다. 암호학에서 복권, 집합론에서 실험 설계에 이르는 모든 이론이 파노 평면을 응용했다. 더 친숙한 그림도 있다. 고전적인 벤 다이어그램은 세 집합 사이의 가능한 모든 교집합을 보여준다. 다이어그램의 7개 영역은 파노 평면의 7개의 점에 해당한다. 하지만 내가 파노 평면을 사랑하는 이유는 그 응용 방식과는 아무 상관이 없으며, 순전히 대칭적인 단순함 때문이다. 크노와 울리포를 향한 찬사의 표시로, 나는 '파노 소설'이라고 이름 붙인 새로운 공리의 문학 형식을 만들었다. 파노 소설의 규칙은 간단하다. 각 텍스트는 정확히 7개 단어(파노 평면의 '점')의 어휘를 사용하고, 각각 정확히 3개 단어를 포함하는 정확히 7개 문장(파노 평면의 '직선')으로 구성된다. 각각의 단어 쌍은 정확히 하나의 문장으로 나타나며 어떤 문장 쌍이든 정확히 하나의 공통 단어가 있다. 나는 또한 각 문장이 동사를 포함하는 전통적인 문법 규칙을 지키기로 했다. 총 21개의 단어만으로도 꽤 많은 이야기가 구성될 것이다.

다음 그림은 내 첫 번째 파노 소설 작품을 요약한 파노 평면 다이어그램이다.

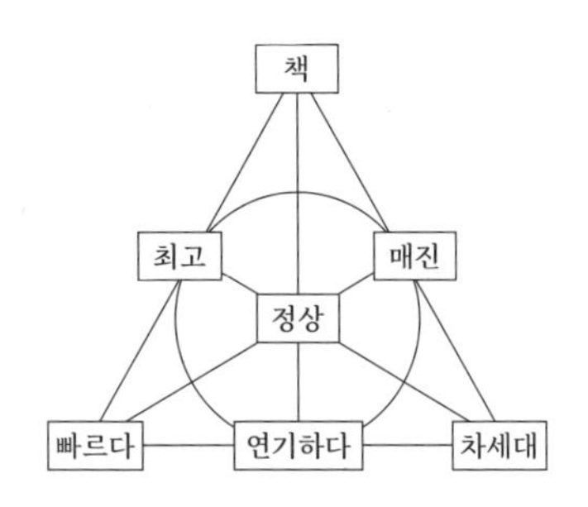

이야기에서 연예 기획사 직원인 당신은 어떻게 차세대 거물급 배우를 발견해 빨리 계약하는 게 최선이라는 조언을 받았는

지를 말해준다. 그 여배우가 홍보하는 티셔츠가 날개 돋친 듯 팔렸고, 그녀의 자서전을 위한 입찰 경쟁이 있었다. 당신은 그 여배우에게 바로 후속책을 쓰면 이전 작품의 기록을 뛰어넘을 수 있다고 격려했다. 그녀가 책을 잘 쓴 덕분에 당신은 큰 수익을 올려 백만장자로 은퇴할 수 있었다.

이 파노 소설의 홍보 문구는 다음과 같은 버전으로 쓸 수 있을 것이다.

> "연기를 능가하는 책!
>
> 가장 빨리 팔리는 책!"
>
> 가장 빠른 매진.
>
> 다음 책도 매진.
>
> "빨리 서두르세요. 다음 책도!
>
> 다음에도 가장 잘 팔리는 책!"
>
> 최고의 연기, 매진.

이제 가만히 앉아서 노벨 문학상을 기다려보자.

울리포 회원들은 제약 조건을 극단적으로 이용한다. 그래서 이따금 제약이 교묘한 퍼즐을 만드는 데만 도움이 된다는 비난을 받는다. 이에 대해 반박하자면 영리하면서도 위대한 예술이 없어야 할 이유가 없다는 것이다. 그리고 울리포는 잠재 문학 실험실이다. 울리포의 목적은 가능한 구조를 제공하는 것이지,

문학 자체를 제공하는 게 아니다.

레몽 크노는 이에 대해 다음과 같이 말했다.

"우리는 미적 가치를 초월한다. 그러나 그렇다고 그 가치를 경멸한다는 뜻은 아니다."

역사 속에 수많은 끔찍한 소네트가 존재해왔다는 사실이 소네트의 개념 자체가 본질적으로 나쁘다는 것을 의미하지 않는다. 지루하고 건조한 소설들이 있는 것처럼, 지루하고 건조하면서 제한된 글쓰기도 있다. 하지만 페렉이나 칼비노, 크노처럼 제한된 글쓰기를 하면서도 환상적인 작품을 만들어내는 작가들은 존재하고, 우리는 여전히 그들의 예술 작품들을 이야기한다. 그래서 나는 울리포를 옹호한다. 누구나 예술과 기교의 경계에 대한 자기만의 취향이 있을 것이다. 하지만 나는 진정으로 모든 취향에 딱 맞는 울리포적인 무언가가 있다고 본다.

4

어디 한 번 따져보자

이야기 선택의 산술

각 '장면'이 끝날 때마다 선택을 통해 다음 장면을 골라야 하는 이야기 게임 앱을 해본 적이 있는가? 나는 내 딸이 게임 앱에서 자신의 캐릭터로 채드와 함께 무도회에 가야 할지 카일과 함께 가야 할지 결정할 때도 수학을 떠올리고 있다. 나는 그 게임을 통과하는 방법이 몇 가지나 있는지, 얼마나 많은 장면이 준비되어 있는지 몹시 궁금했다. 수많은 책이나 희곡, 심지어 시 중에도 읽는 방법을 선택할 수 있는 것들이 있다. 그리고 수학은 그 참뜻을 이해하는 데 도움을 줄 수 있다. 한 쪽을 넘기기 전에 끝부분에서 두 가지 선택 중 하나를 고르고, 선택이 끝나면 선택에 따라 다른 쪽으로 이동하는 쌍방향 소설을 상상해보자. 두 번째 쪽은 2개 필요하고, 세 번째 쪽은 4개, 네 번째 쪽은 8개 등 계속 늘어난다. 놀랍게도 책 전체에서 단 10개의 선택만을 한다고 해도 2,000쪽 이상의 분량이 필요하다! 그 모든 경우의 수를 만족시키는 책은 만들어지기 힘들다.

이번 장에서는 이야기의 선택과 관련된 수학을 살펴보겠다. 우리는 이 장을 통해 배우들이 수백 개의 장면을 준비하지 않아도 관객들이 다음에 일어날 일을 결정할 수 있는 희곡 쓰기 방법을 알게 될 것이다. 그리고 뫼비우스 띠 모양으로 이야기를 쓰면 어떤 일이 일어나는지에 대해서도 탐구할 것이다.

우리는 2장 '서사의 기하학'에서 이야기의 줄거리를 나타내는 그래프의 몇 가지 재미있는 예를 살펴봤다. 하지만 희곡이나 책 또는 다른 형태의 문학에서 사용할 수 있는 다른 유형의 그래프도 있다. 이 구조에서는 창작자들이 텍스트를 통해 하나 이상의 경로를 구성할 수 있으며, 다양한 방법으로 독자에게 지시하거나 주요 지점에서 독자(또는 극장 관람객)에게 선택권을 주거나 우연성을 끌어들인다. 이 같은 구조의 그래프는 점 또는 꼭짓점이 연결된 네트워크로, 점 사이의 연결 관계를 나타내는 모서리로 이어져 있으며, 앞서 살펴본 구간 그래프와 같다. '서사의 기하학'에서는 구간 그래프의 예로 지하철 노선도를 들었다. 이러한 유형의 지도에서 주안점은 정확한 거리나 지리적 위치가 아니라 연결편이다. 오늘날 매우 중요한 또 다른 그래프는 각 꼭짓점이 웹 페이지인 인터넷 그래프다. 인터넷 그래프에서는 두 페이지를 연결할 때 한 페이지가 다른 페이지로 연결되는 링크가 포함된다. 이 그래프는 인터넷의 연결성을 보여주며 검색 엔진에서 순위가 높은 페이지를 확인하는 데 도움이 된다. 링크가 많은 페이지는 상위권을 차지한다. 마지막으로 '케빈 베이컨의 6단계 법칙'이란 게임을 해본 적이 있는가? 지구상의 존재하는 어떤 사람이 다른 사람을 알기 위해서는 인간관계 중간에 최대한 다섯 사람만 있으면 된다는 법칙으로, 이 법칙을 구간 그래프로 나타내면 각 꼭짓점에는 사람이 놓이게 된다. 우리는 이를 통해 사회의 연결성을 확인할 수 있다.

지금부터 울리포 회원 폴 포넬Paul Fournel과 장피에르 에나르Jean-Pierre Enard가 고안해낸 '극장 나무 구조'에 대한 이야기를 해보자. 원래 이 구조의 원형은 쌍방향 연극을 위해 만들어진 것으로, 각 장면 마지막에 배우들이 다음에 전개될 두 가지 줄거리 중 하나를 관객에게 선택해달라고 요청한다.

가령 이런 식이다. 가면을 쓴 남자가 한 장면의 마지막에 무대 위로 올라간다. 그리고 관객에게 질문을 던진다.

"이 남자는 왕의 사생아일까요, 아니면 여왕의 애인일까요?"

관객의 선택에 따라 다음 장면이 결정된다. 관객에게는 흥미로운 연극이지만, 배우들의 고충을 생각해보자. 무대 설치가, 의상 디자이너, 소품 담당자 등은 말할 것도 없겠다. 하여튼 선택이 늘어날 때마다 배우들이 연습해야 하는 장면 수 역시 늘어난다. 그것도 기하급수적으로! 관객이 총 4개의 선택을 하면, 그들은 1~4번 장면과 마지막 5번 장면까지 총 5개의 장면을 볼 수 있다. 하지만 배우들은 얼마나 많은 장면을 연습해야 할까? 1번 장면은 하나 있다. 이후 관객이 다음 장면을 선택하므로 2번 장면은 두 가지 버전이 있을 것이다. 그 이후 또 다른 선택이 있다. 그러면 3번 장면은 4개가 되고, 4번 장면은 8개 그리고 마지막 5번 장면은 16개 버전으로 나뉘게 된다. 이 수를 모두 더하면 총 31개의 장면이 필요하다는 계산이 나온다. $2^5 - 1$이냐고? 맞다. 장면 구조는 맨 위에 1번 장면에서 시작해 맨 아래쪽에 가능한 모든 5번 장면을 배치하는 그래프로 나타낼 수 있다.

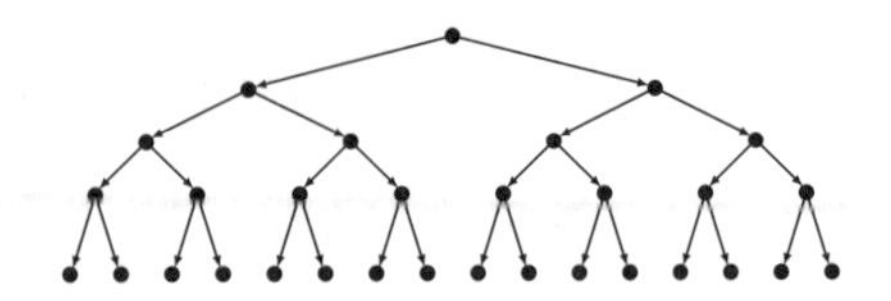

한편 포넬과 에나르는 단일 꼭짓점(1번 장면)에서 시작해 각 꼭짓점 아래에서 2개의 경로를 선택할 수 있지만, 꼭짓점 총수는 더 적은 그래프를 만들어냈다. 다시 말해 관객은 여전히 5개의 선택으로 쌍방향 연극을 경험할 수 있지만, 배우들은 훨씬 행복해질 수 있다는 뜻이다. 포넬과 에나르가 제안한 극장 나무 그래프를 살펴보자. 보다시피 이 연극을 위해 필요한 장면은 총 15개뿐이다.

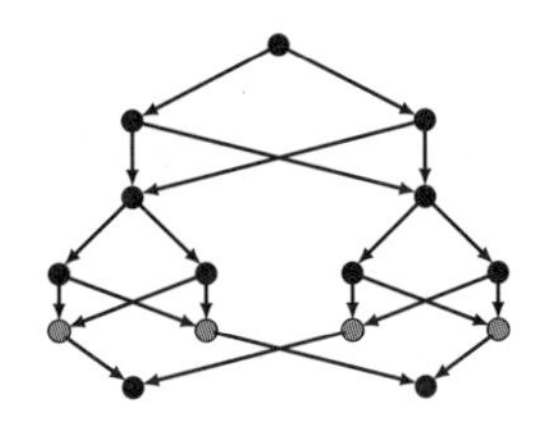

포넬과 에나르의 극장 나무 구조도 맨 위의 1번 장면에서 시

작하고 아래로 내려가며 다음 장면을 선택한다. 하지만 원래의 쌍방향 연극에서는 3번 장면에 네 가지 버전이 있지만, 극장 나무에는 두 가지만 있다. 어떻게 된 일일까? 희곡 작가는 2번 장면의 어떤 버전이 공연되든, 그 장면이 끝날 때 3번 장면의 동일한 두 가지 선택 중에서 고를 수 있게 구성해야 한다.

예를 들어, 관객이 1번 장면 마지막에 가면을 쓴 낯선 남자가 왕의 아들이라고 결정했다면, 2번 장면에서는 여왕의 연인인 새로운 인물이 극적으로 나타날 수 있다. 한편, 낯선 남자가 여왕의 연인이 되어야 한다고 말한 관객을 위해서는 2번 장면에서 왕의 아들을 등장시키면 된다. 이렇게 하면 어느 경우든, 2번 장면의 마지막 질문은 "왕의 아들과 여왕의 연인이 결투를 벌일까, 아니면 그들이 오랜 친구로 밝혀질까?"다. 4번 장면 마지막에 관객은 다시 "행복한 결말을 원합니까, 아니면 비극적인 결말을 원합니까?"라는 선택권을 받는다. 4번 장면의 네 가지 버전을 단 2개의 결말로 해결하기 위해 마지막 장면은 가교 장면 5a(회색 점)와 결론 5b(검은색 점)로 나뉜다. 모든 장면과 반으로 나뉜 장면을 합하면 총 15개의 장면이 된다.

이 두 가지 설정에서 관객은 모두 5개의 장면을 볼 수 있다. 그렇다면 관객이 볼 수 있는 연극 버전은 총 몇 개일까? 정답은 전체 경로 수로, 두 설정 모두 16개다. 각 선택이 연극을 두 가지로 나누기 때문이다. 한 번의 선택이 있다면 2개의 연극이 된다. 두 번의 선택을 하면 4개의 연극이 나온다. 세 번의 선택을 하면 8개, 네 번의 선택을 하면 16개가 된다. 폴 포넬의 주장에 따르면, 다섯 장면으로 구성된 16개의 연극을 만들려면 작가가 80개의 장면을 써야 하지만, 비효율적인 쌍방향 연극은 31개의 장면만 쓰면 된다. 그러나 포넬과 에나르의 극장 나무는 15개로 훨씬 더 바람직하다. 배우들의 작업량을 65개나 줄인 것이다. 비율로 따지면 81퍼센트며, 이것은 매우 인상적인 수치다.

나는 극장 나무 구조가 더 개선될 수 있을지 궁금했다. 대답은 "그렇다"이지만, 주의할 점이 있다. 극장 나무를 사용한 쌍방향 연극을 본다 하더라도, 네 번의 선택으로 5개 장면을 경험하는 일이 31개의 쌍방향 연극을 보는 것과 잘 구별되지는 않을 것이다. 적어도 한 번만 본다면 말이다. 다음 날 다시 극장에 가서 다른 선택을 했더라도 결국에는 같은 장면을 보게 될 가능성이 높다. 나무가 가득하다는 환상은 단 한 번의 관람에만 효과가 있다. 물론 그것도 괜찮다. 하지만 더 효율적인 나무 그래프도 있다.

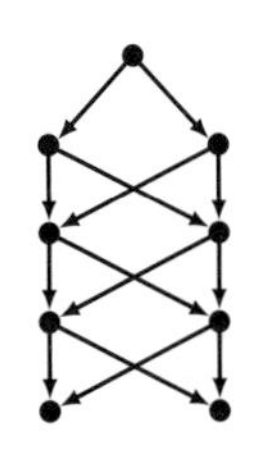

이 구조도 극장 나무가 네 가지 버전의 3번 장면을 줄인 것처럼 같은 요령이 사용되었지만, 나는 그것을 모든 장면에 적용

했다. 이 그래프에서는 다음 장면을 선택할 때마다 결과 장면이 끝날 때까지 그 선택이 서로 무관한 것으로 판명되어야 한다. 두 사람이 싸워야 할까, 아니면 친구가 되어야 할까? 관객이 어떤 선택을 하든 이어지는 장면은 어떻게든 두 가지 선택을 모두 사실로 만들어야 후속 선택이 제한되지 않는다. 각 지점에서 오직 두 장면만 사용할 수 있으므로 선택 순서에 상관없이 둘 다 의미가 있어야 하기 때문이다. 만약 관객이 싸움을 선택한다면, 등장인물들은 결투를 시작하겠지만, 의견 충돌이 있는 친구 사이로 드러난다. 관객이 두 사람이 친구가 되길 원한대도 괜찮다. 그들은 서로를 친구로 맞이하지만, 결국 싸움으로 이어지는 논쟁이 시작된다. 이러한 연극의 관객이라면 결국 본인의 선택이 실제로는 아무 영향도 미치지 않는다는 것을 알게 될 것이다. 내 구조가 더 효율적일 수도 있지만, 극장 나무보다 훨씬 불쾌한 연극으로 이어질 가능성이 높다.

극장 나무 연극 같은 작품이 얼마나 많은지는 잘 모르지만 쌍방향 TV 드라마 하나는 확실히 알고 있다. 넷플릭스의 〈블랙 미러: 밴더스내치Black Mirror: Bandersnatch〉가 바로 그것이다. 이 드라마는 150분 분량의 영상을 교묘하게 짜깁기해 250개로 만들었다. 그리고 시청자의 선택에 따라 재생할 영상과 순서가 결정된다. 이 이야기에는 1조 개 이상의 경로가 있으며, 각 경로는 평균 90분 정도 걸린다고 한다. 효율적인 구조를 사용하지 않는 한 이런 드라마를 제작하려면 모든 선택마다 그에 맞는 대본을 쓰고 촬영해야 해서 엄청나게 큰 비용이 들 것이다. 이 장의 시작 부분에서 말했듯이 10개의 선택을 통해 11개의 장면을 보기 위해서는 2,000개 이상의 장면이 필요하다. 정확한 숫자는 $2^{11} - 1 = 2047$이다.

첫 번째 장면 이후 각 장면의 두 가지 버전만 있는 초효율적이지만 지루한 구조를 사용한다면 21개의 장면이 필요하겠다. 하지만 시청자들은 곧 눈치를 챌 것이다. 가장 좋은 방법은 이 두 극단 사이 어딘가에서 해결책을 찾는 것이다. 자유 선택과 숨겨진 구조의 조합을 사용하되, 훨씬 더 야심 찬 규모를 자랑하는 문학 형식이 있다. 《나만의 모험을 선택하세요Choose your own adventure》 같은 쌍방향 책이 그렇다. 이 책은 1980년대에 큰 인기를 누린 장르지만, 컴퓨터 게임 등 다양한 경험의 장이 등장하면서 아이들의 관심을 잃었다. 하지만 최근 들어 조금씩 부활의 조짐이 보이기도 한다.

《나만의 모험을 선택하세요》는 기본적으로 독자가 주인공이다. 사건에 던져진 독자는 일정 간격을 두고 무엇을 해야 할지 결정해야 한다. 만약 방금 발견한 신비한 동굴을 탐험하고 싶다면 144쪽을 편다. 성으로 향하는 길을 택하고 싶다면 81쪽으로 넘어간다. 다리를 건너 트롤과 싸우고 싶다면 121쪽을 보면 된다. 때로는 특별한 이벤트가 발생하기도 한다. 주사위를 굴려 트롤과 싸우기로 한 전투에서 승패를 결정해야 할 수도 있다. 이기면 94쪽으로, 지면 26쪽으로 이동한다. 독자들은 이 책을 읽는 동안 잠재적으로 수백 개의 선택을 하게 된다. 트롤과 말다툼을 벌이는 어리석은 선택을 하면 단 몇 쪽 만에 이야기가 끝날 가능성도 있다. 이 모든 선택을 산술해보면 여러 이야기 경로에 따라 그에 상응하는 쪽수가 필요하다는 것을 알 수 있다. 100가지 선택이 있는 책에 매번 2개의 선택지가 있더라도, 그 책의 쪽수는 $2^{101} - 1$쪽이 될 것이다. 그렇다면 부모님이 몇 시간 전에 자라고 했는데도 이불속에서 몰래 손전등을 켜 책을 읽는 경우, 첫 쪽부터 마지막 쪽까지 읽는 데 268억 년이 걸릴 것이다. 극장 나무 구조가 필요한 순간이다.

이와 관련된 좀 더 많은 정보를 얻기 위해 전문가와 상의해야 할 필요를 느꼈다. 나는 아홉 살 생일에 《불꽃산의 마법사The Warlock of Firetop Mountain》라는 책을 선물로 받았고, 이는 대단한 성공을 거둔 〈너는 영웅이다〉라는 파이팅 판타지 시리즈의 첫 번째 쌍방향 책이다.[1] 1982년에 출판된 이 책은 이안 리빙스턴Ian Livingstone과 스티븐 잭슨Steve Jackson이 집필했다. 나는 두 사람의 이름을 40년 넘게 내 뇌리에 깊이 새기고 있었고, 현재는 이안 경으로 알려진 리빙스턴이 구성 방식을 설명해주기로 했을 때 무척 기뻤다. 이안 리빙스턴은 전 세계적으로 2천만 권을 판매한 파이팅 판타지 시리즈의 공동 제작자일 뿐만 아니라 〈던전 앤 드래곤〉을 영국에 선보인 게임즈워크숍Games Workshop과 〈툼 레이더〉를 개발한 에이도스 인터렉티브Eidos Interactive의 공동 설립자로 게임의 전설이기도 하다.

우리가 만났을 때, 이안 경은 손으로 작업한 순서도를 바탕으로 각각의 책을 만든다고 설명하며 1984년 작《데스트랩 던전 Deathtrap Dungeon》의 원본 순서도를 보여주었다. 그는 기본 경로로 시작한 뒤 점차 분기점*을 추가했다. 미리 정해진 것은 없었다.

"우리는 전반적인 스토리 아크를 설정해놓습니다. 그 과정에서 일어나는 일은 반복적으로 진행되지요. 예를 들어, 철문을 원한다고 결정하면 이런 생각이 들겠죠?

'그럼, 우리가 이 안으로 어떻게 들어갈 수 있을까? 열어 놓을까? 아니, 난 잠겨 있으면 좋겠어. 그 안에 중요한 게 있으니까. 그래서 열쇠가 있어야 해.'

그러면 이야기 초반으로 돌아가 그들이 있었던 방에 상자를 추가해요. 열쇠는 그 상자 안에 있는 거죠."

각 사건이나 결정은 무작위로 번호가 매겨지고, 그 번호는 중요 목록에서 지워진다. 파이팅 판타지 시리즈는 총 400개의 영역 또는 참조가 있다. 많은 이야기 가닥이 있지만, 이안 경이 접점Pinch Point이라고 부르는 지점이 항상 존재한다. 즉, 중요 정보를 제공하는 노드node(재분배점)로 돌아가 이야기를 다시 하나의 통로로 되돌리는 것이다. 이러한 접점은 가능한 선택지 수가 기하급수적 늘어나는 것을 방지하는 중요한 요소다.

* 결정이 내려지는 지점.

글쓰는 동안 그 책 전체를 통과하는 하나의 경로가 확실히 있는지 계속 확인해야 할 뿐만 아니라 탈출할 수 없는 올가미는 없는지 점검해야 한다. 그다음에는 난이도를 조절해야 한다. 도전 수준이 적절하도록 책을 설계하는 뛰어난 기술이 필요한 단계다. 싸울 괴물이 부족하다거나 도전이 너무 쉽다거나 너무 많으면 독자들은 낙담하게 된다. "오, 이런! 또 다른 좀비 군대는 너무 하잖아"라며 한숨을 쉬기 마련이다.

이안 경의 책들은 극단적 상황을 피하기 위해 세심하게 구성되었고, 그 가운데 이루어지는 독자들과의 시간을 즐긴다. 그리고는 "제 기쁨은 항상 사람들을 파멸로 유인하는 거예요"라며 농담한다.

"바닥에 꽃잎이 깔리면 독침에 떨어지죠."

그는 또한 가끔 주의를 딴 데로 돌리는 눈속임도 즐긴다.

"독자들은 쓸모없는 물건들을 주워 와서 지하 감옥을 어지럽혀요. 그러고 나면 중요한 아이템을 놓치지요."

나는 딸 엠마와 함께 《불꽃산의 마법사》를 읽으면서 섣불리 결정을 내렸던 것을 후회했던 기억에 대해 이안 경에게 이야기했다.

"그래서 독자가 반짝이는 은빛 부적을 향해 곧장 갈 수도 있다는 말씀이시군요, 하지만 사실……."

"그래요. 정작 필요했던 건 나무 오리지요."

이안 경이 말했다. 그러니 주의하시라.

게임 책과 컴퓨터 게임 구성 방식에는 차이점이 있다. 컴퓨터 게임에서는 프로그램이 아이템의 위치를 추적한다. 한 구역에 도착하면 다음과 같은 힌트가 주어진다.

"비밀의 방으로 들어가세요. 바닥에 금 주머니가 있습니다. 원하면 가져가세요. 북쪽이나 동쪽으로 나가도 됩니다."

그래서 만일 금 주머니를 들고 방으로 돌아간다면, 바닥에 금 주머니가 있다는 힌트는 더 이상 알려주지 않는다. 하지만 게임 책은 두 가지 버전의 나머지 이야기 없이는 금을 주웠는지 아닌지를 알 수 없다. 그래서 책에는 "이전 방문 때 금을 가져가지 않았다면, 이 방에는 금이 있습니다"라는 다소 투박한 지침이 포함되어야 하고 불필요한 장면의 추가로 분량이 증가하게 된다. 그러므로 게임 책은 그 방으로 되돌아가는 것을 허락하지 않는다. 이처럼 앞뒤로 자유롭게 갈 수 없다면, 독자들은 얼마나 많은 선택을 할 수 있고 일반적으로 책의 몇 부분을 읽을 수 있을까? 이안 경은 보통 100에서 150개 사이라고 말한다. 이 비율은 참 인상적이다. 이 책을 펼치는 독자들은 매번 매우 많은 선택을 하며 책 내용의 약 3분의 1을 볼 수 있는 것이다. 이 선택은 책의 또 다른 중요한 특성으로 이어진다. 하나의 선택으로 거대한 모험이 한순간에 끝나버리거나 중요한 이벤트를 건너뛰게 해서는 안 된다. 작가는 매력적인 모험을 구성하기 위해 전체적인 스토리 아크를 유지해야 한다는 것을 기억하라. 또한 각각의 선택도 의미가 있어야 한다. 오른쪽 대신 왼쪽으로 가거나, 사람들과 대화를 나누거나, 아예 말하지 않을 경우 그에 따른 차별된 결과가 필요하다.

"무엇을 선택하든 똑같다면, 굳이 쌍방향으로 만들 이유가 없지 않을까요? 당신이 영웅이 되어 스릴 넘치는 모험을 즐기기 위해서는 여러 겹의 구성 요소가 있어야 해요."

효율과 통제, 선택 사이에는 수학적 긴장감이 존재한다. 책이 집채만 해지는 것을 막기 위해서는 많은 줄거리가 모이는 곳에 접점이 있어야 한다는 사실을 앞서 살펴봤다. 다시 말해 각 구절을 표현하는 훌륭한 기술이 필요하다는 것이다. 독자들은 여러 지점에서 접근해올 테고, 어떤 선택을 하더라도 이치에 맞아야 한다.

스티븐 잭슨과 이안 리빙스턴이 처음부터 매우 신중하게 단어를 선택한 데는 또 다른 이유가 있다.

"우리는 남자만 이 책을 즐길 것이라고 생각하지 않았어요. (......) 누군가를 만났을 때, 그는 이방인이지만 '동료'가 될 수 있고 '매우 멋진 사람'이에요. 우리는 1982년에 그런 생각을 해냈다는 것이 매우 자랑스럽고, 그게 인기 비결이라 생각해요."

나 역시 이안 경의 말이 옳다고 생각했다. 마지막으로, 친구를 대신해 물었다.

"이안 경은 편법을 어떻게 생각하세요?"

"전 그걸 모퉁이에서 엿보는 거와 같다고 생각해요. 이 책을 즐기는 방법 중 하나인거죠."

좋은 소식이다! 그는 괜찮다고 한다. 쌍방향 책을 읽는 또 다른 전략이자 편법은 '다섯 손가락 책갈피'다. 이 기술은 마지막 선택을 앞두고 책장에 손가락을 끼워두는 것이다. 그래서 직전의 결정이 현명하지 못했다고 판명된다면, 손가락을 끼워둔 곳으로 돌아가 다른 선택을 하는 것이다. 결국 신중함이 진정한 용기인 것이다.

《나만의 모험을 선택하세요》라는 책에서는 독자가 이야기를 통해 여정을 결정한다. 하지만 저자가 운전석에서 상황을 좌지우지하더라도, 우리가 선택하는 이야기 경로는 직선과는 거리가 멀다. 가장 간단한 예는 '역시Reverse Poems'라고 불리는 것이다. 이 시는 처음에는 위에서 아래로 정상적인 방법으로 읽히지만, 마지막 행 이후에 아래에서 위로 올라가며 거꾸로 다시 읽을 수 있다. 보통 위에서 아래로 읽으면 내용이 비관적이지만, 아래에서 위로 읽으면 그 부정적 세계관에 도전하는 내용이 된다. 한 예로 조너선 리드Jonathan Reed의 〈방황하는 세대Lost Generation〉라는 시는 다음과 같은 세 행으로 시작한다.

> 나는 방황하는 세대의 일부
>
> 그래서 난 믿지 않아
>
> 내가 세상을 바꿀 수 있다는 것을

부정적인 내용의 이 시를 거꾸로 읽으면 낙관적인 주장으로 바뀐다.

나는 세상을 바꿀 수 있어
그래서 난 믿지 않아
내가 방황하는 세대의 일부라는 것을

만약 자기만의 역시를 쓰고 싶다면, "사실이다" 또는 "사실이 아니다"와 같은 문장을 주장에 삽입하면 간단하다.[2]

수학은 숫자에 불과하다
그래서 사실이 아니다
수학은 아름답다는 말은

이제 이 시를 거꾸로 읽어 보자.

수학은 아름답다
그래서 사실이 아니다
수학이 숫자에 불과하다는 말은

기하학적으로 말하자면, 역시는 거울 선Mirror Line을 추가해 그 시를 다시 반사하는 시적 회문을 만들어낸다. 기하학적 요소를 보다 명확히 사용한 작품은 1968년 미국 작가 존 바스 John Barth의 문집《로스트 인 더 펀하우스Lost in the Funhouse》에 나오는 초단편소설〈액자 소설Frame-Tale〉이다.〈액자 소설〉은《햄릿》에 나오는 연극처럼 이야기 속에 이야기가 담겼다. 보통 한쪽으로 구성되어 있으며 각 면에 몇 개의 단어가 인쇄되어 있다. "점선을 따라 잘라 한 번 비틀고, AB는 ab에, CD는 cd에 고정하세요"라는 안내사항이 포함되어 있다. 이 선을 따라 자르면 좁은 띠가 생긴다. 예를 들어, 그 띠의 첫 번째 면에는 "옛날에"라는 단어가 있고, 반대쪽 면에는 "그 이야기가 시작된 이야기가 있었다"는 문장이 인쇄되어 있다. 자, 이제 그 띠의 양 끝을 비틀어 접착제로 붙이면 단어와 이야기가 안쪽과 바깥쪽을 오가면서 이어진다. 이 띠는 그저 단순한 꼬임이 아니라 '뫼비우스 띠'라는 아주 유명한 수학적 곡면이다.

뫼비우스 띠는 기묘하면서도 흥미롭다. 1858년 독일 수학자 아우구스트 페르디난트 뫼비우스August Ferdinand Möbius가 발견한 이 곡면은 불가능한 것처럼 보이는 특성이 있다. 평범한 종이로 얼마든지 만들 수 있지만, 면은 한 쪽뿐이다. 지금 당장 하나 만들어보라. 그냥 긴 종이 한 장을 한 번 비튼 뒤 양 끝을 테이프로 붙이면 된다. 뫼비우스 띠를 아무 데나 잡으면 손가락 하나는 위쪽, 다른 하나는 아래쪽에 있다. 하지만 '위쪽'으로 고른 면의 중앙에서 가장자리와 평행하게 선을 그으면, 이 선이 '아래쪽' 면을 통과한 뒤 잠시 후 다시 시작한 곳으로 돌아온다는 것을 알 수 있다. 그래서 뫼비우스 띠의 면은 1개뿐이라는 것이다! 이 특성에도 불구하고 어느 특정 지점에서든 그 반대쪽에 일치하는 지점이 있다는 것 역시 부정할 수 없는 사실이다. 각 단계에 앞과 뒤가 있는 것처럼 보이지만, 이건 단지 착각일 뿐이다. 방금 그은 중심선을 따라 뫼비우스 띠를 자르면 무슨 일이 일어날까? 문학과는 상관없지만 정말 멋진 일이 일어난다. 그리고 그 중심선을 따라 반으로 자르면 더 기이한 일이 일어난다.

어쨌든 내가 하고 싶은 이야기는 바스가 쓴 〈액자 소설〉은 무한한 이야기 고리를 만든다는 것이다. "옛날에 '옛날에'로 시작하는 이야기가 있었고, 또 그 옛날에 그 이야기가 시작된 이야기가 있었고, 또 그 옛날에 그 이야기가 시작된 이야기가 있었다"라는 식이다. 하지만 여기에 중요한 점이 있다. 사실상 이 구성은 굳이 뫼비우스 띠, 그러니까 문학적으로 말하면 반전을 활용할 필요가 없다. 끝이 시작인 이야기가 끝없는 고리를 이루는 구성은 원으로 더 간단하게 만들 수 있다. 한쪽 면에 "옛날에 (……) 있었다"라는 문장을 쓰고 그 끝을 비틀지 않고 접착제로 붙이면 된다. 따라서 내 생각에 〈액자 소설〉은 굳이 뫼비우스 띠일 필요도 없으며, 순환식 소설로 분류되어야 한다.

내가 읽은 최고의 순환식 소설은 아르헨티나 작가 훌리오 코르타사르Julio Cortázar의 단편 〈공원의 연속Continuity of Parks〉이다. 이 이야기는 한 쪽 조금 넘는 분량이라 내가 요약한 줄거리를 이야기하는 것만으로 책에 대한 호기심을 잃을 수 있다는 점을 양해해주길 바란다. 한 남자가 서재에 있는 녹색 의자에 앉아 소설을 읽는다. 그 소설 속에서는 두 연인이 살인을 계획하고 있다. 그들은 마지막 밀회를 즐긴 후 어둠 속으로 떠난다. 여자가 한 방향으로 향하면, 남자는 다른 방향으로 향한다. 그 남자는 자신이 죽이려고 계획한 남자 집으로 조용히 들어가 계단을 기어올라 서재로 들어간다. 남자의 희생자는 녹색 의자에 앉아 책을 읽고 있다. 그리고 이야기는 다시 시작되고 처음으로 돌아간다. 하지만 이번에는 녹색 의자에 앉은 남자의 운명을 알 수 있다. 순환식 소설에서는 처음으로 돌아갈 때마다 새로운 "옛날에"가 서사적 거리의 또 다른 층을 추가한다. 만약 '서사의 기하학'에서 소개한 힐베르트 쉥크의 아이디어로 본다면, 각각 추가된 서사적 거리가 또 다른 차원의 이야기를 만들어내는 것이다. 이러한 순환식 소설은 차원이 무한한 서사의 예로 볼 수 있다. 하지만 실제로 이러한 차원은 결코 실현할 수 없다. 어느 시점이 되면 그 소설을 손에서 내려놓아야 하기 때문이다. 지금까지 가장 높은 차원을 선보인 소설이 무엇인지는 알 수 없다. 그리고 어떤 면에서는 그러한 소설을 찾는 일이 의미 없는 싸움이기도 하다. 왜냐하면 승자를 찾자마자 "나는 다음 이야기를 읽은 적이 있다"로 시작하는 이야기를 만든 다음, 현재 2위를 차지한 이야기를 완전히 인용할 수 있으므로.[3]

굳이 뫼비우스 띠로 돌아간다면, 적어도 한 작가는 그 특성을 충분히 활용했다. 영국 작가 가브리엘 조시포비치Gabriel Josipovici는 1974년에 《스트리퍼 뫼비우스Mobius the Stripper》라는 이름의 모음집을 출판했다. 참고로 'Mobius'는 오타가 아니다. 조시포비시는 'Möbius'가 아니라 'Mobius'라는 철자를 사용했다. 소설은 처음부터 끝까지 위쪽과 아래쪽에 반반씩 나뉘어 있다. 어느 쪽이든 먼저 읽어도 된다. 위쪽은 나이트클럽에서 스트리퍼로 일하는 뫼비우스라는 남자에 관한 이야기다. 이 남자는 사회의 짐을 정신적으로 벗고 진정한 자아를 찾기 위해 육체적으로 벗는다. 아래쪽 이야기는 슬럼프에 빠진 한 작가가 새로운 아이디어를 생각하기 위해 노력하는 내용이다. 작가의 친구가 뫼비우스라는 남자의 스트립쇼를 보러 가자고 제안하자, 작가는 그 제안을 통해 새로운 줄거리를 생각하기 시작한다. 그리고 뫼비우스를 만난 적은 없지만, 뫼비우스에 관한 이야기를 지어내기로 결심한다. 이 소설은 여기서 끝난다. 이제는 매끄럽게 첫 번째 이야기로 되돌아가게 되지만, 이번에는 그 작가가 쓴 이야기로 읽게 된다.

물론 이 작품 역시 또 다른 순환식 소설일 수도 있지만 조시포비치는 그보다 훨씬 영리했다. 앞서 살펴본 것처럼, 실제 뫼비우스 띠 주위를 이동하면 어느 지점이든 반대쪽에 해당하는 지점이 있다. 그리고 도중에 정확히 중간 지점에 도달할 수도 있다. 《스트리퍼 뫼비우스》는 이 속성을 반영한다. 즉, 각각 반으로 나뉜 이야기 속 사건들이 반대편 반쪽으로 흘러 들어가는 것이다. 뫼비우스 띠에 묻은 잉크가 반대편에서 희미하게 보이는 것과 마찬가지다. 각 이야기가 서로에게 스며들어 어느 게 진짜 이야기인지 알 수 없다. 작가가 진짜 뫼비우스에 대한 허구적 이야기를 쓰는 것일까? 아니면 뫼비우스가 완전히 상상 속 인물일까? 참고로 뫼비우스 띠보다 더 차원이 높은 유사체로는 안과 밖의 구분이 없는 입체인 '클라인 병'이 있다. 클라인 병 구조의 소설을 들어본 적이 있다면 내게도 알려주었으면 한다.

독자는 《스트리퍼 뫼비우스》에서는 두 가지 경로를, 《불꽃산의 마법사》에서는 더 많은 경로를 고를 수 있다. 하지만 지금까지 살펴본 모든 사례에서 다양한 선택을 할 수 있다고 해도 독자는 여전히 저자가 만든 지침을 따른다. 1장에서 소개한 《100조 편의 시》조차도 정해진 순서에 따라 행을 놓도록 요구한다. 물론 지침을 완전히 없애버린 책들도 있다. 영국 작가 B.S. 존슨B.S. Johnson이 1969년에 쓴 《불행한 사람들The Unfortunates》이 그렇다. 그의 전기 작가 조너선 코Jonathan Coe는 이 책을 "1960년대 영국의 1인 전위 문학"이라고 했다.

1933년 런던에서 태어난 존슨은 매력적인 사람이었다. 존슨의 아버지는 서점의 창고 담당자였고, 어머니는 가정부 일을 하다가 식당 종업원으로 일했다. 존슨은 일반적인 문학계 거장이 걷는 길을 따르지 않았다. 14살 때 사무직원 양성 학교에 다닌 그는 일반 교과 외에도 속기, 타자, 상업, 부기를 배웠다. 그리고 학교를 졸업한 후 존슨은 대학에 진학하지 않고 취업했다.

5년 후, 직장 동료*가 존슨에게 버벡대학교의 안내서를 보여주었다. 버벡대학교는 낮에 일하는 사람들을 위해 저녁에 강의를 개설한 야간대학교였다. 나는 존슨과 버벡대학교의 연결고리를 발견한 순간 놀랍고 기뻤다. 나는 거의 20년 동안 그곳에서 교편을 잡고 있었고, 삶의 어떤 단계에서든 사람들에게 고등 교육을 추구할 기회를 주는 일의 중요성을 끊임없이 이야기하고 있기 때문이다. 어쨌든 존슨은 버벡대학교에 지원해 입학 허가를 받았고, 1955년 가을학기부터 공부를 시작했다. 존슨은 23살에 런던의 킹스 칼리지로 편입해 정규 학생이 되기로 결심했다. 존슨은 신문에 축구와 테니스 경기 보도뿐만 아니라 시, 연극, 영화, 텔레비전 대본을 기고했지만, 유명해진 것은 일곱 편의 소설 덕분이었다.

그 일곱 편의 소설들은 각각 다양한 형식을 실험한다. 예를 들어, 《앨버트 안젤로Albert Angelo》에서는 독자가 151쪽에서 발생할 사건을 미리 볼 수 있도록 147쪽과 149쪽에 구멍이 나 있다. 《하우스 마더 노멀House Mother Normal》에서는 9장에 걸쳐 다른 관점에서 바라본 9개의 이야기가 진행되는데, 마지막 장을 제외하면 모두 각각 21쪽이다. 여기에 추가로 이야기의 각 사건은 각 장의 같은 쪽에 있는 정확히 같은 장소에서 일어난다. 그럼으로써 이야기는 하나의 선이 아닌 일련의 평행 곡선이

* 존슨은 제과점 경리과에서 회계원으로 일했다.

겹치는 구조가 된다. 즉, 선이 아니라 평면을 이루는 것이다. 각 장의 화자들은 점점 더 심한 단계의 치매를 앓고 있으며, 그들의 생각이 점점 단편적이고 무질서해질수록, 외부적으로 강제된 이 구조가 혼란을 막는 질서의 마지막 잔재가 된다.

존슨이 처음으로 이런 유형의 구조를 실험한 작가는 아니었다. 《하우스 마더 노멀》은 필립 토인비Philip Toynbee의 1947년 단편소설 〈굿맨 부인과 함께 차를Tea with Mrs. Goodman〉을 모방했다. 소설은 7명의 등장인물이 다양한 시간에 같은 방을 드나들면서 일어나는 사건을 다룬다. 예를 들어, 화자 C가 묘사하는 4번 기간은 C4쪽에 있다. 하지만 〈굿맨 부인과 함께 차를〉에는 인간성이 부족하다. 이것은 수학과 마찬가지로 문학에서도 구조를 위한 구조는 건조하고 무의미해질 위험이 있다는 사실을 보여주는 단적인 예다.

조너선 코는 이에 대해 다음과 같이 말했다.

"토인비의 소설에서 메마르고 학문적인 모든 것은 존슨이 인간화한다. 즉, 형식의 실험은 감정과 동정적 참여를 대체하는 게 아니라 이런 것들을 만드는 수단이 된다."

1969년, 존슨은 《불행한 사람들》을 발표했다. 이 소설은 '상자 안의 책'으로 27장 또는 27개 부분으로 이루어져 있다. 첫 장과 마지막 장은 명확히 정해져 있지만, 가운데 25개 부분은 어떤 순서로든 읽을 수 있다. 그 부분들은 번호가 따로 없는 데다 책으로 묶여 있지 않기 때문에 따라야 할 기본 순서가 없다. 경로가 완전히 무작위인 것이다. 순서는 이미 읽은 줄거리로 얻은 지식을 따라도 좋고, 또는 아무런 사전 지식 없이 읽을 수도 있어 색다른 경험을 제공한다.《불행한 사람들》 역시 무작위 선택 구조를 처음으로 도입한 책은 아니었다. 그보다 몇 년 전에 프랑스 작가 마크 사포르타Marc Saporta가 어떤 순서로든 읽을 수 있는 무제본 소설《구성 No.1 Composition No.1》을 출간했다. 하지만 이 책은 이야기 유형을 판단하기가 매우 어려웠고, 사실 진정한 무작위는 아니었다. 존슨이 언급했듯이, 그 책에 다른 유형의 구조가 존재했고, "또 다른 임의적 단위, 즉 해당 쪽과 그쪽에 딱 맞는 유형을 강요하기 때문이다."《불행한 사람들》이 성공적이고 의미 있는 소설로 평가받았다는 것은 해당 형식을 선택했던 타당한 이유가 있었고, 그 형식을 사용하여 작품의 의미를 끌어올렸다는 뜻이다. 이 소설은 축구 경기를 보도하기 위해 경기장을 찾아다니는 스포츠 신문기자에 관한 이야기로, 존슨이 실제 경험했던 것을 바탕으로 했다. 존슨은 스포츠 신문기자로서 우연히 노팅엄 경기를 취재하게 된다. 그는 기차역에 도착했을 때, 그 마을이 스물아홉 살에 암으로 세상을 등진 소중한 친구 토니 틸링하스트를 처음 만났던 곳이라는 사실을 깨닫고 가슴이 철렁 내려앉는다.

존슨은 그날에 대해 이렇게 묘사한다.

"토니와의 추억과 일상적인 축구 보도, 과거와 현재가 시간 순서 없이 완전히 무작위적인 방식으로 얽혀 있었다."

완성된 원고를 제출하는 날, 존슨은 편집자에게 말했다.

"적어도 제게 이 글은 과거와 현재가 마음속에서 소통하는 무작위적인 방식을 그대로 반영한 것입니다. 제본된 책이 도저히 이룰 수 없는 무작위성을 규정한 것이지요."

《불행한 사람들》을 읽는 독자들은 누구든지 각자의 선택에 따라 다른 책을 구성할 수 있다. 《불행한 사람들》로 만들 수 있는 이야기는 몇 개나 될까? 상상한 대로 꽤 많다! 어느 정도인지 체감하기 위해 슈퍼히어로 가족 이야기를 다룬 애니메이션 영화 〈인크레더블〉을 예로 들어보자. 주인공 미스터 인크레더블을 비롯해 그의 아내 엘라스티걸 그리고 그들의 아이들은 다양한 초능력을 지니고 있다. 1편과 속편이 벌어들인 수익을 생각하면 미스터 인크레더블과 엘라스티걸의 기원을 다룬 이야기를 제작하는 것은 시간문제였다. 실제로 조사해보니 2018년에 디즈니 공식 만화책 《리얼 스트레치: 엘라스티걸의 전편 이야기》가 출간된 바 있었다. 〈미스터 인크레더블: 전편〉 및 〈엘라스티걸: 전편〉이 영화로 제작되었고 〈인크레더블〉과 함께 몰아보기를 한다고 가정해보자. 영화를 보는 순서가 영화를 통해 얻는 경험에 영향을 미칠 것은 확실하다. 영화 3부작을 얼마나 다양하게 구성할 수 있을까? 첫 번째 영화는 세 편 중 하나가 될 것이다. 이미 한 편의 영화가 선택되었으므로 두 번째로 고를 영화는 두 편밖에 없다. 세 번째 영화의 경우, 세 편 중 두 편을 모두 골랐으므로 선택지는 한 편뿐이다.

가능한 경우의 수를 다음과 같이 나타낼 수 있다.

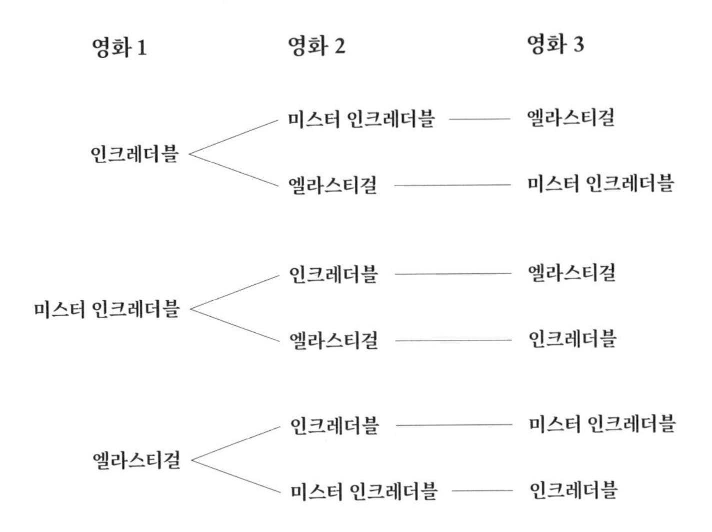

각 단계에서 선택할 수 있는 영화가 하나씩 줄어든다. 따라서 가능한 경우의 수는 $3 \times 2 \times 1 = 6$이다.

워밍업을 했으니 애석하게도 〈인크레더블〉에서 《불행한 사람들》로 돌아갈 차례다. 이 경우에는 첫 장과 마지막 장은 정해져 있으니 각자 좋아하는 순서대로 중간에 있는 25개의 장을 읽으면 된다. 한마디로 두 번째 장으로는 25개의 선택지가 있고, 세 번째 장으로는 24개의 선택지, 네 번째 장으로는 23개의 선택지가 있다. 그리고 스물여섯 번째 장이 되면 단 하나가 남을 것이다.

《불행한 사람들》을 읽는 방법의 계산법은 다음과 같다.

$$25 \times 24 \times 23 \times \cdots\cdots \times 2 \times 1$$

수학자들에게는 이 계산식을 간단히 줄이는 방법이 있다. 우리는 잉크를 절약하기 위해 25!로 쓴다. 여기서 느낌표는 '팩토리얼factorial'이라고 읽는다. 일반적으로 숫자 N!는 1부터 해당 숫자(N)까지의 곱을 나타낸다. 예를 들어 $3! = 3 \times 2 \times 1$이다. N!이라는 숫자는 N개의 물건을 주문하는 방법의 수이며, N이 커지면 N!도 매우 빠르게 커진다. 25!의 값을 찾기 위해 이 곱셈식을 계산하면, $25! = 25 \times 24 \times \cdots\cdots \times 2 \times 1 = 15,511,210,043,330,985,984,000,000$이라는 것을 알 수 있다.

이 값을 읽는 데 도움을 주자면(물론 전혀 도움이 되지 않는다는 걸 알지만), 대략 15.5자*다. 만약 전 세계 80억 명의 사람들이 만사 제쳐두고 각자 매일 다른 버전의《불행한 사람들》을 읽기 시작한다 해도, 모든 경우의 수를 다 읽는 데 5조 년이 넘게 걸릴 것이다. 잠재적 버전이 더 많다는 이유로,《구성 No.1》의 지지자들이 '역대 최고로 가치 있는 책'의 영예는《구성 No.1》이 차지해야 한다고 항의하겠다면, 그 말은 맞다.《구성 No.1》은 150쪽으로 이루어져 있으며 어떤 순서로도 읽을 수 있다. 멋진

* 10^{24}, 영어로 셉틸리언septillion – 옮긴이 주.

팩토리얼로 표기하자면 이 책을 읽는 방법의 총가짓수가 150! 개이며, 이 값이 상상할 수 없을 정도로 많다는 뜻이기도 하다. 가장 가까운 정수로 반올림해도 6 뒤에 262개의 0이 붙는다. 하지만 이토록 수없이 조각내어 읽으면 이야기의 질이 너무 떨어지게 되며 적어도 내 관점에서는 훨씬 조악한 독서가 될 것이다. 그러므로 '역대 최고로 가치 있는 책'의 영예는 B. S. 존슨에게 돌아가야 한다는 내 견해를 고수한다.

장 순서에 상관없이 무작위로 책을 읽는 것과 처음부터 끝까지 읽는 것 사이에 훌리오 코르타사르의 실험 소설《팔방치기Rayuela》가 있다. 코르타사르는 지난 세기 가장 혁신적인 작가 중 1명으로, 〈블로우 업Blow-up〉과 앞서 언급한 순환식 소설 〈공원의 연속〉과 같은 단편소설로 유명하다.

《팔방치기》는 불평불만 많은 아르헨티나 출신의 지식인 호라시오 올리베이라와 그와 어울리는 보헤미안들, 특히 그의 연인 라 마가와 소설가 모렐리(코르타사르의 또 다른 자아)를 중심으로 전개된다. 여기서 모렐리가 쓰는 소설은 "선을 넘고, 자유롭고, 앞뒤가 맞지 않고, 미세하게 반소설적(비록 반소설적이지 않지만)이다." 책의 모양은 왼쪽, 오른쪽, 가운데로 발을 번갈아 가며 놓는 팔방치기 놀이와 같다. 장의 총수는 155장으로, 1장부터 36장까지는 "반대쪽에서", 37장부터 56장까지는 "이쪽에서", 57장부터 155장까지는 "다양한 쪽에서"(소모성 장이라는 부제가 달려 있다) 읽으면 된다. 독자는 이 책을 '놀이' 삼아 장에서 장으로 이동하고, 전개되는 이야기에 적극적으로 참여하게 된다.

코르타사르는 이 책에 두 가지 경로가 담긴 지침서를 수록했다. 그의 설명을 들어보자.

"나름대로 이 책은 여러 권으로 구성되어 있지만, 전체적으로는 2권으로 이루어져 있다."

첫 번째 책(경로)은 정상적인 방식, 즉 1장부터 순서대로 다음 장으로 이어진다. 그리고 56장으로 끝난다.

"첫 번째 책 마지막에 끝이라는 단어를 나타내는 3개의 작고 화려한 별이 있다. 그 결과 독자는 책을 다 읽지 않았다는 양심의 가책을 무시할 수도 있다."

물론 코르타사르는 독자가 그렇게 하길 원하지 않았으며, 그는 독자가 더 흥미로운 두 번째 경로를 따라가길 바랐다. 이 부분은 잠시 후에 설명하겠다. 이 책에는 매우 다양한 문화적 참조가 있다. 특히 내가 2장에서 말한《트리스트럼 섄디》라는 굉장히 두서없는 소설에 대한 암시가 많이 담겨 있다. 그러한 반향 중 하나는 두 가지 형태의 독자를 분류하는 것이다. 가령 1장부터 순서대로 읽고 딱 멈추는 현학자와 재미에 동참하는 창의적인 독자를 여성 독자와 남성 독자로 나눈다. 나는《트리스트럼 섄디》를 훑어보다 그 책의 20장은 여성 독자에게 섄디 어머니에 관한 중요한 점을 놓쳤으므로 이전 장을 다시 읽도록 요청하는 글로 시작한다는 걸 알게 되었다.

여성 독자가 다시 이전 장을 보는 동안, 샌디는 남아 있는 독자들에게 말한다.

> 내가 그 여성에게 고행을 강요한 건 악의적이거나 잔인해서가 아니라 분명한 동기에서 비롯된 것입니다. 그러므로 그녀가 돌아왔을 때 나는 사과하지 않을 겁니다. 그 고행은 그녀 자신 외에도 수천 명에게 살금살금 파고든 악독한 취향을 비난하는 것이기도 합니다. 책은 똑바로 읽어야 합니다. 만일 책을 읽히는 대로 읽는다면 이런 책이 확실히 전하려는 깊은 학식과 지식보다는 모험을 추구하게 됩니다. 마음은 현명한 반성을 하는 데 익숙해져야 하고, 그 과정에서 세심한 결론을 끌어내야 합니다.

코르타사르도 역시 다음과 같이 말했다.

"나는 팔방치기에서 책과 진실하고 애틋한 전투를 벌일 능력이 없는 '숙녀 독자'를 규정하고 공격했다. 이것은 흡사 욥이 천사와 벌이는 전투와 같다."

나는 여성 독자를 규정하는 로런스 스턴(1714~1768)식 명명법은 용서할 수 있지만, 훌리오 코르타사르(1914~1984)식 명명법은 받아들이기 어렵다.《팔방치기》를 쭉 직행하는 '팔방치기' 경로는 코르타사르가 서문에서 설명해주고 있다. 일단 73장으로 시작한 다음 각 장 끝에 표시된 순서를 따라야 한다. 혼란스

렵거나 건망증이 있다면, 다음 목록을 참조하면 된다. 목록은 73-1-2-165-3 등으로 시작하며 주요 장인 1~56장 중 하나 이상과 소모성 장 중 하나 이상을 순서대로 배치한다. 이 소설을 어떤 방식으로 읽든 놓치는 장이 있을 것이다. 처음부터 '똑바로' 읽으면 이야기의 흐름을 알 수 있지만, 200쪽 분량의 '소모성 장', 즉 각주나 발췌문, 신문 기사는 읽지 못한다. '팔방치기' 경로는 모든 장을 다 다루는 것처럼 보이지만, 실제로는 55장이라는 온전한 장 하나를 건너뛰게 구성되어 있다. 속임수를 써서 어떻게든 55장을 읽었다면 어쩔 수 없지만 말이다. 77장 말미에 이르면 55장, 58장, 131장을 제외한 모든 장을 읽게 된다. 77장에서는 131장으로 이동하고, 131장에서는 58장으로 이동해야 한다. 58장에서는 다시 131장으로 이동한다. 코르타사르가 독자를 무한 루프에 가둔 것이다!

코르타사르는 팔방치기로 유한함과 무한함을 동시에 담는 역설을 창조했다. 만약 코르타사르의 지침을 따른다면 그렇다는 이야기다. 물론 진정 창의적인 독자들은 코르타사르의 규칙을 따르는 것조차 거부하며 그 책에 몰입할 자기만의 방법을 선택할 것이다.

이 책을 1장에서 시작해 순서대로 읽기로 했다면, 수학이 문학의 숨은 구조에 빛을 비추는 다양한 방법을 보게 될 것이다. 그리고 다음에 시를 읽을 때는 시의 패턴과 리듬이 어떻게 수학적 이야기를 바탕에 두고 있는지 알게 될 것이다. 이제는 책 읽기 방식의 선택과 작가가 그 책을 쓰는 방식의 결정이 이야기의 윤곽과 규모에 어떤 수학적 영향을 미치는지 이해하게 되었을 것이다. 더불어 나는 기묘하고 멋진 울리포의 세계로도 독자들을 안내했다. 그리고 리포그램의 난이도를 수치화하는 방법, 단 10개의 행으로 100조 편의 소네트를 구성하는 방법을 소개했다.[4] 무엇보다도, 부디 내가 모든 문학 작품 뒤에는 구조가 있고, 모든 구조 뒤에는 탐구해야 할 즐거운 수학이 있다는 사실을 보여주었기를 바란다.

2부

대수학의 암시:
수학의 서사적 용법

5

동화 속 인물들

소설에 등장하는 숫자의 상징성

이야기 속 소원은 왜 세 가지일까? 왜 7명의 아들 중 일곱 번째 아들이 마법의 힘을 가졌을까? 이야기 속 숫자 중 3, 7, 12, 40이라는 몇몇 숫자가 특히 더 의미 있어 보이고, 종교 서적에서 동화나 속담, 동요에 이르는 모든 서사에서 두드러지는 것일까? 나는 구절과 우화에 등장하는 매우 비과학적인 숫자 표본에서 내가 기억하는 숫자들을 조사하고 찾아냈다. 맥베스의 세 마녀, 백설공주의 일곱 난쟁이, 고대 그리스 신화에 나오는 운명의 세 여신 그리고 아홉 명의 뮤즈, 북유럽 신화의 9개 영역, 이슬람의 5대 기둥 그리고 일곱 가지 대죄, 열두 사도, 이스라엘의 열두 지파, 노아의 홍수가 일어난 40일 주야, 일곱 번째 봉인 등과 같은 성경적 언급도 기억해냈다. 일부 숫자들은 상징적이거나 문화적 의미가 매우 대단했다. 이것은 단지 우연의 일치일까? 아니면 이렇게 선택된 몇몇 마법의 수에 수학적으로 특별한 것이 있는 걸까? 최소한 어느 정도는 그렇다고 말하고 싶다.

1부에서는 수학이 문학의 기본 구조에 나타나는 방식을 살펴보았다. 문학의 집이라는 은유를 계속 이어가며 2부는 수학이 이 집을 어떻게 제공하는지 알아볼 것이다. 단어 자체, 은유, 언어의 형상 모두에서 수학을 발견할 수 있다. 이 장은 가장 쉽게 발견되는 수학인 숫자 그 자체를 사용한 문학으로 이야기를 시작해 나중에는 톨스토이의 미적분적 은유까지 소개하겠다.

왜 어떤 숫자는 다른 숫자보다 문학에서 더 많은 문화적 의미와 특징이 있을까? 이것은 수학자들에게 특히 어려운 질문이다. 우리에게는 모든 숫자가 우리의 친구이기 때문이다. 수학자는 어떤 숫자든 열심히 살펴보면, 그 숫자에서 흥미로운 점을 발견할 수밖에 없다. 몇 년 전에 《오 컴리Oh Comely》라는 영국 잡지에 내 인터뷰가 실린 적이 있었다. 인터뷰는 그 잡지의 22호에 실릴 예정이었고, 잡지사에서는 수학자로서 숫자 22에 관한 흥미로운 점을 말해줄 수 있는지 물었다. 처음에는 확신이 안 섰다. 22는 소수도 아니고, 제곱수도 아니다. 그래서 사실 어느 순간 잡지사의 요청사항이 아닌 최근 접했던 재미있는 수학 퍼즐에 관해 이야기하기로 결심했다. 그 퍼즐은 규칙에 따라 다음에 올 숫자를 맞히는 퍼즐로, 1, 11, 21, 1211, 111221…… 등의 숫자 배열을 보고 다음에 올 숫자를 짐작하는 것이다. 이것을 '읽고 말하기Say what you see' 수열이라고 한다. 각 항은 다음 항을 설명하는 항일 뿐이다. '1'로 시작하는 첫째 항은 '1개의 1'이 있으므로 두 번째 항은 11이고, 11에는 '2개의 1'이 있으므로 그다음 항은 21이 된다. 21에는 '1개의 2와 1개의 1'이 있으므로, 다음 항은 1211을 쓰고, 같은 방법에 따라 다음 항은 111221라는 숫자를 배열할 수 있다. 누구든 원하는 숫자로 시작해 이와 같은 수열을 만들 수 있다.[1] 그런데 이 무한한 숫자 배열에 고정된 숫자가 딱 하나 있다. '읽고 말하기' 수열을 말할 때, 항상 같은 숫자가 나오는 경우다. 그 숫자가 무엇인지 맞혀 보라. 그렇다. 바로 22다. 이 작은 우연의 일치에서 알 수 있듯이, 기회가 있으면 그 어떤 숫자든 흥미로울 수 있다.

인류학자들이 패턴 숫자라고 부르는 마법의 숫자에 관한 논의로 돌아가자. 작은 패턴 숫자일수록 각각 고유한 특성이 있고, 각 숫자에 대한 선호도 역시 문화마다 다르다. 나는 작은 홀수 중에서도 특히 3과 7이 가장 광범위한 문화적 공명을 나타낸다고 생각한다. 반면 큰 패턴 숫자는 개별적인 특성 때문이 아니라 세 가지(또 3이다) 유형 중 하나로 분류되는 편이다. 만약 특별한 숫자가 되고 싶다면 10, 12, 40(40은 나중에 더 논의할 단계가 있다), 100 또는 1,000처럼 어림수가 되는 것이 최선일 것이다. 이 숫자들 가운데 특히 10의 더 큰 거듭제곱은 사실상 숫자가 아니라 일반적으로 많은 양을 나타낸다. 아일랜드에 가면 '10만 환영céad míle fáilte' 인사를 받을 수 있고, 중국에서는 생일 축하 인사를 "100세까지 사세요May you live a hundred years"라고 한다. 동물의 왕국에서 '지네centipedes'의 다리는 실제로 42개에 불과하다. 그런데 독일에서는 지네를 1,000개의 다리를 가진 동물Tausendfüßler이라고 하지만, 러시아에서는 가장 현실에 가깝게 다리가 40개라는 뜻의 사라카노시카сороконожка라고 부른다. copok는 러시아어로 '40'을 뜻한다.

큰 수가 특별한 의미를 얻는 두 번째 방법은 작은 마법의 숫자를 통해 추정하는 것이다. 구약성서의 창세기에서는 "카인을 해친 자가 일곱 곱절로 앙갚음을 받는다면 라멕을 해친 자는 일흔일곱 곱절의 앙갚음을 받을 것이다"라고 했다. 참고로 라멕은 777년을 산다. 성경에도 70과 7×70이 나오는 경우가 많다.

큰 수가 특별한 숫자가 될 수 있는 세 번째 방법은 어림수에 가까워지는 것이다. 99나 999 같은 숫자는 왠지 상한선처럼 느껴진다. 이 숫자들은 다음 큰 수의 경계를 넘지 않고 얻을 수 있는 가장 큰 수다. 그래서 판매점마다 99달러 또는 9.99달러로 물건값을 매기는 심리적 속임수를 이용한다. 이슬람의 하디스* 중 하나에 따르면, 알라의 이름은 99개다. 100에서 1을 뺀 수로, 그 이름을 다 아는 사람은 누구든 낙원으로 갈 것이라고 한다. 이와 반대로 큰 어림수 바로 위에 있는 숫자는 큰 크기를 강조한다. '천일야화', 혹은 '1년 1일'이라는 표현으로 전달되는 긴 시간을 생각해보자. 이 숫자들은 동화 속 용감한 영웅들이 모험에서 돌아오는 데 걸리는 시간이기도 하다. 또는 모차르트가 쓴 오페라의 유명한 아리아에서 하인 레포렐로가 밝힌 돈 조반니가 품은

* 예언자의 전승 또는 말씀 – 옮긴이 주.

여자 수 '1,000하고도 3mille e tre'도 있다. 그리고 그 숫자는 스페인에서만이다!

큰 어림수와 그에 가까운 수는 숫자 10을 바탕으로 하는 계산 체계와 관련이 있다. 그 이유는 수학적이라기보다 해부학적이다. 10은 손가락으로 셀 수 있는 가장 큰 숫자다. 어떤 문화권에서는 5진법(한 손)이나 20진법(손가락과 발가락)으로 계산하기도 했다. 언어에서도 종종 이런 흔적을 볼 수 있다. 3개의 20과 10(성경에서 70을 의미), 또는 프랑스어로 99quatre-vingt-dix-neuf는 말 그대로 '4×20 + 10 + 9'를 나타낸다. 천일야화의 주인공이 손가락 6개 달린 외계인이라면 1,001박(10^3+1)이 아니라 217박(6^3+1) 동안 이야기를 할지도 모른다. 한편 40과 12는 어림수 목록에 어울릴 것 같지 않지만 다 나름의 이유가 있다. 12는 수학적으로나 실리적으로나 의미가 있는 숫자다. 바로 약수가 많기 때문이다. 숫자 12는 1, 2, 3, 4, 6으로 나누어지므로 여러 사람이 무언가를 나누기가 쉬웠다. 십진법 이전에는 영국 주화 1실링이 12펜스였다. 즉, 0.5실링(6펜스), $\frac{1}{3}$실링(4펜스 또는 1그로트), $\frac{1}{4}$실링(3펜스), $\frac{1}{6}$실링(2펜스)을 쉽게 만들 수 있었다는 뜻이다. 말이 나왔으니 말인데, 괜찮다면 털어놓고 싶은 말이 있다. 〈해리포터〉 시리즈에 나오는 마법사 화폐는 소설에 등장하는 화폐 중 가장 수학자를 짜증 나게 하는 화폐다. 그 화폐는 통화 체계가 발달한 체제에서는 도저히 나타날 수 없다. 일단 〈해리포터〉의 화폐 단위는 총 세 가지(크넛, 시클, 갈레온)다. 29크넛(동화)은 1시클(은화), 17시클은 1갈레온(금화)이다. 29와 17은 둘 다 소수이기 때문에, 절대 나눠지지 않는다. 따라서 0.5갈레온도 만들 수 없다. 정말 비효율적이고 말이 안 되는 화폐다!

오늘날 우리 머글들은 십진법으로 돈을 벌지만, 여전히 12개짜리 달걀을 사고, 1년을 3~4개의 계절을 가진 12개월로 나누고, 시계를 12개 시간으로 나눈다. 고대의 길이 단위 '풋'은 12인치다. 1인치는 얼마일까? 1324년 영국 왕 에드워드 2세는 1인치를 '마르고 둥근 보리 낟알 3개'의 길이로 정의했다. 요즘 구두 수선 동향이 어떤지는 잘 모르지만, 에드워드 왕 시대에는 보리 낟알의 길이(인치)를 신발 크기를 재는 표준 단위로 삼았다고 한다. 12의 문화적 의미는 열두 사도, 12일의 크리스마스, 그림 형제 이야기 〈12명의 형제〉에서 까마귀로 변한 12명의 왕자 같은 수십 개의 동화 등을 통해 유추해볼 수 있다. 물론 12명의 왕자와 새벽까지 춤을 추려고 매일 밤 12척의 배에 실려 마법의 호수를 가로지르는 12명의 춤추는 공주를 떠올리는 독자들이 있을지도 모르겠다.

12가 선한 의미를 담은 숫자라면, 12에 홀수 1을 더한 13은 일반적으로 악한 숫자다. 마지막 만찬에 12명의 사도와 예수가 있었고, 사람들은 그 만찬에 참석한 이들이 어떻게 됐는지 잘 알고 있다. 하지만 우리 가족은 숫자 13을 좋아한다. 남편과 딸 모두 13일에 태어났을 뿐만 아니라 테일러 스위프트를 열렬히 좋아하는 딸과 그 친구들 때문에 3년 연속으로 나는 12월 13일만 되면 테일러를 위한 생일 케이크를 만들어야 했었다. 한편, 13이 12 + 1이라는 점은 '제빵사의 묶음Baker's dozen'을 떠오르게 한다. 제빵사의 묶음은 제빵사가 롤 빵과 같은 상품을 12개 단위로 팔되, 최소한의 빵 무게를 철저히 지켜야 했던 시대에서 유래한 것으로 보인다. 제빵사들은 법이 제정한 무게를 채우지 못했을 때의 처벌당할 위험을 피하려고 만약을 위해 롤 빵 1개를 덤으로 주었다고 한다.

40이라는 숫자는 참 흥미롭다. 알리바바와 40인의 도둑, 모세가 시나이산에서 보낸 40주야 그리고 예수가 광야에서 보낸 40주야까지 40의 문화적 공명은 어디서나 느껴질 만큼 상당하다. 식후에 잠깐 눈을 붙인다는 표현을 영어로는 40번 눈을 깜빡인다have forty winks라고 한다. 영국 사람이라면 성 스위딘 날Saint Swithin's Day에 비가 오면, 40일 동안 비가 내린다는 걸 알고 있다. 물론 40개의 다리를 가진 러시아 지네도 잊으면 안 된다. 또한 '검역Quarantine'이라는 단어의 기원은 흑사병의 확산을 막으려고 베네치아를 방문한 중세 방문객들을 40일Quaranta 동안 격리했던 것에서 유래했다. 그리고 이것은 우연이지만, "영어에서 유일하게 알파벳 순서로 된 숫자는 몇입니까?"라는 유명한 퀴즈 질문의 답 역시 '40Forty'이다. 40은 10의 배수라는 의미에서 '어림수'지만, 그것만으로는 뭔가 부족하다. 물론 40이 특별한 의미를 갖는 몇 가지 이유가 있긴 하다. 첫째, 40은 10진법뿐만이 아니라 20배씩 커지는 20진법에서도 어림수다.

기간을 나타내는 표현의 경우, 42일에 가깝다는 말은 6주라는 뜻이다. 생물학적으로 의미를 갖는 40도 있다. 임신이 40주 동안 지속되기 때문에 엄마인 나는 내 인생에서 40을 2번 세는 경험을 했다. 이것은 숫자 40이 큰 변화로 이어지는 준비 기간과 어울리는 의미를 나타내기도 한다.

이제 작은 패턴의 숫자를 좀 더 자세히 살펴보자. 알다시피 나는 이 장을 시작할 때 머릿속에서 의미가 있는 숫자를 떠올렸다. 그래서 3과 7이 쓰인 많은 사례를 알아냈고, 그 결과 5와 9가 등장하는 몇몇 경우도 덤으로 얻었다. 그렇다면 작은 패턴 숫자는 모두 홀수일까? 당연하게도 그건 아니다. 전통의 범위를 더 넓혀 민담과 전설을 탐구하면 숫자 4, 6, 8이 중요한 역할을 하는 문화도 여럿 있다는 것을 알 수 있다. 그래서 홀수로 넘어가기 전에 이 짝수들을 먼저 탐구한 뒤 3으로 정점을 찍고 싶다. 3이야말로 작은 패턴 숫자 중에서 이야기 구조에 가장 광범위한 영향을 미치는 숫자이기 때문이다.

숫자 4의 경우, 유럽 민담에서는 거의 찾아볼 수 없지만, 영문 소설에서는 카메오 역할을 맡고 있다. 예를 들어, T. S. 엘리엇의 《4개의 4중주Four Quartets》, 존 업다이크John Updike의 〈토끼〉 4부작, 스코틀랜드 작가 알리 스미스Ali Smith의 사계절 이름을 딴 소설 시리즈 〈계절〉 4부작Seasonal Quartet 등이 있다. 아동 문학에서는 C. S. 루이스의 〈나니아 연대기〉에 나오는 페벤시 가족의 네 남매(피터, 수잔, 루시 그리고 에드먼드)가 있고, 호그와트의 4대 기숙사(그리핀도르, 래번클로, 후플푸프, 슬리데린)를 떠올릴 수 있겠다. 나니아의 왕 사자 아슬란은 페벤시의 네 남매를 나침반의 기본 방위와 노골적으로 연관 짓는다. 이를테면 피터는 북쪽이다. 이것은 숫자 4가 지구 구석구석에서 신성한 숫자로 발견되는 한 가지 이유이기도 하다.

미국 원주민의 창조 신화에서도 숫자 4의 의미를 찾아볼 수 있다. 라코타 수Lakota Sioux족의 창조 신화에 따르면 창조주는 4개의 노래를 부르며 세상을 새롭게 만들었다. 첫 번째 노래는 비를 내리게 했다. 두 번째 노래로 비는 더 거세졌다. 세 번째 노래는 강물을 넘치게 했다. 창조주가 네 번째 노래를 부르며 땅을 네 번 밟았더니 땅이 쩍 갈라지며 온 세상이 물로 뒤덮였고 옛 세상의 모든 생물이 죽고 말았다. 그런 다음 창조주는 4마리의 동물에게 물속으로 헤엄쳐가 진흙 덩어리를 구해오라고 명했다. 너구리, 수달, 비버는 실패했지만, 거북이는 성공했다. 창조주는 이 진흙으로 새로운 땅을 만들었다. 그리고 땅의 네 가지 색(빨간색, 흰색, 검은색 그리고 노란색)으로 남자와 여자를 만들었다. 첼랜Chelan족의 창조 신화는 일지창, 이지창, 삼지창, 사지창으로 각각 무장한 늑대 사 형제에 대한 이야기로, 그들은 그레이트 비버를 죽인 뒤 그 살점을 조각내 서로 다른 부족을 창조한다. 체로키Cherokee족은 지구가 4개의 신성한 방향을 나타내는 4개의 밧줄에 묶여 바다 위에 떠 있는 거대한 섬이라고 생각한다. 마지막으로 나바호Navajo족의 전통 신화에 따르면 인간은 네 번째 세상에 살고 있으며, 동물, 곤충 그리고 신성한 사람들이 거주하는 3개의 지하 세상 위에 있다. 사람들이 네 번째 세상, 즉 인간 세상에 도착했을 때, 그들은 4개의 신성한 산과 4개의 신성한 돌의 이름을 붙여 지상의 경계에 놓았다. 태양의 아내인 끊임없는 변화의 여신은 피부 조각으로 4개의 씨족을 만들었다. 그들이 디네Diné족의 후손이고, 현재의 나바호족으로 이어진다. 나바호의 창조 신화 중 내가 가장 좋아하는 부분은 나바호 신들이 하늘을 정돈하고 4개의 신성한 산을 적절한 곳에 놓는 순간이다. 그들은 해와 달을 하늘에 놓은 뒤 세심하게 설계한 패턴으로 별을 배열하기 시작한다. 하지만 기다리는 것에 싫증이 난 코요테가 별들이 누워 있는 담요를 잡아당겨 하늘로 아무렇게나 던진다. 그래서 신은 질서를 선호하지만, 별들은 하늘에 무질서하게 흩어져 있다.

나침반의 기본 4방위는 세상을 항해할 수 있는 길을 안내한다. 여기에 위쪽과 아래쪽을 포함하면, 하늘을 날아가는 데 필요한 6개 방향을 얻을 수 있다. 하지만 인간은 꽤 최근까지 날 수 없었기 때문에, 숫자 6은 숫자 4보다 문화적 공명이 적다. 유대교와 기독교의 전통에 따르면 세상은 6일 만에 창조되었고, 7일째 되는 안식일에 하나님이 휴식을 취했다. 그래서 7일이 한 주가 되었다. 또한 이슬람의 코란은 창조를 6단계로 이야기하지만, 그 단계는 대개 며칠이 아니라 몇백억 년이라는 상당한 기간을 나타낸다. 숫자 6은 $6 = 1 + 2 + 3 = 1 \times 2 \times 3$이므로 처음 세 숫자의 합이자 곱이라는 멋진 수학적 특성을 갖는다. 이보다 더 특이한 점은 초기 신비주의자들은 6이 1, 2, 3으로 나누어떨어지고 자신의 약수를 더한 값과 같으므로 '완전수Perfect Number'라고 불렀다. 엄밀히 말하면 6도 자기 자신의 약수이므로 '진약수*'를 더한 값과 같다고 말해야 한다. 결론적으로 6은 자체적으로 아름답고 정확하게 이루어져 있다는 뜻이다. 성 아우구스티누스는 하나님이 6일 만에 세상을 창조하기로 한 이유가 바로 이것이며, 창조의 구조를 1 + 2 + 3으로 쪼개 첫째 날에는 '빛이 있으라'고 명하셨고, 그다음 이틀 동안에는 땅과 바다, 다음 3일 동안에는 모든 생명체를 창조하셨다고 말했다. 6 다음에 오는 완전수는 28로, $28 = 1 + 2 + 4 + 7 + 14$다. 헬레니즘 유대 철학자 알렉산드리아의 필로Philo of Alexandria는 6이 완전수이기 때문에 6일 만에 세상이 창조되었을 뿐만 아니라, 음력 달이 28일인 이유도 28이 완전수이기 때문이라고 기록했다.

내가 좀 심술궂은 사람이었다면, 지금 당장 연필과 종이를 들고 28 다음에 오는 완전수 3개를 찾아보라고 했을 것이다. 물론 시간이 좀 걸린다. 6과 28 다음에 이어지는 완전수는 496이고, 다음은 8,128 그리고 그다음은 33,550,336으로 앞 숫자와의 차이가 크다. 나는 이 후속 숫자들이 신학에서 어떻게 나타나는지

* 자기 자신을 제외한 양의 약수다 – 옮긴이 주.

는 잘 모른다. 완전수는 적어도 2천 년 이상 연구되었고, 매우 희귀한 숫자들이다. 이 글을 쓰는 시점에는 51개의 완전수가 알려져 있지만, 더 많은 완전수가 있는지는 아직 알 수 없다.[2] 마지막 완전수는 2018년에 발견되었다. 결국 6은 수학적으로 매우 특별하고 희귀한 수란 이야기다. 하지만 6을 주요 숫자로 사용한 동화는 많지 않다. 동화 속 6의 역할은 보통 그 자체보다 '7 빼기 1'로 더 잘 이해되는 것 같다. 예를 들어, 1명의 누나(또는 여동생)와 여섯 형제처럼 7명의 아이를 주인공으로 하는 몇몇 독일 민화가 있다. 나 역시 1명의 누나(또는 여동생)와 11명의 형제처럼 12명의 아이가 나오는 이야기를 본 적이 있다. 민속학자들이 신화와 전설에서 쓰인 6에 관한 논문을 보내주는 건 환영하겠지만, 내 생각에는 6과 11이 아니라 7과 12로 이해하는 것이 더 말이 되는 것 같다.

중국에서 전통적으로 일부 숫자들은 언어가 우연히 갖는 성질에 따라 행운이나 불운의 뜻을 암시한다. 중국어 발음은 그 억양에 따라 다른 의미를 지니기 때문이다. '8'이라는 단어는 '번영'을 뜻하는 단어와 비슷하게 들리므로 매우 상서로운 수로 여겨진다. 그래서 중국에서는 중요한 행사에 숫자 8을 꼭 포함하려 노력한다. 베이징 올림픽 개막식도 2008년 8월 8일 오후 8시 8분 8초에 시작했다. 반대로 '4'라는 숫자는 '죽음'을 뜻하는 단어와 매우 비슷하게 들리기 때문에 불운한 수로 여겨진다. 4월 4일에 태어난 내게는 나쁜 소식이다. 하지만 이것은 수학적인 것이 아니라 언어적인 고려사항이다. 8을 행운의 수로 여기는 언어적 의미가 없는 문화에서도 이따금 8이 등장한다. 페르시아 시인 아미르 호스로우Amir Khusrau의 12세기 작품 《하스트-비히스트Hasht-Bihisht》(8개의 낙원)는 8개 문으로 둘러싸인 8개의 낙원*이 있는 전통적인 사후세계의 개념에서 이름을 따왔다. 영어권에는 이 작품이 잘 알려지지 않았지만, 이 작품의 이야기 중 하나인 〈세렌디프의 세 왕자The Three Princes of Serendip〉에서 파생한 단어인 세렌디피티Serendipity는 익숙할 것이다. 세렌디프는 고대 페르시아어로 스리랑카를 지칭한다. 영국 작가 호러스 월폴Horace Walpole이 우연히 얻은 행운을 묘사할 단어를 찾고 있을 때, 세렌디프의 세 왕자가 "우연함과 지혜로 미처 몰랐던 사실을 발견했다"는 이야기가 떠올랐다. 그래서 1754년 영어로 '세렌디피티'를 만들어냈다.

나는 아직 가장 간단하면서 중요한 숫자 1과 2를 언급하지 않았다. 이 숫자들은 너무 중요하다 보니 오히려 발견하기가 힘들다. 《미녀와 야수》에 미녀 하나, 야수 하나, 성 하나, 장미꽃 하나, 말하는 찻주전자 하나가 있다고 해서 숫자 1로 가득하다고 주장하는 건 어리석은 짓일 것이다. 숫자 1은 다른 모든 숫자와 다르다. 이것은 수학에서도 마찬가지다. 소수를 더 작은 약수로 나눌 수 없는 숫자라고 정의하더라도 1은 소수 목록에

* 하나님은 자비로우므로 낙원은 지옥(7개)보다 하나 더 많았다.

서 제외한다. 하지만 1은 다른 모든 숫자의 구성 요소다. 시간을 넉넉히 두고 그 자체에 1을 더하기만 해도 모든 숫자, 혹은 최소한 모든 정수를 만들 수 있다. 1은 모든 수의 시작이다. 하지만 동시에 어떤 항목이든 하나만 있다면, 실제로는 아무것도 계산할 수도 그럴 필요도 없다.

숫자 2도 약간 비슷하다. 2는 소수의 첫 숫자이자 유일한 짝수다. 그런 점에서 2는 물론 믿을 수 없을 만큼 중요한 숫자지만, 패턴 숫자가 되기에는 부족한 면이 있다. 이진법만 있는 이야기는 그다지 흥미롭게 여겨지지 않았다. 그렇지만 대부분의 동화는 적어도 하나의 이진법, 선과 악으로 나뉘어 있다. '백설공주와 사악한 여왕'이 대표적인 예다. 수학에서 숫자 2는 첫 번째 짝수이고, 선과 악처럼 반으로 똑같이 나눌 수 있는 첫 번째 숫자다. 모든 숫자가 1과 0(또는 원하는 경우 참/거짓, 또는 선/악)으로 표현되는 이진법 연산은 모든 컴퓨터의 기본이다. 그래서 이런 옛날 농담도 있다.

세상에는 10종류의 사람이 있다*. 이진법을 이해하는 사람과 그렇지 않은 사람.[3]

짝수가 반으로 나뉠 수 있고 쌍으로도 나뉠 수 있다는 사실 때문에 짝수가 작은 패턴 숫자로 등장할 때는 홀수와 살짝 다른

* 여기서 10은 이진법 숫자 10(2)로, 십진법으로 바꾸면 2가 된다. 따라서 세상에는 두 종류의 사람이 있다는 뜻이다 – 옮긴이 주.

역할을 하는 것 같다. 숫자 3, 5, 7은 나뉠 수 없다는 점에서 특히 '강하다'. 그 숫자들은 둘로 쪼개거나 쌍으로도 쪼개질 수 없는 홀수일뿐만 아니라 소수이기도 하므로 전혀 쪼개지지 않는다. 그에 반해 숫자 9는 소수가 아니지만, 이 숫자를 쪼개는 유일한 방법은 3개의 3을 이용하는 것이다. 그래서 만일 3이 어떤 문화권의 패턴 숫자일 경우, 9는 잠재적으로 매우 특별한 숫자가 된다. 셰익스피어는《맥베스》에서 숫자 9를 3의 배율로 활용한다. 세 가지 예언을 하고, 세 가지 칭호(글라미스의 영주, 코도르의 영주 그리고 '장차 왕이 되실 분')로 맥베스를 환영하는 3명의 마녀는 성 삼위일체의 악마 버전이다.

세 마녀는 불 주위를 돌며 다음과 같이 외친다.

> 운명을 다스리는 세 자매, 손에 손을 잡고,
> 바다와 육지를 휙 달리며
> 계속 돌아라. 빙글빙글.
> 네가 세 번, 내가 세 번
> 또다시 세 번, 모두 아홉 번.

9는 더 확장될 수 있다.

1막 3장에서 첫 번째 마녀는 뱃사람의 아내에게 모욕당하자 그 남편을 저주할 계획을 세운다.

"피로에 찌든 일곱 밤을 아홉 번 보내고, 또 아홉 번 곱절로 지새우면 그자는 점점 여위고 쇠약해지고 비통해하겠지."

다시 말해 그 마법은 81주간 지속된다는 뜻이다.

숫자 9는 비슷한 방식으로 99 및 999까지 활용될 수 있다. 완전히는 아니지만 거의 어림수가 된다. 이는 중국 민담에서 가끔 발견된다. 예를 들어 머리가 9개 달린 '구두조' 전설에서는 새가 공주를 납치한다. 공주를 구하러 온 이는 공주가 갇힌 동굴에 도착해서 구두조의 상처를 돌보는 공주의 모습을 목격한다. 그리고 이렇게 말한다.

"하늘의 사냥개가 그 새의 열 번째 머리를 물어뜯었고, 그 상처에서 여전히 피가 흐르고 있었기 때문이다."

또 다른 민담에서는 하늘에 10개의 태양이 있던 시절(10개는 '많음'을 뜻함)을 이야기하지만, 그중 9개는 산 사이에서 부서지거나 사냥꾼 양얼랑에게 파괴되거나 궁수 후 이가 쏜 화살에 맞아서 떨어졌다. 그래서 지금은 태양이 하나밖에 없다. 고양이는 9개의 목숨이 있어 대단히 상서로운 동물이다. 적어도 영어권에서는 그렇다.

멕시코, 브라질, 스페인 그리고 이란의 고양이들은 또 다른 행운의 숫자인 7개의 목숨이 있다. 숫자 7은 홀수이자 소수일 뿐만 아니라 특별한 천문학적 상징성도 갖고 있다. 망원경이 발명되기 전, 평범한 별과 다르게 하늘에서 자유롭게 움직이는 것처럼 보이는 7개의 천체를 볼 수 있었다. 바로 태양, 달 그리고 가장 가까운 5개 행성인 수성, 금성, 화성, 토성, 목성이다. 따라서 숫자 7은 중요한 의미를 갖게 되었다. 이와 함께 7일 4주라는 기간이 달의 28일 주기에 딱 들어맞는다는 사실은 7일이 1주가 되고, 많은 창조 신화가 세상을 7일 안에 창조하게 된 이유로 보인다. 그리고 어쩌면 덜 고상해 보이겠지만, 백설공주가 7명의 난쟁이를 만나는 이유이기도 하다.

숫자 5는, 7과 달리 천문학적 상징성이 아니라 앞서 이야기한 바와 같이 해부학적 상징성을 지닌다. 이슬람교의 다섯 기둥, 시크교의 5대 상징 등은 손가락으로 셀 수 있다. 고대 그리스 전통에는 4원소가 있지만, 중국에는 불, 흙, 금속, 물, 나무로 이루어진 5원소가 있다. 기하학자에게 5는 변칙적인 값을 가지는 숫자다. 정삼각형, 정사각형 또는 정육각형을 이용해 규칙적인 타일 무늬를 만들 수 있지만(벌들도 정육각형 무늬를 만들 줄 안다) 정오각형으로는 만들 수 없다. 5개의 점으로 할 수 있는 것 중 한 가지는 별 모양을 만드는 것이다. 더 좋은 점은 연필을 종이에서 떼지 않고 한 점에서 반대 점으로 이동하며 연속하는 하나의 선으로 별을 그릴 수 있다는 것이다. 더 작은 숫자로는 이것이 불가능하며, 점 6개로 만든 별 모양은 2개의 삼각형으로 나뉜다. 연금술 전설에 따르면 '오각성'으로 알려진 오각형 별은 악마 소환과 같은 부정적인 일과 결부되었다. 오각성이 악마가 경계를 벗어나지 못하게 막는 효과를 갖고 있다고 믿었기 때문이다. 괴테의 연극 〈파우스트〉에서 악마 메피스토펠레스는 문 위에 그려진 오각성 때문에 파우스트의 서재를 떠나지 못한다.

하지만 여기서 잠깐, 파우스트가 묻는다.

> 오각성이 널 막는다고?
>
> 세상에, 이제 나한테 말해보시지, 하데스의 아들,
>
> 그게 널 막는다면, 어떻게 나한테 접근할 수 있는 거지?

메피스토펠레스는 오각성의 마지막 선이 불완전하다고 대답한다. 즉, 두 변이 정확히 만나지 않아 바깥쪽 각이 미완성된 채로 있었다. 그 작은 오류 때문에 메피스토펠레스는 서재 안에서 나타나기는 했지만, 오각성이 나름 잘 그려져 있어 서재 밖을 넘어설 수는 없었다. 직선과 나침반만으로 완벽한 오각형을 그리는 기술은 이미 2천 년 전부터 알려져 있었다.

파우스트가 기하학을 더 잘했더라면, 그 모든 불쾌한 일을 피할 수 있었을 것이다.

이제 이 장을 마무리 짓는 숫자인 3에 대한 모든 것을 자세히 알아보겠다. 숫자 3은 서구인의 마음을 놀라울 정도로 꽉 사로잡고 있다. 그에 대해 더 자세히 알고 싶다면, 인류학자 앨런 던데스Alan Dundes의 1968년 에세이 《미국 문화의 숫자 3The Number Three in American Culture》을 강력히 추천한다.[4]

이 책은 깜짝 놀랄 만큼 다양한 셋을 나열한다. 동요에서는 보통 같은 단어나 문구가 3개씩 등장한다.

"저어라, 저어라, 너의 배를 저어라"

"머핀맨, 머핀맨, 머핀맨을 아나요?"

그리고 이것은 일반적인 표현에서도 이어진다. 누구나 ABCD가 아니라 ABC를 배운다. 경주는 "제자리에, 준비, 출발"로 시작하고, 수상자는 금, 은, 동메달로 보상받는다. JFK, VIP, SOS, DNA, HBO 같은 세 글자 줄임말이 곳곳에 있고, 옷 치수도 소, 중, 대로 출시된다. 또 다른 치수가 있는 경우에는 XS, XXS, XL, XXL 등으로 3개의 기본 치수를 참조하여 추가된다. 세 단어로 이루어진 관용구도 많다. 예를 들어 '완전히hook, line and sinker', '이것저것 모두lock, stock and barrel', '방탕한 생활wine, women and song' 등이 있다. 던데스는 20쪽이 넘는 맺음말에서 "만약 미국 문화에 숫자 3의 규칙이 있다는 사실에 회의적인 이가 있다면, 그 사람에게 적어도 세 가지 이유를 대보게 하라"며 독자를 촉구한다. 문학적 측면에서 볼 때, 이야기에서 주목하게 되는 셋의 첫 번째는 셋이 한 세트가 되는 등장인물이다. 이를테면 아기 돼지 삼 형제, 염소 삼 형제, 착한 세 요정, 곰 세 마리 등이다. 수많은 이야기에 임무를 부여받는 세 형제가 등장한다. 첫째와 둘째는 실패하지만 셋째 아들, 즉 가장 어리고, 가장 용감하고, 가장 영리하고, 가장 과소평가된 아들이 임무에 성공한다. 또한 세 자매도 있다. 《미녀와 야수》에서처럼 그렇듯이. 언니 2명은 보통 여성 혐오적 경향을 혼재한 인물들로, 허영심이 많고, 못생

기고, 탐욕스럽고, 멍청하다. 이따금 그 둘은 《신데렐라》에서처럼 이복자매이기도 하다. 가장 겸손하고 아름다운 막내인 셋째는 잘생긴 왕자와 결혼하게 된다. 이 패턴은 세 인물과 관련된 농담에서도 볼 수 있다. 때로는 그 셋이 목사와 신부, 랍비가 되기도 한다. 수학자들은 때때로 같은 문제에 직면한 물리학자, 공학자 그리고 수학자의 태도에 관한 농담을 하기도 한다.

동화든 농담이든 구조는 다음과 같다. 어떠한 상황이 일어나면 기본적으로 두 번의 똑같은 결과가 나오고, 같은 상황을 마주친 세 번째 인물에게는 뭔가 다른 결과가 일어나는 구조다. 농담의 경우, 정상적인 두 사람은 정상적으로 반응하고, 바보는 우스꽝스럽게 행동한다. 동화에서는 이와 반대다. 처음 두 인물은 실패하고, 세 번째 인물은 성공한다. 예를 들어, 첫째와 둘째 돼지는 짚과 나뭇가지로 집을 짓지만, 셋째 막내 돼지는 벽돌로 집을 짓는다. 형제 중 첫째와 둘째는 추하고 늙은 여자 거지를 돕지 않지만, 막내는 도와준다. 그 여자 거지는 당연히 변장한 여자 마법사로 밝혀지며, 막내에게 엄청난 재물을 선물한다. 이러한 줄거리의 서술적 이유는 분명하다. 두 번의 반복으로 그 패턴에 익숙해진 후 세 번째 반복에서 패턴이 깨지면 독자들이 깜짝 놀라거나 즐거울 수 있기 때문이다.

물론 동화에서만 숫자 3이 많은 의미를 담고 있는 것은 아니다. 단테의 《신곡》은 수학적 은유를 매우 많이 담고 있으며, 몇몇 숫자는 특별한 의미를 갖고 있다. 하지만 그 시 전체를 아우르는 구조와 상징성을 나타내는 가장 기본적인 숫자는 3이다. 단테에게 있어서 숫자 3은 성부, 성자, 성령 즉 삼위일체라는 위대하고 영적인 의미가 있기 때문이다.《신곡》은 세 부분으로 나뉜다. '연옥편'과 '천국편'은 각각 33편의 칸토Canto가 있지만, '지옥편'은 34개(33 + 1)로 대칭을 깨뜨린다. 내 생각에는 그것이 바로 지옥을 의미하는 것이 아닐까 한다. 그래서《신곡》은 총 100편으로 이루어져 있다. 칸토는 단테가 발명한 3운구법 형식으로 쓰인 시를 말하는데, 3운구법은 *aba*, *bcb*, *cdc*, *ded*, *efe* 등 서로 연동되는 운율 체계를 가진 3행짜리 스탠자stanza*를 갖는다. 각 칸토는 마지막 3행의 중간 행과 운율이 일치하는 한 행으로 시작하고 끝난다. 이 연동 체계는 연속 스탠자를 우아하게 연결할 뿐만 아니라, 아마도 첫 번째와 마지막 운을 제외하고 다른 모든 운이 정확히 세 번 나타나기 때문에 세 가지 절차가 추가된다. 지옥편에는 9개(3×3)의 원이 있으며, 누구나 인정하는 세 가지 주요 죄에 따라 세 구역으로 나뉜다. 천국편에도 9개의 원 또는 9개의 하늘이 있다. 단테는 마지막 칸토인 천국편의 칸토 33에서 신의 환영을 향해 나아가기 직전에 "3개의 둥근 원, 세 가지 색, 하나로 어우러진 빛"으로 이루어진 3개의 완벽한 무지개를 본다.

숫자 3이 우리의 정신세계에 이토록 강력한 영향력을 발휘할

* 시의 기초단위.

수 있었던 이유는 무엇일까? 나는 삼각형과 삼분법에 관한 수학 덕분이라고 주장하고 싶다.

기하학에서 숫자 3은 매우 특별하다. 첫째, 숫자 3은 2차원 도형을 만들 수 있는 가장 적은 점의 개수다. 두 점을 이으면 하나의 직선을 얻을 수 있고, 모두 같은 직선 위에 있지 않은 한 세 점을 이으면 삼각형이 만들어진다. 삼각형은 직선보다 안정적이다. 나뭇가지나 막대로 단단하고 안정적인 구조물을 만든다고 상상해보자. 2개의 막대로는 아무것도 할 수 없다. 두 막대의 끝을 함께 연결할 수 있어도 다른 두 끝은 쓸데없이 퍼덕일 뿐이다. 하지만 막대 3개로 시작한다면, 막대를 맞물려 삼각형을 만들 수 있고 그 방법은 하나뿐이다. 누구든 같은 길이의 막대 3개로 삼각형을 만든다면, 똑같은 삼각형을 만들 수밖에 없다. 이것이 숫자 3의 두 번째 특징이다. 더 큰 숫자에서는 통하지 않는 법칙이다. 막대 4개로 만들 수 있는 사각형은 무한히 많다. 네 변의 길이가 모두 같은 경우에도, 만들 수 있는 도형이 아주 많다. 정사각형을 만들 수도 있지만, 다양한 각도의 마름모를 만들 수도 있는 것이다. 삼각형은 이렇게 변형될 수 없는 유일한 도형이다. 그래서 지오데식 돔geodesic dome처럼 철골로 만든 구조물의 기본적인 모양이 삼각형인 것이다. 삼각형은 가장 견고한 도형이라고 할 수 있다. 당연히 숫자 3의 특수한 기하학적 특징 세 번째는 서로 같은 거리의 평면에 생길 수 있는 가장 많은 점의 개수가 3개라는 것이다. 정삼각형의 세 꼭짓점은 서로 같은 거리에 있다. 서로 같은 거리에 있는 4개 이상의 점을 한 장의 종이 위에 그리는 것은 불가능하다. 3차원 입체에서는 4개의 점으로 사면체라고 불리는 도형을 그릴 수 있지만, 그 도형조차도 4개의 정삼각형을 결합한 것이다. 삼각형의 이러한 기하학적 특성은 3개가 모인 집합의 단단함과 완전함 그리고 공평함으로 이어진다. '삼총사'가 늘 외치는 말처럼 "모두는 하나를, 하나는 모두를" 위한 것이다. 2개로는 직선의 위나 아래, 왼쪽이나 오른쪽, 북쪽이나 남쪽만 가리킬 수 있지만, 3개가 되면 갑자기 공간을 둘러쌀 수 있게 된다.

숫자 3의 마지막 수학적 측면은 삼분법이다. 모든 숫자가 나열된 수직선을 상상해보자. 그리고 임의의 수에 핀을 꽂고 점 x라고 하자. 다른 모든 숫자는 x와 관계가 있고, 정확히 세 가지 가능성(삼분법)이 있다. 즉, x보다 작거나 x와 같거나 x보다 크다. 수학에서는 이런 유형의 삼분법이 곳곳에 널려 있다. 모든 각도는 예각(90도보다 작음), 직각(90도와 같은) 또는 둔각(90보다 큼)이다. 숫자는 음수, 양수 또는 0이다. 시간은 과거, 현재 또는 미래일 수 있다. 통계에서 데이터점은 평균보다 높거나 평균보다 낮거나 평균보다 클 수 있다.

이 아이디어를 변형하면 두 가지 극단과 중간이라는 세 조합이 탄생한다. 가장 작은 것, 가장 큰 것 그리고 그사이에 있는 모든 것. 일출, 낮, 일몰. 탄생, 삶, 죽음. 이와 같은 삼분법은 언어와 이야기 구조 모두에서 꾸준히 등장한다. 형용사에도 세 가지 단계가 있다. 좋은, 더 좋은, 가장 좋은; 나쁜, 더 나쁜, 가장 나쁜; 용감한, 더 용감한, 가장 용감한 등이다. 동화 속 세 형제 중 막내는 언제나 가장 현명하고, 막내 여동생은 언제나 가장 예쁘며, 염소 삼 형제의 막내 그루프는 가장 큰 덩치를 자랑하며 트롤을 물리친다. 그리고 누구나 좋아하는 귀여운 주거침입자 골디락스*가 내린 세 가지 평가보다 더 좋은 삼분법의 예가 있을까? 아빠 곰의 죽은 너무 뜨겁고, 엄마 곰의 죽은 너무 차갑고, 아기 곰의 죽은 딱 알맞다. 골디락스 동화는 아리스토텔레스의 중용론에 입각한 동화가 분명하다. 아리스토텔레스는 모든 윤리적 미덕은 두 가지 악(하나는 지나침, 다른 하나는 부족함) 사이의 중용(딱 알맞음)이라고 말한다. 용기는 미덕이고, 지나친 용기는 무모함의 악덕이며, 부족한 용기는 비겁함의 악덕이다. 돈으로 말하자면, 관대함은 미덕이고, 지나친 관대함은 낭비이며, 부족한 관대함은 인색이다. 그리고 골디락스 동화에 나오는 침대로 따지면, 아빠 곰의 침대는 너무 딱딱하고, 엄마 곰의 침대는 너무 부드러우며, 아기 곰의 침대는 아리스토텔레스가 말하는 중용의 완벽한 본보기로 딱 알맞다.

이야기는 그 자체에 시작과 중간, 끝이 있다. 여러 권으로 된 전집 중 가장 일반적인 것이 3부작이다. 이 이야기들은 대부분 나중에 3부작이 된다. 공통 구조는 독립적인 1권, 그다음은 손

* 동화《골디락스와 곰 세 마리》에 나오는 소녀 – 옮긴이 주.

에 땀을 쥐게 하는 상황이나 해결되지 않은 문제로 끝나는 2권 그리고 미진한 부분을 모두 마무리하는 대단원인 3권으로 이루어진다. 그래서 3부작은 시작, 중간, 끝이라는 규모를 더 확장한 버전이다. 또한 각 장면 자체에 시작과 중간, 끝이 있어야 하는 3막극도 있다. 그리고 지금 당신이 손에 들고 있는 이 책도 총 3부로 이루어져 있다.

소설 속 마법의 수들은 문학에서 발견할 수 있는 가장 분명한 수학이지만, 그것은 시작에 불과하다. 이제부터는 기하학에서 대수학, 심지어 미적분학에 이르기까지 훨씬 더 정교한 수학적 아이디어가 《모비 딕》에서 《전쟁과 평화》에 이르는 위대한 문학 작품에 어떻게 등장했는지 살펴볼 것이다. 숫자는 인간의 사고에서 매우 중요하기 때문에 심지어는 단어 자체에, 때로는 예상치 못한 곳에 숨겨져 있다. 《허영의 시장Vanity Fair》에서 주인공 베키 샤프가 구혼을 청하는 조스 세들리의 희망을 꺾은 운명적인 펀치 그릇을 생각해보라. 이 장면에서 숫자는 보이지 않는다. 그러나 '펀치punch'라는 단어는 산스크리트어로 '5panca'를 뜻하는 단어에서 유래했으며, 펀치라는 음료는 다섯 가지 재료가 섞인 고대 인도의 음료에서 비롯되었다. 숫자는 언어 구조의 일부로서 무수히 많은myriad* 방식으로 등장한다.

* myriad는 고대 그리스어로 '10,000'을 뜻한다.

6

에이허브의 산술

소설 속 수학적 은유

앞서 《모비 딕》이 사이클로이드라는 흥미로운 곡선에 관한 이야기를 담고 있다는 동료 수학자의 말에서 이 책이 시작되었다고 언급한 바 있다. 재밌게도, 나는 몇 년 전 문제의 그 수학자이자 나의 친구인 토니에게 이메일을 보내 《모비 딕》을 추천해 주어 고맙다고 전했던 적이 있다. 그러자, 토니는 그 책을 자신에게 추천한 사람이 나였다고 회신했다. 이제는 뭐가 어떻게 된 건지 모르겠다. 어쨌든 어느 날 아침, 나는 《모비 딕》을 펴고 읽기 시작했고, 몇 분 만에 수학적 색채가 물씬 풍기는 멋진 표현을 만났다. 주인공 이슈메일이 하룻밤을 묵게 된 스파우터 여관의 주인은 술에 다소 인색했다.

“주인이 독주를 붓는 술잔은 정말 가증스럽다. 얼핏 원통형으로 보이지만, 안쪽 바닥으로 갈수록 이 야비한 초록색 술잔이 농간을 부리듯 점점 뾰족해지며 가늘어졌다. 자오선처럼 생긴 조잡한 평행선까지 가득 새겨져 이 날강도 같은 술잔을 에워쌌다.”

참으로 훌륭한 표현이다. 평행 자오선으로 표시된 원통형 술잔에는 부인할 수 없는 기하학적 느낌이 있다. 그것이 내 호기심을 자극했다. 나는 책을 읽는 내내 수학적 암시를 계속 접했고, 그 많은 암시를 통해 저자 멜빌이 수학적 아이디어를 즐겼다는 사실을 똑똑히 알게 되었다. 그래서 그 수학적 아이디어가 멜빌의 머릿속에서 책 속으로 빠져나갈 수밖에 없었고, 멜빌이 은유적 표현을 찾으려 애쓸 때, 수학적인 아이디어가 자주 떠올랐을 것이다.

선장 에이허브는 급사의 충성심을 칭찬하며 이렇게 말했다.

"젊은이, 자네는 진짜 예술이군. 원둘레처럼 말이야."

맞는 말이다. 원둘레에 있는 점들은 중심에서 정확히 같은 거리에 있으며 한 바퀴 내내 그 거리를 유지한다.

수학의 세계는 은유의 근원이라고 할 수 있다. 그것들 중 일부는 주어진 원의 넓이와 같은 정사각형을 만드는 고대 그리스의 '원적문제Squaring the circle*'처럼 흔한 말이 되었다. 그러나 이 문구를 사용하는 이들은 원적문제가 불가능하다는 수학적 증거를 찾는 데 2천 년 이상이 걸렸다는 사실을 잘 모른다. 그래도 가끔은 멜빌처럼 수학을 좋아하고 수학적 은유를 반드시 글로 옮기는 작가들을 만나게 된다. 이 장에서는 멜빌, 조지 엘리엇, 레오 톨스토이, 제임스 조이스 등의 고전 작품에 등장한

* 불가능한 일이라는 관용어로 쓰인다 – 옮긴이 주.

매력적인 수학적 암시에 대해 이야기해보겠다. 이 같은 참고 문헌들을 이해하게 되면 위대한 문학을 즐기는 기쁨이 한층 더해질 테고, 많은 사랑을 받는 책들과 그 저자들을 바라보는 관점이 새로워질 것이다.

멜빌의 수학적 은유에 대해 더 이야기하기 전에 멜빌이라는 작가와 D. H. 로렌스가 묘사한 대로 어떻게 멜빌이 "놀라울 정도로 아름답고 위대한, 아주 위대한 책, 지금까지 바다에 대해 쓰인 책 중 가장 위대한 책이자 경외심을 불러일으키는 책"을 쓰게 되었는지 말하고 싶다. 멜빌은 첫 소설《타이피Typee》를 쓰기 전에 교사, 엔지니어, 포경선 갑판원과 같은 다양한 직업을 경험했다.《타이피》는 멜빌이 같은 이름의 폴리네시안 부족과 함께 보냈던 시간을 소설화한 작품이다. 멜빌은 이 소설과 더불어 후속작인《오무Omoo》(폴리네시아어로 '방랑자')가 좋은 반응을 얻었고, 그 후 몇 년 동안 세 편의 항해 이야기를 더 썼다. 내가 멜빌의 여섯 번째 책《모비 딕》에 초점을 맞추는 이유는 멜빌의 책 중 개인적으로 가장 좋아하는 책이고, 또 가장 유명한 책이기 때문이다.[1] 하지만 수학에 대한 멜빌의 사랑은《모비 딕》뿐만 아니라 그가 쓴 모든 작품에 스며들어 있다. 멜빌의 초기 소설《마르디Mardi》를 보면, "오, 사람아, 사람아! 당신은 적분보다 더 풀기 어려워"라고 외치는 등장인물이 있다. 멜빌의 출판사는 철학과 수학을 거론하는 게 옷을 거의 입지 않은 폴리네시아의 젊은 여성들에 대해 쓰는 것만큼 수익성이 없을지도 모른다며 우려했고, 멜빌은 다음 책에는 "형이상학도, 원뿔 곡선도, 케이크와 에일 외에는 아무것도 없을 것"이라며 출판사를 안심시켰다. 문학계에는 다행스럽게도, 멜빌은 그 약속을 철저히 지키지 못했다.

《모비 딕》은 1850년에 집필되고 1851년에 출판되었다. 평가는 엇갈렸다. 《하퍼스 뉴먼슬리 매거진》은 "도덕 분석에 대한 저자의 천재성은 매우 훌륭한 묘사력에 버금간다"고 호평했다. 하지만 런던 《아테네움》의 한 평론가는 "멜빌은 베들렘 문학이라는 최악의 학파에 속하는 많은 쓰레기처럼, 그의 참혹한 경험과 영웅적 행위가 일반 독자들에게 외면당했다는 것에 대해 스스로에게 감사해야 한다"고 혹평했다. 《모비 딕》의 저자가 사람들에게 냉소적인 평가를 받았고, 끝내 절필했다는 사실이 놀랍다. 멜빌은 생의 마지막 20년을 미국 세관에서 일하다가 1891년 무명으로 세상을 떠났다. 19세기의 가장 영향력 있는 미국 소설로 얻은 멜빌의 수입은 556.37달러에 불과했다. 멜빌에 대해서는 잘 알려져 있지 않다. 멜빌은 사생활 문제에 아주 예민했는데, 아무도 열쇠 구멍을 통해 자신을 들여다볼 수 없도록 서재 문손잡이에 수건을 걸어놓곤 했다고 한다.

멜빌의 편지는 남아 있는 것이 거의 없을뿐더러 친한 친구인 너대니얼 호손도 그에 대해 이렇게 말했을 뿐이다.

"멜빌이 신사이긴 했어도, 깨끗한 리넨과는 거리가 멀었다."

하지만 잠깐, 아직 《모비 딕》을 읽지 않았다면, 더러운 세탁물은 못 본 체하고 얼른 읽길 바란다. 그 책은 다른 책들과 다르다.

우리의 화자 이슈메일은 선장 에이허브, 일등 항해사 스타벅, 이등 항해사 스터브와 함께 포경선 피쿼드호에서 갑판원으로 일했다. 갈수록 에이허브는 흰고래 모비 딕을 사냥하고 죽이는 데 집착하고 있음이 분명해진다. 에이허브가 다리를 잃은 이유도 예전에 맞닥뜨린 모비 딕 때문이었다. 흰고래를 쫓는 에이허브의 오만함과 편집광적인 집착은 그를 광기로 몰아넣으며 모든 선원을 위험에 빠뜨린다. 결론적으로 에이허브가 좋게 끝나지는 않았다고만 말해두겠다.

《모비 딕》은 평범한 모험 이야기가 아니다. 셰익스피어와 성경, 자연사와 항해에 관한 책을 비롯해 아찔하고 다양한 출처에서 찾아낸 고래와 포경에 대한 '인용문'이 실려 있으며, 모비 딕의 순백에 관한 의미가 펼쳐지고, 이슈메일과 다른 이들의 철학적 사색도 담겨 있다. 이슈메일은 이 책의 주제인 고래가 매우 거대하기 때문에 엄청나게 큰 나침반이 꼭 있어야 한다고 말한다.

"콘도르의 깃털을 달라!"

이슈메일이 말한다.

"베수비오 분화구에 잉크를 가득 담아 달라!"

19세기 바다 이야기에서 수학이 어디에 등장할지 예측해보라고 한다면, 아마 대부분이 사분의四分儀나 육분의六分儀를 생각할 테고, 항해에 대한 묘사와 관련 있을 수 있다는 꽤 올바른 추측을 할 것이다. 실제로 에이허브가 "그의 고래뼈 의족"에 대해 수학적 계산을 하고 있고, 이슈메일은 돛대의 망루에 앉아서 "저 높은 곳에서 수학을 공부하는 것"에 대해 이야기하며 고래의 흔적을 찾아 바다를 샅샅이 뒤진다. 하지만 멜빌은 훨씬 더 깊이 파고든다. 신비한 계략을 해독할 수 있는 수학의 거의 마법 같은 힘은 경외감과 의심이 뒤섞인 감정을 승무원들에게 심어준다. 이등 항해사 스터브가 말한다.

"난 다볼의 산수책으로 악마를 불러낼 수 있다고 들었어."

19세기 초의 미국 학생들은 학교에서 가장 널리 사용된 교과서인 다볼의 산수책(원제는 《다볼의 교사 지침서: 미국 학생들을 위한 평범하고 실용적인 산술 체계》)에 익숙했을 것이다. 저자인 네이선 다볼Nathan Daboll은 코네티컷의 수학 선생님이었고, 멜빌이 학생으로서 그리고 아마 선생님으로서 다볼의 산수책을 이용했다는 것은 널리 알려져 있다. 기하학에 유클리드가 있다면, 산술에는 다볼이 있다. 다볼의 산수책을 현대적 관점으로 보면, 스터브가 이 책을 일종의 연금술에 비유한 게 전혀 놀랍지 않을 정도다. 다볼의 산수책은 산술의 기초에서 통화 변환 및 이자, 연금, 손익, 선박 톤 수를 계산하는 규칙에 이르기까지 모든 계산 방식을 담고 있다. 게다가 제곱근과 세제곱근을 손으로 구하는 방법도 보여준다. 거의 비법 같은 규칙도 있다. 예를 들어 사우스캐롤라이나 달러에서 메릴랜드 달러로 전환하려면, "주어진 액수에 45를 곱하고, 그 값을 28로 나눈다." 또는 신비로운 '3의 규칙'도 있다. 이 규칙에 따르면, "네 번째 숫자를 찾기 위해 3개의 숫자가 주어지면, 두 번째 숫자는 첫 번째와 숫자와 같은 비율을 갖는다."

원의 지름으로 원둘레를 구하는 규칙은 다음과 같다.

"원의 지름 대 원둘레의 비는 7 대 22다. 또는 더 정확히 말하면, 115 대 355다. 따라서 지름은 반대로 구하면 된다."

원둘레는 지름 d에 π을 곱한 것이지만, 놀랍게도 다볼의 계산법에는 π에 대한 언급도, $\frac{22}{7}$와 $\frac{355}{115}$가 π의 근삿값이라 이 규칙이 성립한다는 전제도 설명도 없다. 이 숫자들은 그저 비법으로 활용될 뿐이다.

스터브에게 수학은 신비롭고, 심지어 악의적이기도 하다. 하지만 이슈메일에게 수학, 특히 대칭은 미덕을 상징한다. 이슈메일은 향유고래의 머리가 '수학적 대칭'을 이루고 있기 때문에 위엄 있게 보이며, 심지어 그에 관련하여 새로운 수학적 개념을 정의하겠다고 주장한다. 그는 "향유고래의 머리를 단단한 직사각형이라고 한다면, 경사면에서 2개의 쿼인Quoin으로 옆을 나눌 수 있다. 그중 아래쪽은 머리뼈와 턱을 형성하는 뼈 구조고, 위쪽은 뼈가 아예 없는 미끄러운 덩어리"라고 설명한다. 그리고는 각주에서 언급한다.

"쿼인은 유클리드 용어가 아니다. 이 용어는 순수 항해 수학에 속한다. 쿼인이라는 말이 이전에 정의되었는지는 모르겠다. 쿼인은 양쪽이 서로 가늘어지는 대신 한쪽이 가파르게 기울어져 끝이 뾰족한 쐐기와는 다른 형태의 고체다."

《모비 딕》에서 보여주는 최고의 수학적 순간은 멜빌이 재미 삼아 수학적 암시를 던지는 장면들에 있다. 이슈메일이 관찰한 것처럼, 고래의 지느러미를 해시계의 그노몬*에 비유하려면 기하학자의 눈이 있어야 한다.

> 바다는 적당히 잔잔하고 살짝 구 모양의 잔물결이 일고 그노몬 같은 지느러미가 일어나 주름진 해수면에 그림자를 드리우면, 지느러미를 둥글게 둘러싼 바닷물이 우아한 물결 모양의 시간 눈금이 새겨진 해시계와 비슷해 보일 수 있다. 아하스Ahaz의 해시계에서는 그림자가 종종 되돌아간다.

아하스에 대한 언급은 구약성서 이사야서에 있는 가장 초기에 기록된 해시계를 떠올리게 한다. 하나님은 유다 왕 아하스의 아들 히스기야의 병을 낫게 하겠다는 표시로 해시계의 그림자를 10도 뒤로 이동시키는 기적을 보여주었다. 하지만《모비 딕》에서 가장 흥미로운 기하학은 사이클로이드다. 사이클로이드는 내가 이 책 첫머리에 언급한 수학적 곡선이다. 이슈메일은 피쿼드 호 갑판에 있는 커다란 트라이팟Try-pots을 청소하는 동안 그 곡선을 생각한다. 트라이팟은 거대한 금속 냄비로, 고래 지

* 해시계의 바늘로 그림자를 드리우는 부분 – 옮긴이 주.

방을 정제해 기름을 만드는 초대형 가마솥이라고 보면 된다.

> 이따금 그 냄비들은 펀치용 은사발처럼 내부가 반짝반짝 빛날 때까지 동석과 모래로 광이 나게 닦는다. 각 냄비 앞에 한 사람씩 나란히 앉아 광내기 작업을 하는 동안 굳게 닫은 입술 너머로 은밀한 대화가 수없이 오간다. 그곳은 또한 심오한 수학적 명상을 위한 장소이기도 하다. 페쿼드호의 왼쪽 솥에서 비눗돌이 부지런히 내 주위를 돌고 있을 때, 나는 기하학에서 모든 물체가 사이클로이드를 따라 미끄러질 경우, 출발 지점에 상관없이 정확히 같은 시간에 도착한다는 놀라운 사실을 처음으로 깨달았다.

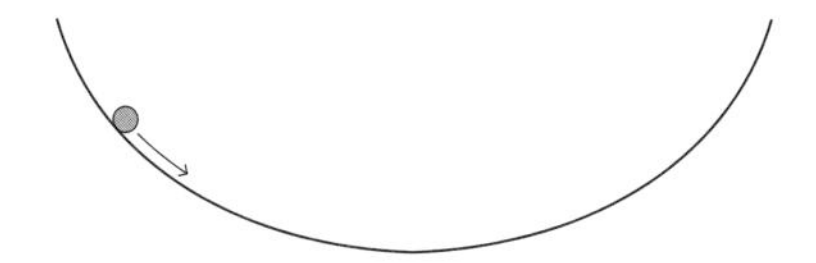

역 사이클로이드 — 임의의 점에서 출발한 물체가 바닥으로 미끄러지는 데 걸리는 시간은 항상 같다.

사이클로이드는 회전하는 원 또는 바퀴의 가장자리에 있는 점이 그리는 곡선이다.

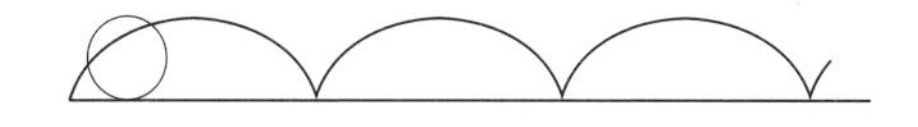

사이클로이드는 학교에서 으레 배우는 곡선은 아니지만, 수학에서 유명한 곡선 중 하나라고 할 수 있다. 머리말에서 말했듯이 사이클로이드는 그 아름다운 성질 때문에 '기하학의 헬레네'라는 별칭을 얻었다. 사이클로이드를 연구한 이들의 목록을 보면 르네 데카르트, 아이작 뉴턴, 블레즈 파스칼 등 17세기 수학자들의 출석부처럼 보인다. 특히 파스칼은 확률의 수학적 기틀을 마련한 뛰어난 수학자였다.[2] 하지만 돌연 수학 공부를 그만두고 신학에 심취했다. 어느 날 밤 끔찍한 치통을 앓던 파스칼은 주의를 딴 데로 돌리려 사이클로이드를 생각하기 시작했고, 놀랍게도 그 고통은 사라졌다. 그는 이 경험을 수학에 관한 관심을 허락하는 신의 계시로 받아들이며 8일 내내 사이클로이드를 연구했다. 그리고 그 시간 동안 곡선 아랫부분의 넓이 등 사이클로이드의 수많은 성질을 발견했다. 과거 수학자들은 누가 먼저 증명한 이론인지를 두고 자주 논쟁을 벌이며 우선순위 분쟁에 열렬히 뛰어들었다. 예를 들면 질 드 로베르발Gilles de Roberval이라는 수학자는 사이클로이드에 대해 많은 것들을 증명했지만, 그중 어떤 것도 제대로 발표하지 않았다. 그러면서 누군가 새로운 결과를 발표할 때마다, 로베르발은 자신이 이미 오래전에 입증한 것이라며 화를 내곤 했다. 한 예로, 로베르발은 사이클로이드 아랫부분 넓이가 사이클로이드를 형성한 원 넓이의 3배라는 사실도 알고 있었다고 한다. 로베르발이 이토록 어리석은 행동을 한 이유 중 하나는 그의 직업이 현직 교수가 정한 경쟁 문제를 통해 3년마다 재임명되는 계약교수직이었기 때문이다. 그래서 오로지 본인만 해결할 줄 아는 일련의 문제들을 소유하고 싶은 강한 동기가 있었다. 사이클로이드 아랫부분의 넓이를 구하는 해법도 몇 년 동안은 그런 문제였을 것이다.

사이클로이드의 가장 좋은 점은 사이클로이드가 이루어진 방식과 아무 상관이 없는 것처럼 보이는 맥락에서 뜻밖의 발견을 할 수 있다는 것이다. 네덜란드 수학자 크리스티안 하위헌스Christiaan Huygens는 시계 디자인을 개선하기 위해 곡선 아래로 미끄러지는 물체의 시작점이 어디든 정확히 같은 시간에 곡선 바닥에 도달할 수 있는 성질을 가진 곡선이 있는지 궁금했다. 이것을 '등시 곡선 문제'라고 하며, 하위헌스는 1659년에 이 문제를 해결했다. 하위헌스가 1673년에 발표한 〈대작 진동 시계론Horologium Oscillatorium〉에서 등시 곡선 문제에 대한 전반적인 내용을 확인할 수 있다. '최단 시간 강하 곡선 문제'도 있다. 이 문제는 임의의 두 지점이 있을 때, 중력장 하에서 더 높은 지점에서 더 낮은 지점까지 가장 빨리 떨어지는 경로를 찾는 것이다. 놀랍게도 이 두 가지 문제의 해결책이 바로 우리의 아름다운 친구 사이클로이드다!

이슈메일이 트라이팟에서 발견한 것은 등시 곡선 문제다. 만약 사이클로이드 곡선의 모양(역 사이클로이드 형태)의 트라이팟이 있다면, 비눗돌을 어느 지점에 놓든, 바닥에 도달하는 시간은 정확히 같을 것이다. 구체적으로 말하면, 하강 시간은 항상

$\pi\sqrt{\frac{r}{g}}$초*다. 놀라운 점은 지구의 g는 약 9.8이고, 그 제곱근은 약 3.13이라는 것이다. 그 값은 분모에 있고, 약 3.14의 값을 갖는 π는 분자에 있으므로 두 숫자는 거의 정확하게 약분된다. 따라서 사이클로이드의 하강 시간은 원 반지름의 제곱근과 같다. 와우! 이슈메일, 즉 멜빌은 이것을 어떻게 알았을까? 확신할 수는 없지만, 당시 표준 학교 교육 과정에는 없었을 것이다. 다만 메러디스 파머Meredith Farmer라는 학자가 어린 멜빌이 1830년과 1831년에 다녔던 학교 올버니 아카데미에 다소 특별한 수학 선생님이 있었다는 사실을 알아냈다. 기록에 따르면 매일 오후 수학 선생님이 지도하는 산술 시간이 있었고, 학생들은 산술 수업을 한 시간 듣고 오후의 나머지 시간 동안에는 두꺼운 암호장에 합계를 입력했다고 한다. 이 산술 수업을 맡고 있었던 선생님은 수학 및 자연 철학(당시에는 자연과학으로 알려진 학문) 교수이자 스미스소니언 연구원의 초대 학장이 될 유명한 물리학자 조지프 헨리Joseph Henry였다. 조지프 헨리는 유도계수inductance를 발견했는데, 이 때문에 유도계수의 단위를 헨리라고 한다. 멜빌은 산술 수업에서 탁월한 능력을 발휘해 '최고 암호상'이라는 상을 받았다. 멜빌이 받은 상품은 시집이었다.

조지프 헨리는 멜빌이 상을 받기 몇 달 전, 올버니 아카데미 이사회에 편지를 보내 상위권 학생들을 위한 심화 교과서를 추

* g는 중력 가속도, r은 사이클로이드를 형성하는 원의 반지름.

가해달라고 요청했다. 헨리는 열정적이고 영감을 주는 선생님으로, 그의 심화 수업 중 일부는 공개 강의로도 진행되곤 했다. 증명할 수는 없지만, 헨리가 멜빌과 다른 '상위권 학생들'에게 사이클로이드 곡선을 가르쳤고 수학을 향한 멜빌의 열정을 키워주었을 가능성은 얼마든지 있다.《모비 딕》의 바탕에는 광범위한 수학적 주제가 깔려 있다. 바로 우리의 환경을 이해하고 통제하는 방법으로서 수학의 상징성이다. 수학은 우리가 알 수 없는 세상을 항해하는 데 도움을 준다. 이슈메일은 데이터를 소중하게 여겼고, 따라서 데이터는 그의 몸에 기록되어 있었다. 이슈메일은 이렇게 말한다.

"내가 지금 설명할 고래의 골격 치수는 내 오른팔에 새긴 문신에서 그대로 베꼈다. 거친 떠돌이 생활 중에는 귀중한 통계를 보존할 안전한 방법이 달리 없었다."

그러나 에이허브는 양극단 사이를 왔다 갔다 한다. 그는 모비 딕이 어디에 나타날지 예측할 수 있다고 확신하며 고래를 목격한 기록과 당시의 도표를 강박적으로 연구한다. 하지만 점차 광기가 심해지며 항해의 수학적 계산을 거부하고 그저 본능에 매달려 항해를 이어간다. 결국 수학은 버림받고, 그들은 바다를 표류한다.

모비 딕을 향한 에이허브의 집착은 고래의 행동 패턴을 알면 특정 고래에 대한 특정 지식을 얻을 수 있다는 비합리적인 믿음으로 이어진다. 인간 사회의 패턴은 그보다 훨씬 더 복잡하다.

인구 전체에 대한 정보로 한 사람에 대해 어느 정도까지 알 수 있을까? 개인의 행동과 사건의 광범위한 통계적 조사 사이의 상호 작용은 또 다른 19세기 소설가 조지 엘리엇의 주요 주제다. 엘리엇의 1876년 소설《대니얼 데론다Daniel Deronda》는 주인공 그웬돌린 할레스가 카지노 룰렛을 하면서 시작된다. 룰렛의 결과는 확률의 법칙으로 결정되지만 인생의 결과는 예측할 수 없다. 만약 다음번 던지는 주사위가 우리에게 유리할 것이라고 믿는다면, 대부분은 이내 실망하게 될 것이다. 우연과 무작위로 가득 찬 엘리엇의 또 다른 1861년 소설《사일러스 마너Silas Marner》에 나오는 지역 사회는 사일러스 마너의 절도죄 여부를 결정하기 위해 제비뽑기를 하는 것이 올바른 평결로 이어지리라 믿는다. 하지만 그런 일은 일어나지 않는다.

도박판에서나 인생에서나 우연한 사건이 일어날 확률은 일정하지만, 그렇더라도 누구에게 언제 일어날지 알 방법은 없다. 19세기의 통계학은 수리 과학으로서는 초기 단계에 있었다. '통계Statistics'라는 용어는 국가의 기술이라는 의미를 지닌 독일어 'statistik(통계량)'에서 유래했다. 영어로는 '정치 산술science of the state'이라고 불렸다. 원래 통계는 단지 세는 것에 지나지 않았다. 인구는 얼마나 될까? 연간 밀 생산량은 얼마일까? 그러나 이후 통계적 분석은 확률 기법을 이용해 가능성을 탐색하고, 범죄 통계나 사망 원인 같은 데이터 유형들을 포함하도록 확장되었으며, 자유 의지와 운명의 의미를 찾는 수많은 자기 탐구로 이어졌다. 찰스 디킨스는 평균의 법칙 때문에 많이 고민했다. 그는 만약 올해 지금까지 살해된 사람들의 수가 연평균보다 적다면, "올해 마지막 날 전까지 약 40~50명의 사람이 더 살해되어야 하고, 살해될 것이라고 생각하는 것은 끔찍한 게 아니다"라고 썼다. 프랑스 사회학자 에밀 뒤르켐Émile Durkheim은 1897년 《자살론》에서 자신의 삶을 끝내기로 하는 결정처럼 지극히 개인적인 사건도 '집단적 경향'의 일부라고 말했다.

《대니얼 데론다》에는 주인공 대니얼이 친구 모디카이와 술집에서 다음과 같이 토론하는 장면이 있다.

> 하지만 오늘 밤 우리의 친구 파킨슨이 진보의 법칙을 꺼냈으니 우리는 통계의 대상이 된 거야. 게다가 릴리는 사회 상태가 같다면 같은 유형의 일이 일어나리라는 것을 잘 알고 있었지. 그래서 질보다는 양이 똑같이 유지되어야 하는 게 더는 놀랄 일이 아니야. 사회를 놓고 본다면, 숫자가 질이야. 술주정뱅이 수가 사회의 질이니까. 그 숫자는 질에 대한 지표가 되지. 그리고 우리에게 아무런 지시도 하지 않아. 단지 사회 상태가 다른 이유를 고려하라고만 하지.

숫자는 '질' 즉, 속성이다. 그래서 숫자를 통해 사회에 대해 말할 수 있다. 하지만 룰렛의 확률을 알고 있다고 해서 다음 숫자가 빨강인지 검정인지 알 수 없듯이, 숫자로는 개인의 운명에 대해 말할 수 없다.

《대니얼 데론다》는 도박과 운명을 주제로 미시적·거시적 차원에서 개인의 운명을 탐구한다. 도박판에서 돈을 잃은 그웬돌린은 경제적 우여곡절로 가족의 재산이 사라졌다는 소식을 듣고 집으로 돌아온다. 사악하고 끔찍한 그랜드코트와 결혼하기로 한 그웬돌린의 결정도 룰렛과 같은 도박처럼 묘사된다. 소설 속 그웬돌린의 운명은 크게 돌아가는 룰렛 휠과 같다. 그웬돌린이 룰렛에서 이기기도 하고 지기도 하듯이 인생의 룰렛도 마찬가지였다. 그웬돌린의 가족도 처음에는 부유했지만 망하고 말았다. 그웬돌린의 결혼 생활은 불행했지만, 남편의 갑작스러운 죽음으로 불행이 끝나버린다. 물론 확률이라는 개념이 결국에는 나쁜 일(돈을 잃음, 파산, 불행한 결혼)과 좋은 일(돈을 땀, 부유함, 행복한 결혼)의 균형을 맞추리라 암시할 수도 있지만, 이 소설은 어떤 특정 기간 내에 균형을 이루어야 한다는 생각이 틀렸다는 것을 보여준다. 소설 마지막 부분에서, 그웬돌린은 사랑하는 대니얼과 결국 결혼하지 않는다. 그리고 우리는 그녀의 뒷이야기를 알지 못한다. 우리가 아는 것은 그저 "나는 살 거야. 더 나아질 거야"라는 그웬돌린의 결심뿐이다.

조지 엘리엇*은 허먼 멜빌과 같은 해, 1819년에 태어났다. 엘리엇은 수학에 관심이 많았다. 비록 멜빌처럼 학교에서 정식 수

* 본명은 메리 앤 에번스Mary Ann Evans다.

학 교육을 받을 기회는 없었지만, 그의 소설과 남은 서신 및 공책을 두루 살펴보면 수학에 대한 지식이 상당했던 것으로 보인다.[3] 엘리엇은 끊임없이 수학에 손을 뻗어 자기 생각을 투영한다. 실제로 레스터대학교의 학생이었던 데릭 볼Derek Ball은 조지 엘리엇 소설에 등장하는 수학을 주제로 박사 논문을 쓰기도 했다.[4] 엘리엇의 소설《미들마치MiddleMarch》에서는 브룩 씨가 베푼 모순된 호의를 수학적으로 풍자한다.

"우리는 모두 박애주의자라는 농땡이의 정의를 알고 있다. 박애주의자의 자선은 거리의 제곱처럼 급격히 늘어난다."

브룩 씨는 사랑스러운 어린 조카 도로테아가 도대체 왜 따분하고 늙은 에드워드 캐소본과 결혼하고 싶어 하는지 궁금해하다가 "여자는 불규칙한 고체의 회전보다는 조금 덜 복잡한 문제였다"고 결론짓는다.

엘리엇이 보여주는 수학적 지식은 피상적인 것 그 이상이다. 엘리엇의 첫 소설《애덤 비드Adam Bede》에 등장하는 도니손 암스의 지주 캐손 씨에 대한 소개를 예로 들어보자.

> 캐손 씨의 모습은 아무 설명 없이 지나칠 흔한 유형의 사람은 아니었다. 정면에서 보면 지구와 달과 같은 관계에 있는 2개의 구체로 이루어진 것처럼 보였다. 다시 말하면 하부 구체는 대략 상부보다 13배 더 크다고 말할 수 있을 것이다. 하지만 그 유사성은 여기서 멈췄다. 왜냐하면 캐손 씨의 머리

는 우울해 보이는 달도, 밀턴이 불손하게 달이라고 불렀던 '점박이 지구'도 전혀 아니었다.

비유가 꽤 유쾌해서 우리는 캐손 씨의 모습을 머릿속에 바로 그릴 수 있다. 하지만 우리가 주목해야 할 것은 숫자 13이다. 먼저 그 숫자가 구체적으로 무엇을 의미하는지 알아야 한다. 지구의 지름은 7,918마일로 달의 지름 2,159마일의 약 3.7배이기 때문에 일단 지름은 아니다. 지구의 부피 역시 달의 약 49배이므로 그것도 아니다. 하지만 엘리엇이 말했듯이, 그 모습을 "정면에서 보면" 사실 2개의 원이다. 그래서 우리 뇌가 이 상황에서 직관적으로 인식할 수 있는 것은 이 원들의 각각의 크기, 즉 넓이일 가능성이 높다. 자, 지구 단면의 넓이는 달의 13.45배, 따라서 13에 가깝다. 더욱 인상적인 것은 엘리엇이 지름에 대해 바람직한 수치를 사용했을 것이라는 점이다. 만약 지구 지름을 8,000마일, 달의 지름을 2,000마일이라는 근사치로 계산하면, 13배가 아니라 16배의 비율이 된다. 약 3.7배라는 내 근사치를 사용하더라도 13보다는 14에 가까운 값에 이른다. 여기서 알 수 있는 사실은 무엇일까? 엘리엇은 근사치가 아닌 정확한 수학적 이미지를 선택했고, 어떤 비율을 고를지에 대한 합리적인 선택을 했으며, 높은 정확도로 그 비율을 계산할 수 있었다는 것이다.

조지 엘리엇의 수학을 향한 관심은 평생 계속되었다. 엘리엇은 과학자나 수학자들과 친분을 나누었고, 다양한 주제에 대한 흥미로운 관찰들을 공책에 가득 기록하기도 했다. 물론 대부분은 수학에 관한 내용이었다. 예를 들어, 엘리엇은 오늘날 뷔퐁의 바늘Buffon's needle로 알려진 기이한 현상을 설명했다. 나무 마루판이 있다고 상상해보자. 만약 바늘을 바닥에 떨어뜨린다면, 그리고 바늘의 길이가 마루판의 폭과 같다면, 바늘이 두 장의 마루판에 걸쳐 있을 확률은 정확히 $\frac{2}{\pi}$다. 이 값을 이용해 실험을 반복하면 π에 대한 근사치를 구할 수 있다. 바늘을 25번 떨어뜨리고 바늘이 두 장의 마루판에 16번 떨어지면, $\frac{2}{\pi}$는 $\frac{16}{25}$이므로, 이때 π값을 구하면 약 3.13이 된다. 이는 우리가 아는 π값과 매우 가깝다.

엘리엇은 1851년에 주 2회 기하학 강의를 수강했으며, 비공식적으로나 공식적으로 항상 수학을 공부했다. 생의 마지막 해에도 여전히 활발하게 수학을 배우고 있었고, 친구에게 매일 아침 원뿔 곡선을 배우고 있다고 말했다. 원뿔 곡선은 원뿔을 임의의 평면으로 잘랐을 때 그 단면에 나타나는 곡선으로, 포물선parabola, 타원ellipse, 쌍곡선hyperbola이 있다. 나는 이 곡선들이 글쓰기에 관련된 형용사가 된다는 것이 늘 재밌게 느껴졌다.* 엘리엇은 소설을 통해 현대의 수학적 또는 과학적 발견을 향한 관심을 반영했다. 실제로 소설가 겸 비평가인 헨리 제임스Henry

* 우화 같은(parabolic), 생략된(elliptical), 과장된(hyperbolic).

James는 《미들마치》에서 "다윈과 헉슬리의 메아리가 너무 자주 들린다"고 비판하기도 했다. 하지만 엘리엇은 수학을 마음의 위안으로 삼았으며, 특히 스트레스를 받을 때는 더욱 수학에 집중했다. 1849년에 쓴 엘리엇의 편지를 보면 개인적으로 힘들었던 시기에 회복하는 방법을 설명하고 있다.

"산책하고, 피아노를 치고, 볼테르를 읽고, 친구들과 수다를 떨고, 매일 수학을 한 첩씩 복용해요."

걱정을 없애주는 수학의 확실성과 영원한 진리를 위안으로 삼는 습관은 엘리엇의 소설 속 인물 애덤 비드에 고스란히 나타났다. 애덤은 아버지가 세상을 뜨자 스스로 인생은 계속되어야 한다고 다짐했고, 그 순간을 수학에 빗대어 묘사했다.

"4의 제곱은 16이고, 몸무게에 비례해 지렛대를 늘려야 해. 사람이 행복할 때처럼 비참할 때도 마찬가지야."

수학이 삶의 고뇌를 달래주는 진정제가 될 수 있다는 생각은 다른 작가의 작품에서도 찾을 수 있다. 바로 '제2차 세계대전 이후에 쓰인 가장 인상적인 소설'이라는 평가를 받는 러시아 작가 바실리 그로스만Vasily Grossman의 1959년 소설 《삶과 운명Life and Fate》이다. 이 대하소설은 뛰어난 물리학자 빅토르 슈트럼과 그 가족의 이야기를 전쟁과 스탈린그라드 전투, 공산주의를 배경으로 조명하고 있다. 그로스만은 대학에서 수학과 물리학을 공부했고, 주인공의 이름은 스탈린의 대숙청 동안 처형된 친구이자 실제 물리학자인 레프 야코블레비치 슈트럼Lev Yakovlevich

Shtrum에게서 따왔다. 소설에서 슈트럼은 혼란스러운 세계에서 매달릴 수 있는 합리적 기준은 수학과 방정식임을 깨닫는다.

> 슈트럼의 머릿속은 수학적 관계, 미분 방정식, 고등 대수학 법칙, 수와 확률 이론으로 가득 차 있었다. 이러한 수학적 관계는 원자핵과 별, 전자기장이나 중력장을 벗어난, 공간과 시간을 벗어난, 인간의 역사와 지구의 지질학적 역사를 벗어난 공허함 속에 자기만의 존재를 드러내고 있었다. 세상을 반영하는 건 수학이 아니었다. 세상 그 자체가 미분 방정식을 투영한 것이자 수학을 반영한 것이었다.

이러한 관점에서는 수학이 진정한 현실이고, 다른 모든 것은 그저 모방일 뿐이다. 가령 실생활에서 절대적으로 완벽한 원을 만드는 건 불가능하지만, 원의 수학적 개념은 완벽하고 더 높은 진리를 압축하고 있다. 이 진리가 슈트럼에게 진정한 현실이며, 그 완벽함만이 영혼을 달랠 수 있다.

삶은 지저분하고, 역사도 지저분하다. 그리고 인간은 계속해서 예측할 수 없는 행동을 할 것이다. 빅토르 슈트럼과 조지 엘리엇 모두에게 수학은 그 모든 것을 벗어나는 수단이었다. 하지만《전쟁과 평화》를 쓴 톨스토이에게 수학은 혼돈을 의미 있게 강요하는 방법이었다. 톨스토이는 소설에서 수학적 암시를 여러 번 사용하지만, 내 책이 그의 책만큼 길어지기를 원하지는 않으므로 그중 단 두 가지만 언급해보는 것이 좋을 것 같다.

스티븐 호킹이 《시간의 역사》를 쓰고 있을 때, 책에 담은 방정식 때문에 책 매출이 반으로 줄 것이라는 경고를 받은 일화는 유명하다. 다행히도 그 경고는 실현되지 않았고(내 책도 그러길 바란다), 톨스토이가 방정식을 만들어 《전쟁과 평화》의 사건 한복판에 떨어뜨렸을 때도 마찬가지였다. 이제 그 내용을 살펴보겠다.

프랑스군은 모스크바에서 철수할 당시, 그 규모 면에서 우위에 있었음에도 러시아군과의 교전에서 계속 당하고 있었다. 톨스토이는 이 상황이 군대의 힘은 그 크기에 달려 있다는 군사적 통념에 모순되는 것 같다고 말한다. 이것은 또한 운동량이 질량과 속도의 곱일 때 질량에만 온전히 의존해도 된다고 주장하는 것과 같다고 강조한다. 군대의 힘은 그 질량과 알려지지 않은 미지수 x의 곱이어야 한다. 군사 과학은 보통 이 알려지지 않은 요소를 지휘관들의 천재성에 맡긴다. 하지만 톨스토이는 역사의 소용돌이는 개인의 힘으로 결정되는 것이 아니라고 말한다. 이 x는 오히려 "군대의 정신 또는 투지, 즉 군대를 구성하는 모든 사람이 뛰어난 지휘관의 명령 아래 싸우든 그렇지 않든 위험에 직면해 싸울 각오가 되어 있느냐에 관한 것"이다. 다른 훌륭한 수학 선생님들처럼, 톨스토이도 예를 들어 설명한다. 10명의 군인 또는 대대, 사단이 15명을 물리치고 4명의 사상자를 낸다고 가정해보자. 그러면 승리한 쪽은 패배한 쪽이 15명을 잃었을 때 4명을 잃었으므로 "$4x = 15y$가 된다. 결과적으로 $\frac{x}{y} = \frac{15}{4}$다." 톨스토이의 이 방정식은 x와 y가 무엇인지 정확하게 말해주지 않지만, 두 미지수 사이의 비율은 보여준다. $\frac{15}{4} = 3.75$이므로, 승리한 군대의 투지가 패한 쪽보다 3.75배 크다고 할 수 있다. 게다가 톨스토이는 이렇게 결론 내린다.

"다양한 역사적 단위(전투, 군사 행동, 전쟁 기간)를 방정식에 적용하면 특정 법칙이 존재해야 하고 일련의 숫자를 발견할 수 있다."

아, 그리고 마지막 부분에는 보조금 지원 갱신을 위해 만들어지는 모든 신청서가 그렇듯 고전적인 문장이 덧붙여 있었다.

"더 많은 연구가 필요합니다."

톨스토이가 나폴레옹 전쟁 한복판에서 방정식을 터뜨리는 장면에 놀랐다면, 이제는 그가 대포를 꺼내는 장면을 지켜볼 차례다. 톨스토이는 인류 역사를 이해하기 위한 은유에 미적분학을 적용한다. 그는《전쟁과 평화》에서 역사의 과정이 어떤 개인의 행동으로 바뀔 수 없다고 이야기한다. 톨스토이에 따르면 프랑스군이 모스크바에서 스몰렌스크로 후퇴한 것은 나폴레옹이 명령을 내렸기 때문이 아니라, 오히려 "전군에 영향력을 행사하며 스몰렌스크 도로를 따라 군을 지휘해온 힘이 작용해" 나폴레옹으로 하여금 퇴각 명령을 내리게 한 것이다.

그렇다면 이 같은 역사적 힘을 어떻게 이해할 수 있을까? 톨스토이는 제논의 역설Zeno's paradox로 알려진 아킬레스와 거북이의 달리기 시합을 예로 들면서 이야기를 시작한다. 아킬레스는 거북이보다 10배나 빨리 달리므로 거북이가 100미터 앞에서 출발하더라도 시합에서 무조건 이길 것으로 보인다. 하지만 아킬레스가 100미터를 달려가는 동안 거북이는 10미터를 이동하고 다시 아킬레스가 10미터를 이동하는 동안 거북이는 다시 1미터를 나아간다. 이런 식으로 계속되면 아킬레스는 거북이를 결코 따라잡을 수 없을 것 같다. 분명 말도 안 되는 일이다. 톨스토이는 이 역설이 아킬레스와 거북이의 움직임을 인위적으로 분리된 불연속적인 부분으로 나누지만, 실제로는 둘의 움직임이 모두 연속적이라는 사실 때문에 발생한다고 말한다. 다행히도 불연속을 연속으로 바꾸는 방법을 정확히 알려주는 수학 분야가 있다.

미적분학은 17세기 후반 2명의 위대한 수학자 아이작 뉴턴과 고트프리트 라이프니츠Gottfried Leibniz가 발명했다. 누가 먼저 생각했는지를 두고 격렬한 논쟁이 있었다. 미적분은 행성의 움직임 또는 중력으로 가속되는 물체의 움직임과 변화에 관한 문제들을 해결하는 데 사용되는 그야말로 환상적인 수학의 한 분야다. 어떤 물체가 일정한 속도로 움직이고 있다면, 우리는 그 물체가 특정 시간이 지난 후 얼마나 멀리 이동할지 알아낼 수 있다. 만약 시속 40마일로 달리고 있다면, 한 시간 후에는 40마일을 이동했을 것이다. 하지만 속도가 계속해서 변하고 있다면 어떨까? 우선 시도해볼 수 있는 방법은 1분마다 속도를 측정하는 것이다. 그리고 그 값을 1분 동안의 속도라고 가정한 다음, 그 1분 동안 이동한 거리를 계산하고 그 모든 작은 거리를 더하는 것이다. 만약 더 정확하게 알고 싶다면, 30초마다 또는 1초마다, 아니면 나노초마다 속도를 측정하면 된다. 그리고 매번 더 작은 거리를 더해 무수히 많은 작은 변화값, 즉 '미분 differential'을 합산한다. 하지만 여기서 직면하는 문제는 그 한계 내에서 무한한 수의 0을 추가하려고 한다는 것이다. 미적분학은 인위적인 분할을 개별적인 단위로 계산하는 게 아니라 이 무한한 숫자들을 한 번에 처리할 수 있게 해주는 기술이다. 그래서 수학의 위대한 업적 중 하나인 것이다.

톨스토이는 역사에 대해서도 같은 작업을 할 필요가 있다고 설명한다.

"임의적인 인간의 의지가 수없이 나타나는 것처럼 인류의 움직임은 지속적이다. 이 지속적인 운동의 법칙을 이해하는 것이 역사의 목적이다. 하지만 그 모든 인간 의지의 총합에서 비롯된 이 법칙에 도달하려면, 인간의 생각은 고립된 특정 사건이나 일부 왕이나 사령관의 행동처럼 임의적이고 단절된 단위로 가정한다. 관찰을 위해 극히 작은 단위(역사의 미분, 즉 인간의 개별적 경향)를 취하고 그 단위를 통합하는 기술(이러한 극소수의 합을 찾는 기술)을 확보해야만 역사의 법칙에 이를 수 있다."

《전쟁과 평화》에서 톨스토이는 역사의 '위인론'에 반대한다. 승리한 군대의 x인자는 위대한 지도자가 아니라 집단의 투혼이다. 사건의 흐름을 지휘하는 것은 왕이나 황제가 아니라 더 광범위한 힘이다. 그래서 톨스토이는 그의 투혼 방정식과 방금 논의한 미적분에 대한 은유로 위인론을 반박한다. 톨스토이에게 수학은 논리적 엄격함의 상징이고, 객관적 진리에 접근하는 방법이며, 역사를 이해할 수 있게 하는 유일한 기회였다.

역사와 철학, 서사가 어우러진《전쟁과 평화》는 다른 소설과는 달랐다. 사실 톨스토이는《전쟁과 평화》를 소설로 생각한 적이 없다고 했다. 범주화할 수 없는 또 다른 책에 등장하는 수학을 끝으로 이 장을 마무리하려 한다. 바로 제임스 조이스의《율리시스》다. 앞에서 나는 조이스가 수학을 향한 존경심을 갖고 있었다고 언급한 바 있다. 하지만 조이스가 유명한 이유와《율리시스》 및 특히《피네건의 경야Finnegans Wake》와 같은 책의 의식의 흐름을 곰곰이 생각해보면, 그는 수학은 물론 어떤 종류의 구조와도 연관 지을 수 없는 작가일지도 모르겠다. 하지만《피네건의 경야》의 중심에는 분명 유클리드 도표가 있으며,《율리시스》에는 계산으로 가득한 장이 있는 것도 사실이다.

기하학은 조이스가 처음 발표한《더블린 사람들》의 첫 쪽 첫 단락부터 등장한다.

"매일 밤 나는 창문을 올려다보며 혼자 마비라는 단어를 부드럽게 읊조렸다. 그 단어는 유클리드의 그노몬과 교리문답서의 사이모니Simony라는 말처럼 이상하게 들렸다."

그노몬에 대한 언급은 무작위적인 암시가 아니다. 이 단어는 《모비 딕》에서 봤듯이 그림자를 드리우는 해시계의 돌출 부분을 가리킨다. 하지만 기하학적 의미로는 평행사변형에서 한 각을 공유하는 더 작은 닮은 꼴의 평행사변형을 잘라낸 도형을 말한다. '빠진 부분이 있는' 이 모양은《더블린 사람들》을 잘 묘사하고 있다. 가끔 소설에서 누락된 부분에 의미가 담겨 있을 때가 있다. 사용된 언어도 모호하고 등장인물들의 동기도 볼 수 없으며, 때로 행동의 일부가 생략되기도 한다. 한 에피소드에서는 집에 있던 젊은 여성 에블린이 갑자기 일어서자 이야기가 완전히 다른 곳에서 전개된다. 에블린이 집을 떠나기로 결심했다거나 어디로 간다거나 어떻게 그곳에 도착했는지에 대한 설명은 전혀 없이 말이다. 조이스는 수학을 숭배했으며, 심지어 경외감까지 느꼈던 것 같다. 그도 역시 멜빌처럼 학교에서 유클리드의 기하학을 공부했다. 비록 멜빌처럼 눈부신 학생은 아니었지만, 조이스는 대수학과 기하학에 익숙한 게 분명했고, 광범위한 영감이 적힌 공책에는 수학적 아이디어에 매료된 흔적이 있었다. 조이스는 극한과 무한의 개념을 궁금해했고, 공책에 $0 = \frac{1}{\text{큰 수}}$, $1 = \frac{1}{1}$, $\infty = \frac{\text{큰 수}}{1}$와 같은 수식을 적기도 했다. 이 수식은 극한을 나타낸다. 1을 더 큰 수로 나누면, 0에 가까워지지만, 완전히 0에 도달하는 건 아니다. 물론 $\frac{\text{큰 수}}{1}$를 나타내는 무한의 성질도 마찬가지다. 조이스의 공책에는 유사 수학에 대한 내용도 있었는데, $JC = \sqrt[3]{God}$처럼 성 삼위일체를 나타내는 다소

우스꽝스러운 '공식'이 적혀 있기도 했다. 조이스에 관한 글을 쓰는 기자들은 이따금 그의 작품을 설명하기 위해 수학적 비유를 사용했지만, 아마 나와 같은 이유 때문은 아닐 것이다.

1941년 조이스의 부고 기사를 적은 기자는 수학이 실제로 무엇인지에 대한 명확한 개념을 알지 못하는 듯했다. 기사는 다음과 같다.

> 조이스는 또한 아인슈타인이 수학 기호를 다루듯이 자유와 독창성이 있는 단어를 다루는 위대한 문자 연구가였다. 그래서 단어의 명확한 의미보다 소리와 패턴, 어근 및 함축적 의미가 훨씬 더 그를 흥미롭게 했다. 혹자는 조이스가 비유클리드 언어 기하학을 발명했다고 말하기도 한다. 조이스는 끈기와 헌신으로 그 학문을 연구했다.

나는 이 기사에 몇 가지 문제를 제기한다. 우선 아인슈타인은 "와, m이 c^2 옆에 있으니 멋져 보이는군"이라고 말하지 않았다. 아인슈타인은 기호를 능숙하게 다루는 것이 아니라 개념의 의미를 다루었다. 둘째, 대체 '비유클리드 언어 기하학'이란 무엇일까? 부고 기사를 쓴 기자는 조이스가 흥미롭고 새로운 일을 했다고 말하고 싶어 똑똑하게 보이는 수학적 용어를 와락 낚아챈 것으로 보인다.

오늘날 비유클리드 기하학은 여전히 흥미롭지만 새로운 건 아니다. 요즘에는 조이스가 프랙털(1980~2000년경 등장한 수학 개념)을 발견했다고들 한다. 프랙털에 대해서는 이 책의 3부에서 더 자세히 알아보겠다. 그러나 내 생각에 이는 너무 지나치다. 작가들에게 미래를 꿰뚫어보는 능력이 있다고 믿는 것은 그다지 권장할 만한 생각은 아니기 때문이다.

과학자 머리 겔만Murray Gell-Mann은 1960년대에 발견한 새로운 종류의 아원자 입자 이름을 제임스 조이스가 어떻게 언급했는지 설명했다.

"나는 제임스 조이스의 《피네건의 경야》를 이따금 정독하다 우연히 '마크 왕을 위해 세 번 쿼크Three quarks for Muster Mark' 라는 문구에서 '쿼크'라는 단어를 발견했다. 숫자 3은 쿼크가 발생하는 방식에 완전히 들어맞았다."

모든 양성자는 3개의 쿼크를 포함한다. 하지만 정말 이 문장만으로 조이스가 양자 물리학을 예상했다고 결론지을 수 있을까? 물론 아니다. 그러므로 조이스가 프랙털을 예상했다고 떠들고 다녀서도 안 된다. 물론 조이스의 《율리시스》는 매우 훌륭한 작품이다. 그는 인간의 경험을 원하는 만큼 넓힌다고 해서 복잡함이 줄어드는 건 아니라고 했다. 단 하루, 단 한 시간 동안 겪은 마음의 경험이라 해도 평생의 기억만큼 풍부하고 상세하게 기억될 수 있는 것이다. 그럼에도 불구하고 제임스 조이스가 프랙털을 발명했다고 할 수는 없다. 그렇다면 조이스의 작품 속에서 볼 수 있는 그와 수학 사이의 대화는 무엇을 말해주는 걸까?

단지 조이스의 작품에 의미와 모호함이 너무 많이 담겨 있어 우리가 좋아하는 어떤 의미로든 표현이 가능한 걸까? 조이스는 《율리시스》의 장 전체가 '수학적 교리문답'이었다고 말했다. 나는 그 말을 조금 설명해보려 한다. 기억할지 모르겠지만, 《율리시스》는 트로이 전쟁 후 고향으로 돌아가는 이타카의 왕 오디세우스의 10년에 걸친 모험을 다룬 서사시, 호메로스의 《오디세이》를 바탕으로 하고 있다. 율리시스는 오디세우스의 라틴어식 이름이다. 조이스는 배경을 더블린으로 옮겨 평범한 중년 남성 레오폴드 블룸(율리시스), 그가 만난 청년 스티븐 디덜러스(오디세우스의 아들인 텔레마코스) 그리고 블룸의 아내 몰리(페넬로프)의 평범한 일과를 묘사한다.

각 장은 어떤 식으로든 오디세이의 에피소드와 연관되어 있다. 11장 '사이렌'은 노래와 음악으로 가득 차 있고, 17장 '이타카'(오디세우스의 영토)는 하루의 끝에 스티븐 디덜러스와 함께 집으로 돌아오는 블룸을 묘사하고 있다. 그리고 책의 마지막 장은 '페넬로페'로, 몰리 블룸이 잠든 상태에서 의식의 흐름에 따라 혼잣말을 늘어놓는 독백 부분이다.

결국 수학은 《율리시스》에서 어떤 역할을 할까? 책 곳곳에 수학적 언급이 있지만, 가장 분명하게 수학적인 내용을 담고 있는 장은 '이타카'다. 조이스는 "블룸과 스티븐의 수학적, 천문학적, 물리학적, 기계학적, 기하학적, 화학적 승화가 매우 곡선적인 마지막 에피소드 페넬로페를 준비한다"고 말한다. 그리고 더 나아가 "물리학자나 수학자, 천문학자 등 다양한 분야의 사람들이 읽는 것이 가장 좋다"고 덧붙인다. '이타카'의 구조는 과학적 확실성을 모방하는 일련의 질문들, 즉 교리문답으로 이루어져 있다. 유클리드의 책은 예수회 학교에서 수학 교육의 초석이었고, 순수 논리학의 신화로서 수천 년 동안 그 자리를 굳건하게 지켰다. '이타카'에 나오는 농담은 이성적으로 행동하지 않는 것들에 이 논리를 적용하려는 시도라고 할 수 있다.

스티븐 디덜러스와 레오폴드 블룸이 야밤에 더블린 주변을 떠도는 장면에 나오는 첫 질문과 대답에서 품위라는 유사 기하학적인 겉치장을 찾아볼 수 있다.

> 블룸과 스티븐은 어떤 평행 코스를 따라 돌아갔을까? 베레스퍼드라는 곳에서 정상적인 보행 속도로 시작한 그들은 로어 가디너 거리와 미들 가디너 거리, 서쪽 마운트조이 광장 순으로 서쪽으로 향했다. 그리고 떠들썩한 사람들을 지나 조지스 교회 앞에서 정반대로 걸었다. 어떤 원의 현도 그들이 가리키는 호보다 작다.

다시 말해 두 사람은 원을 가로지르는 지름길을 택했다. 그 이유는 둥글게 돌아가는 것보다 훨씬 빠르기 때문이다. 그들이 집에 도착했을 때 나오는 "차이가 동등한 네 번째 홀수"라는 말은 블룸의 집 주소가 7이라는 조이스식 표현 방식이다. 그리고 블룸은 불을 붙일 때 "불규칙한 다각형" 모양의 석탄을 사용한다. 주방에는 "정사각형 손수건 4개가 직사각형에 가깝게 연속으로 접힌 채 떨어져 곡선 모양 밧줄"에 매달려 있다. 이 문장은 마치 수학 문제처럼 읽힌다. 조이스는 몇 쪽 후에 이 모든 문제를 거창하게 늘어놓는다. 스티븐이 블룸보다 열여섯 살 어린데, 알 수 없는 목소리의 질문자가 "그들의 나이 사이에 어떤 관계가 있었는지" 궁금해한다.

이때 조이스의 대답은 훌륭하다.

> 16년 전인 1888년, 블룸이 스티븐의 현재 나이였을 때, 스티븐은 여섯 살이었어요. 16년 후인 1920년에는 스티븐이 블룸의 현재 나이가 되고, 블룸은 쉰네 살이 되지요. 1936년 블룸이 칠십, 스티븐이 쉰네 살일 때, 두 사람의 나이는 처음 16 대 0의 비율에서 $17\frac{1}{2}$ 대 $13\frac{1}{2}$가 됩니다. 해를 거듭할수록 그 비율은 늘고 차이는 줄어들어요. 만일 1883년 비율이 변하지 않았다면, 그게 가능하다면, 스티븐이 스물둘이 되는 1904년에 블룸은 374살이 되고, 스티븐이 서른여덟 살이 되는 1920년에 블룸은 646살이 되지요. 1952년에 스티븐이 칠십이 되어 노아의 홍수 이후 시대의 수명 최대치에 달했을 때, 714년에 태어난 블룸은 1190살로 노아의 홍수 시대 이전 시대의 수명 최대치였던 므두셀라의 나이 969살을

221년이나 뛰어넘었을 것입니다. 반면에 스티븐이 3072년에 1190살이 될 때까지 계속 살 수 있다면 블룸은 83300년을 살아야 했으므로 기원전 81396년에 태어났어야 했을 거예요.

이 모든 것은 귀스타브 플로베르Gustave Flaubert가 1984년에 여동생 캐롤라인에게 보낸 편지에서 제시한 수학 퍼즐을 떠올리게 한다. 귀스타브는 조이스가 매우 존경하는 작가다.

"네가 지금 기하학과 삼각법을 공부하고 있으니, 내가 문제를 하나 내보마. 바다를 항해하는 배가 있어. 그 배는 양모 화물을 가지고 보스턴을 떠났지. 화물의 무게는 총 200톤에 달해. 그리고 르아브르로 향하고 있지. 그러다 큰 돛대가 부러졌어. 선원은 갑판에 있고, 12명의 승객이 배에 탑승해 있고, 바람이 동서남북으로 불고 있고, 시계는 오후 3시 15분을 가리키고 있지. 때는 5월이야. 그렇다면 선장은 몇 살일까?"

이 질문에는 많은 정보가 있지만, 사실상 문제를 해결하는 데 도움이 될 만한 정보는 하나도 없다. 오히려 데이터에 과도하게 심취한 에이허브 선장에게 돌아온 느낌이다.

《율리시스》의 의식의 흐름 기법과 《피네건의 경야》에 등장하는 자릿수는 모든 단어가 신중하게 선택되었다는 말이 거짓임을 보여준다.[5] 블룸의 내적 독백은 반쪽짜리 사실과 단편적인 인용문, 잘못 외운 과학 지식으로 가득 차 있다. '이타카' 장은 권위적인 분위기로 전개되지만, 조이스의 교리문답식 질문과 대답에서는 엄청난 수의 오류를 발견할 수 있다. 그는 사전이나 백과사전을 참조했다고 상기시키지만, 사전이든 백과사전이든 결국 사람들이 쓴 것이다. 참고로 내가 가장 좋아하는 사전적 정의는 내 책장에 있는 영국 체임버스 사전에 있다. 이 사전은 에클레어를 "모양은 길쭉하지만 보관 기간이 짧은 케이크"라고 정의한다.

'이타카'에 나오는 과학적인 사실처럼 수치 계산 역시 정확하지 않다. 일부 계산은 의도적으로 틀렸고, 일부는 그렇지 않을 수도 있다. 레오폴드 블룸이 하루의 끝에 앉아 지출 내역을 집계할 때, 사창가에서 쓴 돈을 적는다는 걸 깜빡 잊는다라는 사실에 대해서는 조이스의 계산이 틀리지 않았다. 하지만 블룸과 스티븐의 나이 사이의 정확한 비율을 계산할 때, 블룸이 태어났어야 했을 연도에는 착오가 있었다. 1952년에 블룸의 나이가 1190살(칠십 살인 스티븐의 나이의 17배)이라면, 그는 714년이 아니라 762년에 태어났을 것이다. 어디서 계산 실수가 있었는지는 알 수 있다. 만약 블룸이 714년에 태어났다면, 책의 배경이 되었을 때인 1904년에는 1190살에 이를 것이다. 하지만 그랬다면 두 사람의 나이가 17:1의 비율을 유지하지 못할 것이다. 조이스가 소설의 여러 초안과 교정 과정에서 블룸의 예산 계산을 수정한 횟수는 그가 학교 산술 시험은 비교적 잘 치렀어도 숫자를 다루는 데 어려움이 있었다는 것을 잘 보여주는 증거라고 할 수 있다. 비록 이 계산이 고의적인 실수라고 할지라도.

하지만 철자법이 문학이 아닌 것처럼, 산술은 수학이 아니며 '이타카'에는 단순한 산술 이상의 많은 것이 있다. 조이스가 만들어낸 지수에 대한 재미있는 이야기도 그중 하나다. 조이스는 자신의 이름을 따 특정 유형의 숫자를 지수로 만들어냈다.

소설 속에서 레오폴드 블룸은 별들 사이의 거리를 구하는 계산과 관련된 숫자에 대해 곰곰이 생각한다.

> 1886년, 블룸이 원적문제에 몰두했을 때, 그는 그 크기와 자리가 상대적인 정확도로 계산된 숫자, 예를 들어, 9의 9제곱의 9제곱의 존재를 알게 되었다. 그 결과 수많은 인도 종이가 1,000쪽씩 촘촘하게 33권의 책으로 묶여야 수십, 수백, 수천, 수만, 수십만, 수백만, 수억, 수억, 수십억 정수 단위의 완전한 이야기를 담을 수 있었다. 모든 수열의 모든 자릿수라는 성운의 핵은 그 지수 중 어떤 것이든 최대한의 정교함까지 올라갈 수 있는 잠재력을 간결하게 표현하고 있다.

이제는 블룸이 살짝 바보 같다고 느껴질 정도다. 사실 9의 9제곱(또는 9^9)이 얼마든(그 값은 387,420,489다), 10의 9제곱, 즉 1,000,000,000보다 작다는 사실을 확인하려고 굳이 계산을 할 필요는 없다. 따라서 9의 9제곱의 9제곱은 1 뒤에 81개의 0이 달린 $(1,000,000,000)^9$보다 작을 것이다. 정확하게 알고 싶은 독자들을 위해 말해두자면, 9의 9제곱의 9제곱은 196,627,050,475,552,913,618,075,908,526,912,116,283,103,450,944,214,766,927,315,415,537,966,391,196,809다. 하지만 백번 양보해 블룸이 말하려는 수가 9의 9제곱의 9제곱이 아니라 9의 9제곱의 9라고 가정해보겠다. 지수에 대해 이야기할 때 잊지 말아야 할 것은, 지수의 지수 제곱을 계산하려면 그 값이 정확히 얼마를 말하는지 정말 주의해야 한다는 것이다. 3^{3^3}은 무엇일까? 3^3은 27이므로 27의 3제곱이란 뜻일까? 그렇다면 27×27×27이므로 19,683이다. 아니면 3의 3^3제곱, 즉 3^{27}이므로 7조 5천억을 조금 넘는 값이라는 뜻일까? 지수의 경우, 괄호를 어디에 두느냐가 중요하다.

즉 $(3^3)^3 \neq 3^{(3^3)}$이다.

조이스를 향한 경의의 표시로 수학자들은 $3^{(3^3)}$ 같은 숫자를 조이스 수라고 이름 붙였다. 그래서 n번째 조이스 수는 $n^{(n^n)}$이다. 만약 2의 거듭제곱이 빠르게 커진다고 생각한다면, 조이스 수는 지수의 지수가 되므로 훨씬 더 빠르게 커진다. 첫 번째 조이스 수는 $1^{(1^1)}$이므로, 1이다. 두 번째 수는 $2^{(2^2)}$, 즉 16이다. 세 번째 수는 7조 5천억, 네 번째 수는 155자리라 너무 길어 쓰기 힘들 정도다. 블룸이 아홉 번째 조이스 수 $9^{(9^9)}$를 생각하고 있었다면, 그 숫자를 쓸 수 있는 종이와 그 종이를 묶은 책 수의 추정치가 그리 벗어나지 않았다고 할 수 있다. 물론 이미 1906년에 수학자 C. A. 라이산트C. A. Laisan가 $9^{(9^9)}$는 369,693,100자리의 수라고 증명했기 때문에 조이스가 이것을 읽었을 가능성도 있다. 블룸이 떠올린 1,000쪽 분량의 33권이 넘는 책은 한 쪽에 약 11,000자리의 숫자가 빽빽하게 적혀 있다는 뜻이다. 작은 서체, 줄 간격 없음, 좁은 여백이면 가능하다. 이 값은 조이스의 작품 전체에서 유일하게 큰 숫자는 아니며, 5장에서 살펴본 99나 999처럼 '상한' 숫자의 전통을 잇는 수학적으로 정교한 예라고 할 수 있다. 왜냐하면 $9^{(9^9)}$라는 숫자가 매우 크긴 해도 무한하지는 않기 때문이다. 이 값은 거대하지만, 한계가 있다.

《피네건의 경야》에서 발견할 수 있는 수학적 재미를 해독하는 즐거움은 더 난해한 학술지에 맡기겠지만, 상징적인 숫자라는 맥락에서 이 소설의 유명한 백 글자 단어를 언급하지 않을 수 없다. 그 단어는 'bababadalgharaghtakamminarronnkon-nbronntonnerronntuonnthunntrovarrhounawnskawntoo-hoohoordenenthurnuk'으로, 분명 "우르르 쾨과과과쾅" 하는 천둥소리처럼 들릴 것이다. 정확히는 아담과 이브가 몰락하는 순간 하늘에 울려 퍼진 소리를 나타내는 단어다. 이 같은 '천둥소리 단어'는 10개가 있지만, 사실 모두 100개의 글자로 이루어진 건 아니다. 처음 아홉 단어는 그렇지만, 마지막 단어는 101개의 글자로 이루어져 있어 총합은 1,001개이며, 이 수치는 많은 문화적 울림을 가진 또 다른 상징적인 숫자가 된다.

'이타카'로 돌아오면, 스티븐은 기하학과 들어와 함께 자리를 뜬다.

그들은 어떻게 다른 한 사람과 분리되어 떠났을까?

같은 문과 그 밑바닥에 수직으로 서서, 작별을 고하는 그들의 팔로 이루어진 선들은 어떤 지점에서 만나 두 직각의 합보다 작은 각도를 이루었다.

이 부분은 유클리드의 다섯 번째 공리를 의도적으로 깨버리는 장면 같기도 하다. 유클리드의 다섯 번째 공리는 만약 2개의 직선이 다른 한 직선과 만났을 때 같은 쪽에 있는 내각의 합이 2개의 직각보다 작을 경우(180도보다 작을 경우) 이 두 직선을 무한히 연장할 때 직각보다 작은 내각을 이루면서 반드시 만나게 된다는 것이다.[6] 만약 조이스의 소설 속 남자들이 장의 시작과 같이 평행을 유지했다면, 내각은 2개의 직각인 180도를 이루어 두 선을 아무리 연장하더라도 결코 만날 수 없을 것이다. 적어도 표준 유클리드 기하학에서는 그렇다. 조이스는 평행 공리가 성립하지 않는 기하학 종류가 발견되었다는 것을 알았지만, 평행선이라는 설정을 선택했고, 수학적 교리문답은 모순이라는 결과를 낳았다. 수학에 소질이 많은 이들을 위한 조이스의 또 다른 농담인 것일까?

이번 장에서 소개한 작가들에게 수학은 의사소통의 방법 그 이상이었다. 수학은 세상을 이해할 수 있는 중요한 방법 중 하나이기 때문이다. 애덤 비드 같은 목수든 이슈메일 같은 갑판원이든, 수학은 누구에게나 의미가 있다. 수학은 피난처이자 위안이지만 위험 요소가 아주 없는 것은 아니다. 멜빌은 에이허브처럼 통계가 완전한 통제력을 준다고 가정하는 비극적인 결과를 보여줬고, 조이스의 터무니없는 계산은 숫자가 인상적으로 들린다고 해서 반드시 정확한 것은 아니라는 사실을 일깨워주었다. 이 장의 소설들은 가장 작은 규모에서 가장 큰 규모에 이르기까지, 더블린의 야간 산책에서 인류 역사 전체에 이르기까지 수학이라는 프리즘을 통해 삶을 조명한다. 이들에게 수학은 인생의 핵심이었던 것이다.

7

환상적인 왕국으로의 여행

신화의 수학

조너선 스위프트Jonathan Swift의 1726년 소설《걸리버 여행기》에 등장하는 담대한 여행자 레뮤엘 걸리버는 릴리퍼트라는 소인국을 방문한다. 그는 릴리퍼트 사람들의 신체 크기를 정확하고 세세하게 보여주고, 릴리퍼트의 왕이 걸리버에게 음식을 주는 방법에 대해서도 상세하게 묘사한다.

> 황제의 수학자들이 사분의로 내 키를 잰 결과, 12대 1의 비율로 그들보다 크다는 걸 알게 되었다. 신체 형태가 비슷하다는 점에서 내 몸은 적어도 1,724명의 릴리퍼트 사람과 같았고, 따라서 같은 수의 릴리퍼트 사람들을 부양하는 식량이 필요하다고 결론지었다.

풍자소설을 과학적 타당성으로 판단할 수는 없지만, 이 부분은 여전히 그냥 넘어갈 수 없다. 대체 1,724라는 숫자는 어디서 왔으며, 그 수치는 과연 정확한 것일까? 스포일러 주의! 아니, 절대 그렇지 않다. 걸리버가 이처럼 터무니없는 잘못을 저지른 나의 릴리퍼트 동료들의 학문적 진실성을 문제 삼는다면, 그들을 옹호하는 것이 수학자로서 내 의무라고 생각한다. 이 장에 앞서 나는 상징적인 패턴 숫자에서 사랑스러운 수학적 은유에 이르기까지 수학이 어떻게 소설 속에서 드러나는지 몇 가지 방법으로 언급했다. 이 장에서는 수학이 전개되는 또 다른 서술 기법에 대해 알아보려 한다. 나는 이것을 '수행적 산술Performative arithmetic'이라고 부른다. 이 서술 기법은 위의 계산처럼 화자가 믿기 어려운 것을 이야기할 때 자주 쓰인다. 약간의 사실을 첨가한 수학적 계산의 형식으로 이야기 진행에 타당성을 부여하는 방법이다.

걸리버가 여행 후반 하늘을 떠다니는 라퓨타 섬을 방문했을 때도 그 서술 기법이 등장한다. 걸리버는 이때 또 다른 계산법을 보여준다. 그는 그 섬이 "정확한 원 모양으로 지름은 7,837야드, 또는 약 4마일 반이다. 따라서 그 넓이는 1만 에이커다"라고 말한다. 이 계산은 직접 확인할 수 있다. 1에이커는 4,840제곱 야드*이고, 땅 넓이 9,967에이커를 천의 자리에서 반올림하면 10,000에이커가 되므로, 그 값은 바람직한 근사치다. 이 계산 뒤에 숨겨진 속임수는 산술의 검증 가능성과 서술

* 약 4,000제곱미터 – 옮긴이 주.

의 검증 가능성 사이의 연관성을 생략한 것이다. 수학적으로는 대략 정확하지만, 그러한 원형의 섬이 존재한다는 것을 입증하는 데는 전혀 도움이 되지 않는다. 7,837야드라는 정확하지만 진짜인지 확인할 수 없는 정밀도는 이 정보가 사실일 것이라는 착각을 불러일으키려 고안되었을 것이다. 만약 7,850으로 반올림했다면 0.5에이커가 모자란 10,000에이커가 되어 그 정보의 정확성을 의심받았을 수도 있을 것이다.

이 장에서는 일부 문학적 논리를 뒤엎을 수 있는 도구를 보여주고 이렇게 물을 것이다.

"이게 정말 말이 될까?"

또한 릴리퍼트 수학자들의 활동을 확인하고, 볼테르와 함께 시리우스 근처 행성에서 온 거대한 방문객 미크로메가스 Micromégas와 비교해보며 가장 작은 생명체로 밝혀진 인간들의 거만한 익살에 웃어볼 것이다. 이렇게 환상적인 대륙이 존재할 수 있을까? 그리고 그곳의 주민들은 어떻게 살고 있을까? 이제부터 이 작은 생명체가 존재하기 위해서는 그 존재가 얼마나 마법적이어야 하는지를 수학적으로 증명해보자.

피터 팬은 웬디에게 이렇게 말했다.

"너도 알다시피 요즘 아이들은 아는 게 많잖아. 그러니 금세 요정을 믿지 않게 돼. 한 아이가 '나는 요정을 믿지 않아'라고 말할 때마다, 어딘가에서 요정 하나가 떨어져 죽어 있어."

양심상 나는 모든 요정이 죽어 나가는 것을 원하지 않으므로 만일 내가 하는 말이 마치 하늘을 나는 말이나 거인 또는 아주 작은 사람들이 존재할 수 없다고 이야기하는 것처럼 보인다면, 내 말은 그저 누군가 그런 생명체와 마주친다면 일반적인 법칙을 벗어난 어떤 일이 일어나고 있다는 것을 의미한다는 것으로 받아들여주길 바란다. 앞으로 보게 되겠지만, 호그와트의 금지된 숲에 살고 있는 거대한 거미와 같은 생명체들은 그들이 존재할 수 없음을 증명할 수 있는 모든 수학을 무시하는 대단히 마법 같은 존재들임이 틀림없다.

우선 거인에 대해 먼저 말해보자. 그 이유는 거인이 다른 환상적인 존재들과는 달리 역사적으로 존재 가능성이 매우 높은 생명체로서 더 진지하게 받아들여졌기 때문이다. 예를 들어, 성경에도 여러 거인이 등장한다. 어린이를 위한 문학에서는 로알드 달Roald Dahl의 사랑스러운 BFG(Big friendly giant의 약자), 〈해리포터〉 시리즈의 혼혈 거인 해그리드 그리고 다른 거인들을 많이 만나게 된다. 거인은 풍자소설에서도 인기 있는 등장인물이다. 프랑스 작가 프랑수아 라블레François Rabelais의 대표작은 두 거인과 그들의 이야기를 담은 5부작 소설 〈가르강튀아와 팡타그뤼엘〉이다. 이 책의 원제는 '위대한 거인 가르강튀아의 아들이자 디프소드의 왕, 매우 명망 높은 팡타그뤼엘의 두렵고도 섬뜩한 행적과 어록'이다. 이 소설에서 거인의 과장된 몸집이나 크기는 불가피한 신체적 특징을 강조하기 때문에 이따금 조롱하는 단어로 쓰이기도 한다. 라블레는 우스꽝스러운 것을 즐겼던 듯하다. 가르강튀아('엄청난gargantuan'라는 단어의 어원)는 어머니 가르가멜의 귀에서 태어났으며, 이야기가 전개되면서 점점 더 우스꽝스러운 상황이 펼쳐진다. 이 소설은 가르강튀아의 샅주머니(남성용 속옷)에 얼마나 많은 천이 대략 필요한지에 관한 숫자와 계산으로 가득 차 있다. 16.25엘* 또는 약 20야드라는 식으로 말이다. 하지만 수억 수조가 든다는 농담처럼 숫자들이 되는 대로 아무렇게나 흥청망청 던져져 있다.

가르강튀아의 몸집을 묘사하는 숫자 중 그 어떤 것에서도 일관성을 찾아볼 수 없다. 아기 가르강튀아의 우유는 "포틸레와 브레몽드 마을의 17,900마리의 소"에게서 얻어왔으며, 그의 신발은 "푸른 진홍색 벨벳 406엘로 만들어졌고, 평행하게 아주 깔끔하게 잘렸으며, 균일한 원기둥으로 연결되어 있다." 게다가 그는 빗살이 모두 코끼리 엄니로 된 900피트짜리 빗으로 머리를 빗는다. 가르강튀아가 파리를 방문했을 때는 거리에서 소변을 보다가 "여성과 어린이들 외에 2,600,418명을 익사시켰다." 외설스러운 부분을 숫자로 나타내기도 했는데, 가르강튀아의 아내가 죽었을 때, 그는 아내의 몸에 있는 어떤 작은 부분을 애틋하게 떠올리며 "둘레는 6에이커, 3개의 막대, 5개의 기둥, 4야드, 2개의 발, 1인치 반의 좋은 삼림 지대가 있었다"라고 회상한

* 옛날 직물 길이를 재던 단위 - 옮긴이 주.

다. 모두 다 우스갯소리지만 라블레는 거인들의 몸집에 대해서는 말해주지 않으므로 그들이 실제 생활에 존재할 수 있는지 묻는 것조차 무의미하다.

그렇다면 이제는 자세한 정보가 있는 브롭딩낵을 방문해보자. 걸리버가 릴리퍼트에서 집으로 돌아온 후 다시 여행을 떠나 방문하게 된 브롭딩낵은 릴리퍼트와 정반대의 나라였다. 브롭딩낵의 모든 것은 우리 세계의 것보다 12배 컸다. 이 차이는 인간 세계의 1인치가 브롭딩낵에서는 1피트라는 뜻이라고 생각하면 이해하기 좋을 것이다. 그곳의 모든 것은 컸다. 거인들뿐만 아니라 식물과 동물 그리고 심지어 날씨까지도! 한 번은 걸리버가 밖에 있을 때 우박이 내렸다.

"나는 맹렬히 쏟아지는 우박에 맞아 땅에 쓰러졌다. 그리고 쓰러진 내 몸 위로 마치 테니스공을 던지는 것처럼 우박이 세차게 떨어졌다. 전혀 놀랄 만한 일은 아니다. 그 나라의 자연현상도 몸집과 같은 비율이라 우박도 유럽보다 1,800배 가까이 컸기 때문이다."

"1,800배 가까이"라는 값은 어떻게 추정했을까? 알다시피 브롭딩낵의 모든 것은 우리 세계의 크기에 12를 곱해야 한다. 따라서 가로도 12배, 세로도 12배, 높이도 12배다. 따라서 우박의 부피는 12배가 아니라, 12×12×12 = 1,728배 또는 "1,800 가까이"(실제로는 1,700에 더 가깝지만)라고 할 수 있다. 거인에 관한 문제는 여기서부터 시작된다. 모든 사물의 크기를 같은 배율로 확대하면(여기서는 12지만, 어떤 고정된 k라고 가정해보자), 부피는 $k \times k \times k$배만큼 늘어나고, 이 값은 3개의 k를 곱한 것이므로, 수학적으로 k^3로 표기한다. 다시 말해 부피는 배율의 세제곱만큼 변한다. 한편 모든 객체의 넓이는 배율의 제곱만큼 변한다. 이 말이 무슨 뜻인지 그림으로 확인해보자.

다음 그림은 상자의 가로, 세로, 높이를 2배 늘리면 어떤 결과가 나오는지 보여주고 있다. 상상력을 좀 더 발휘해 상자의 가로는 w, 세로는 d, 높이는 h라고 하자.

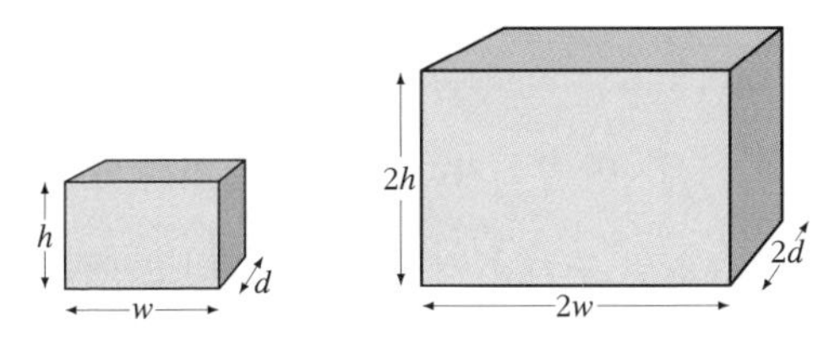

상자의 부피를 V라고 하면, 처음 상자의 부피 $V = w \times d \times h$다. 이제 이 상자의 가로, 세로, 높이를 2배 늘리면, 더 큰 상자의 가로 길이는 $2w$, 세로 길이는 $2d$, 높이는 $2h$가 된다. 따라서 이 상자의 부피는 $2w \times 2d \times 2h = 8(w \times d \times h) = 8V$가 된다. $8 = 2^3$이므로 앞서 살펴본 추론과 일치한다. 반면 처음 상자의 밑넓이를 A라고 하면 A는 $w \times d$이지만, 2배 늘린 상자의 밑넓이는 $2w \times 2d = 4A$이고, $4 = 2^2$이다.

앞에서 말했듯이 배율의 제곱은 모든 넓이에 성립한다. 내가 말하고자 하는 것은 단지 밑넓이만이 아니라, 상자를 통과하는 어떤 단면의 넓이나 겉넓이도 이러한 성질을 갖는다는 것이다. 이 사실을 확인하려고 겉넓이를 구하는 정확한 공식을 굳이 만들 필요는 없다. 하지만 원한다면 $2(wd + dh + wh)$다. 두 길이를 곱한 넓이의 합이 겉넓이에 포함되므로, 각 길이를 2배로 늘리면 넓이의 합에 4가 곱해진다는 사실만 알아도 충분하다. 좀 더 일반화하면, k배로 늘린 상자의 부피는 k^3V이고, 넓이는 k^2A다. 이 원리를 제곱-세제곱 법칙Square-cube law이라고 한다.

이때부터 거인들에게 문제가 발생한다. 인간이 움직일 때 골격 구조는 신체의 무게를 지탱할 수 있어야 한다. 연구에 따르면 인간의 대퇴골(넓적다리뼈)은 보통 지탱해야 하는 압력의 약 10배 정도가 가해지면 부러진다고 한다. 우리는 고등학교 과학 시간에 압력은 단위 면적당 작용하는 힘이라고 배웠다. 즉, 압력 $= \frac{\text{힘}}{\text{면적}}$이다. 골격 구조에서 면적은 대퇴골의 단면적을 말한다. 작용하는 힘은 중력이 인간의 질량을 아래로 당길 때 발생하고, 그 질량은 대략 인간의 부피에 비례한다. 따라서 대퇴골에 가해지는 압력은 $\frac{\text{부피}}{\text{면적}}$에 비례한다는 의미다. 이제 인체를 k배로 확대하면 제곱-세제곱 법칙에 따라 부피는 k^3배 늘어나지만, 면적은 k^2배 늘어난다. 확대된 인간의 뼈에 가해지는 압력은 $\frac{\text{부피}}{\text{면적}}$이 아니라 $\frac{k^3 \times (\text{부피})}{k^2 \times (\text{면적})}$에 비례한다. 풀어서 설명하면 확대된 인간의 뼈에 가해지는 압력은 우리의 뼈에 가해지는 압력의 k배다. 브롭딩낵 거인의 몸집은 걸리버의 12배다. 가만히 서 있는 거인의 뼈에 가해지는 압력이 걸리버 뼈에 가해지는 압력의

12배라는 뜻이다. 그러나 뼈는 정상적인 압력의 10배 정도만 버틸 수 있다. 거인의 뼈는 그들이 움직이려고 하자마자 부러질 것이다. 브롭딩낵 거인은 실제로 존재할 수 없다. 불행하게도, BFG나 존 버니언의 《천로역정》에 나오는 거인 교황과 거인 이교도도 마찬가지다. 두 거인의 키는 60피트(약 1,830센티미터)로 주인공 크리스천의 10배에 이른다. 영화 〈킹콩〉 속 킹콩이 존재한다면(영화 속 킹콩은 원래 크기와 거리가 멀다), 믿을 수 없을 정도로 약할 것이다. 자기 몸무게를 지탱할 수 없으므로 비행기를 하늘에서 잡아 던지는 것은 고사하고 초고층 빌딩 위에서 날뛸 수도 없다. 아마 여주인공이 킹콩과 붙어도 이길 수 있을 것이다!

하지만 약간 작은 거인들에게는 희망이 있다. 〈해리포터〉 시리즈에 나오는 호그와트 마법학교의 열쇠지기 루베우스 해그리드는 거인 혼혈이다. 해그리드의 키는 보통 성인의 2배지만, 중요한 것은 가로의 넓이가 3배라고 묘사된다는 점이다. 세로의 넓이 역시 3배라고 가정한다면, 해그리드 뼈의 단면적은 우리의 9배(또는 3^2)라는 뜻이지만, 그의 질량은 우리의 27배가 아니라 18배에 불과하다. 따라서 해그리드 뼈에 가해지는 압력은 우리의 2배가 될 것이다. 해그리드는 걸을 수 있고 심지어 달릴 수도 있겠지만, 아마도 뼈가 부러지기 쉬울 테니 껑충껑충 뛰어다니지는 말아야 한다. 성경의 신명기에서 모세가 만난 거인(바산의 왕 옥)도 마찬가지다. 옥의 정확한 크기는 알려지지 않았지만, 침대의 길이가 13피트(약 396센티미터)나 된다는 것을 보면 보통 사람의 크기보다 2배 정도일 것이라고 예상할 수 있으므로 뼈에 가해지는 압력도 2배 늘어날 것이다. 즉, 옥 역시 살아있을 수는 있지만 강력한 전사는 아니었을 것이다.

다음으로 넘어가기 전에, 《미크로메가스》에 대해 이야기해보자. 이 책은 볼테르의 짧은 풍자소설로 시리우스 궤도를 도는 행성에 살다가 지구를 방문한 미크로메가스라는 거인의 이야기다. 볼테르는 소설 속에서 미크로메가스의 정확한 크기 및 그 거인이 온 행성의 크기를 결정하기 위한 수학자들의 계산 방식을 이야기한다. 수학자들을 끌어들이다니! 볼테르의 계산이 맞았는지 한번 살펴보자. 《미크로메가스》는 인간의 허영심과 거만함을 풍자하는 소설이다. 인간은 스스로 중요한 존재라며 떠들어대지만, 사실 미크로메가스에 비하면 개미처럼 미미한 존재나 다름없다. 미크로메가스는 우리가 볼 수 없을 만큼 엄청나게 크다. 그는 태양계를 방문해 처음에는 키가 6,000피트(약 2킬로미터)인 토성인들을 만난 후 지구에 들렀다. 그는 우리가 이해하기 힘든 이유로 자기 손톱을 직접 잘라 만든 보청기를 통해 터무니없이 작은 목소리를 가진 인간과 의사소통할 수 있었다. 미크로메가스는 인간보다 24,000배나 큰 것으로 묘사된다. 그러니 제곱-세제곱 법칙에 따라 그의 뼈에 가해지는 압력은 우리보다 24,000배인 것이 당연하다. 하지만 토성 친구들과 마찬가지로 지구상에서는 자기 무게 때문에 바로 붕괴될 것이다. 하지만 이 때문에 나는 혹시 지구와는 다른 중력을 가진 행성에는 인간을 닮은 거인들이 존재하지 않을까 하는 호기심이 생겼다.

볼테르는 다음과 같이 설명한다.

> 실력을 인정받는 기하학자들[1]이 즉시 펜을 집어 계산을 시작했다. 그러더니 시리우스 행성 거주자 미크로메가스의 키는 24,000보로 12만 피트에 해당하고, 지구의 시민들의 키는 거의 5피트 미만인 데다 지구의 둘레는 9,000리그*이므로, 그 거인이 사는 행성의 둘레는 지구보다 21,600,000배 더 큰 것이 분명하다고 주장했다. 자연에서 이보다 더 간단하거나 질서 정연한 것은 없다.

계산을 검토해보자. 나는 모든 것을 당당히 확신하는 볼테르가 외려 이 기하학자들을 살짝 놀리고 있는 것이 아닌가 하는 의심이 들었다. 기하학자들의 주장은 미크로메가스의 키가 우리보다 24,000배 크기 때문에 그의 행성의 둘레 역시 지구 둘레의 24,000배여야 한다는 것이다. 그래서 9,000리그에 24,000배를 곱해야 한다. 그런데 이미 문제가 생겼다. 9000×24000은 21,600,000이 아니라 216,000,000이기 때문이다. 미안하지만 볼테르 씨, 10배를 빠뜨렸군요. 게다가 더 큰 문제는 이 추론이 옳은가 하는 것이다. 과연 거인은 거대한 행성에서 살까? 답은

* 1리그는 약 3마일 – 옮긴이 주.

중력에 있다. 내가 뼈에 가해지는 압력을 설명할 때, 작용하는 힘은 질량에 미치는 중력에서 나온다고 했다는 것을 기억하라. 만약 중력이 지구보다 2배인 행성을 방문한다면, 뼈에 가해지는 압력은 2배가 될 것이다. 그러면 다른 방향으로 생각해야 한다. 만일 미크로메가스의 뼈에 가해지는 압력이 지구인 뼈에 가해지는 압력과 일치하는 행성 출신이라면, 그 행성의 중력은 지구 중력의 $\frac{1}{24000}$이어야 한다.

그런 행성이 존재할 수 있을까? 왜 지구 중력이 24,000배나 높아야 하는 것일까? 중력의 법칙은 아이작 뉴턴이 발견했다. 뉴턴에 따르면 중력은 '역제곱 법칙'을 따른다. 역제곱 법칙이란 중력이 어떤 물체(예를 들면 지구)를 끌어당기는 힘은 그 물체와의 거리 제곱 분의 1이라는 이론이다. 만약 지구 중심까지의 거리가 2배가 된다면, 중력은 2의 제곱인 4배로 나눠진다. 하지만 잠깐, 그렇다면 에베레스트산 정상의 중력이 해수면보다 더 낮다는 것일까? 그렇다. 그건 전적으로 사실이다. 에베레스트산 정상의 중력은 9.77m/s^{2}이고, 북극해 표면의 중력은 9.83m/s^{2}이다. 행성의 중력에 영향을 미치는 또 다른 요소는 행성의 질량이다. 만약 질량이 2배가 되면, 중력도 2배가 된다.

이 모든 것은 간단한 수식으로 요약할 수 있다.

$$\text{행성의 중력} \propto \frac{\text{행성의 질량}}{(\text{행성의 반지름})^2}$$

기호 ∝는 '~에 비례한다'는 의미다. 양변의 값이 정확히 같지는 않지만, 서로 일직선으로 변한다는 뜻이다. 우변이 2배가 되면, 좌변도 2배 커진다. 가장 간단한 예로 지구를 2배로 늘린다고 상상해보자. 부피와 질량은 배율의 세제곱으로 늘어나므로 질량은 8배가 될 것이다. 하지만 동시에 중심에서 표면까지의 거리, 즉 반지름이 2배가 되므로 반지름의 제곱은 배율의 제곱으로 늘어난다. 따라서 반지름의 제곱은 4배 늘어난다. 이것은 제곱-세제곱 법칙과 같다! 따라서 결국에는 지구보다 2배 큰 행성의 중력은 2배가 될 것이다.

그러므로 반지름이 우리의 24,000배인 지구와 같은 행성이 있다면, 중력 또한 24,000배일 것이다. 그래서 이 말은 지구인보다 미크로메가스에게 더 안 좋은 소식이다. 크기를 제외한 모든 조건이 지구와 같다면, 시리우스 행성의 크기는 24,000배가 아니라 24,000분의 1이어야 미크로메가스가 중력 때문에 쓰러지지 않을 것이다. 그러나 미크로메가스는 지구보다 24,000분의 1 크기의 행성에서 살 수 없다. 그의 키는 12만 피트이지만 행성의 둘레는 5,478피트에 불과하다. 이 말인즉슨 사람이 포도 표면에서 살려고 하는 것과 같다. 볼테르의 기하학자들은 완전히 틀렸다. 여기서 우리가 결코 알 수 없는 사실은 볼테르가 이 오류들을 알고 있었는가 하는 것이다. 어쩌면 기하학자들처럼 똑똑한 사람도 실수할 수 있다는 걸 보여주려고 했을 수도 있다. 그렇다면 이것은 거만함을 조롱하는 풍자다. 만일 그렇지 않다면 볼테르의 산술이 형편없을지도 모르겠다.

더 나아가 지구와 다른 행성은 어떤지 궁금할 수 있겠다. 행성의 질량은 그 부피에 달려 있지만 밀도에도 의존하므로 더 큰 행성이라도 밀도가 낮다면 중력이 같을 수 있다. 모르긴 몰라도 거대한 시리우스 행성의 밀도는 엄청나게 낮아야 할 것이다. 우리가 알고 있는 가장 밀도가 낮은 행성은 다소 엉뚱하게도 '슈퍼퍼프Super-Puff' 행성이라고 불린다. 이 슈퍼퍼프 행성들의 밀도는 지구 밀도의 약 1퍼센트 정도다. 그러므로 우리가 시리우스 행성에 기대할 수 있는 최선의 중력은 지구의 240배다. 여전히 절망적이다. 다른 행성의 생명체들이 인간의 신체 구조와 같을 가능성은 매우 낮다. 이제는 외계인이 지구를 침략하는 SF 소설을 읽을 때, 전문가의 시선으로 외계인에 대한 묘사를 살펴보며 그들이 어떤 크기의 행성에서 와야 하는지 그리고 그들이 지구에 체류하면 다리가 부러지게 될지를 생각해보자. 수학의 제곱-세제곱 법칙을 잊지 않는다면 유용할 것이다.

제곱-세제곱 법칙은 골리앗들에게는 나쁜 소식이지만, 크기가 작거나 큰 동물들에게도 그다지 좋은 소식은 아니다. 예를 들어, 호박벌 박쥐는 가장 작은 포유류로 무게는 1.7그램이고 길이는 약 1.5인치다. 이 박쥐를 최대 길이 98피트, 무게 200톤이 넘는 엄청난 크기의 대왕고래와 비교해보자. 어떻게 이런 일이 일어날 수 있을까? 큰 동물들은 자기 무게에 짓눌릴 수 있으므로 작은 동물에서 단순히 크기만 커진 것이 아니며 그럴 수도 없다는 것에 대해 지금까지 배웠다. 답은 진화다. 코끼리의 다리와 쥐의 다리를 비교해보자. 코끼리의 다리는 뼈의 단면적이 부피 및 질량의 증가를 따라야 하므로 그에 비례하여 훨씬 더 두꺼워야 한다. 갈릴레오는 이러한 맥락에서 제곱-세제곱 법칙을 처음 관찰했다.

포유류가 매우 크게 진화할 수 있다는 사실은 익히 알려졌지만, 소설 작가들은 뉴욕 지하철에 들끓는 6피트(약 1.8미터)짜리 바퀴벌레처럼 또 다른 거대 생명체에 매료돼 왔다. 바로 미국의 SF 작가 도널드 A. 월하임Donald A. Wollheim의 단편소설을 바탕으로 한 1997년 영화 〈미믹〉의 주인공들이다. 게다가 뉴멕시코 사막을 미친 듯 돌아다니는 거대 개미들을 주인공으로 한 1954년 영화 〈뎀!Them!〉도 있다. 영화의 원본 포스터에 쓰여 있듯이, "수 마일 깊이의 지하실에서 기어나와 모든 것을 사정없이 짓밟는 무시무시한 거대 개미 군단!"을 상상할 수 있겠는가? 비정상적 크기의 영화 속 생물들은 대부분 원자폭탄 실험에서 나온 방사능 때문에 돌연변이가 된다. 그렇다면 과연 그러한 거대 곤충들이 실제로 존재할 수 있을까? 호그와트의 금지된 숲에 살고 있는 코끼리 크기의 거대 거미 아크로맨툴라 아라고그가 현실 속에 살아 있을 수 있을지 생각해보자.

우리가 알고 있는 가장 무겁고 큰 성충은 최대 길이 8인치, 최대 무게 2.5온스까지 자랄 수 있는 자이언트 웨타다. 하지만 무게로는 골리앗 풍뎅이가 더 많이 나가서 4온스나 된다. 길이는 4.5인치로 더 짧다. 또한 길이로는 대벌레가 더 길지만 막대기 같은 모양 때문인지 무게가 자이언트 웨타에 비해 훨씬 더 가볍다. 지금까지 기록된 가장 긴 곤충은 중국 서부 곤충 박물관의 중국 대벌레다. 중국 대벌레의 길이는 자그마치 25인치다. 거미도 크게 자랄 수 있다. 골리앗 버드이터는 과학계에 알려진 가장 무거운 거미로, 무게는 6.2온스고 길이는 5.2인치다. 어쩌면 이 시점에서 수학적 법칙이 개입해 곤충과 거미류가 이보다 더 커질 수 없다고 증명해주길 간절히 바라는 독자가 있을지도 모르겠다. 나 역시 그렇다. 나는 다른 이들처럼 나비나 호박벌을 좋아하지만, 생태계에 아무리 필요할지라도 왕딱정벌레는 좋아할 수가 없다. 곤충 혐오자들에게는 다행스럽게도 두꺼운 다리 등과 같은 적응 측면에서는 진화가 그럭저럭 크기를 뒷받침해주고 있지만 몇 가지 자연적인 한계가 있다.

첫 번째 한계 요인은 곤충과 거미류가 그들의 몸 바깥쪽에 뼈대(외골격)를 갖고 있다는 것이다. 이 뼈대는 강한 구조를 갖고 있어 내부를 보호해주지만, 곤충으로서는 성장하는 동안 몇 번씩이나 탈피해야 한다는 것을 의미한다. 게다가 새로운 피부가 단단해지기 전까지 곤충은 외부 위협에 매우 취약해진다. 물론 일정 크기 이상이 되면 주기적으로 외골격을 바꾸는 일은 없다. 또 다른 요인은 산소다. 모든 동물처럼 곤충과 거미류도 산소가 있어야 생존할 수 있고, 산소는 반드시 몸 전체에 전달되어야 한다. 포유류와 조류처럼 평균적으로 곤충보다 더 큰 동물들은 심장이 공급한 혈액이 혈관을 통해 몸 전체로 산소를 운반하는 순환계를 갖고 있다. 산소는 폐를 통해 몸으로 들어오고 폐의 표면을 통해 흡수되므로 그 표면에는 면적을 최대화하는 작은 주름들이 많이 잡혀 있다. 미국폐협회American Lung Association 자료에 따르면 폐의 전체 표면적은 테니스장만 하고 폐를 관통하는 모든 기도를 긴 줄로 늘어놓으면 총 1,500마일에 이른다고 한다.

한편 곤충과 거미류는 폐가 없다. 혈액과 비슷한 체액은 있지만 산소를 운반하지는 않는다. 대신 몸 표면에서 직접 산소를 흡수한 뒤 기관이라는 작은 관을 통해 세포로 전달한다. 이 단계에서 제곱-세제곱 법칙이 다시 등장한다. 곤충이 흡수할 수 있는 산소량은 곤충의 표면적에 비례한다. 하지만 곤충이 필요로 하는 양은 곤충이 가진 세포 수에 비례한다. 알다시피 표면적은 배율 제곱에 따라 달라지지만, 부피는 배율 세제곱에 따라 달라지므로 순식간에 표면적을 앞지를 수 있다. 따라서 상상 속의 거대한 곤충들은 산소가 부족해서 질식할 것이다.

이제 거미의 대략적인 최대 크기를 계산해보자. 2005년 캘리포니아대학교가 발표한 연구에 따르면 곤충은 실제로 대기 중에 있는 산소 농도의 5분의 1만 흡수한다. 제곱-세제곱 법칙을 적용하면, 곤충의 크기를 k배 늘릴 때 표면적의 제곱센티미터마다 k배의 산소가 필요하다. 그래서 이론적으로, 곤충이 질식하지 않을 수 있는 성장 최대치는 5배다. 호그와트의 아라고그의 크기는 약 2~3미터로 코끼리만 하다고 한다. 알려진 것 중 가장 큰 거미인 골리앗 버드이터를 10배 확대해도 4피트 4인치에 불과하므로 아라고그는 분명 마법으로만 존재할 수 있는 환상 속의 거미가 틀림없다. 만약 골리앗 버드이터를 5배만 확대해도, 약 2피트 길이의 거미를 마주하게 될 것이다.

이 글을 읽는 몇몇 고생물학자는 이 시점에서 선사시대 곤충들이 훨씬 더 컸다고 항의할 것이다. 한 예로 원잠자리목에 속하는 매우 큰 잠자리처럼 생긴 생물 종이 있었다. 이들 중 가장 큰 곤충에 속하는 옛큰잠자리는 공룡이 등장하기도 전인 약 3억 년 전 석탄기 후기에 유럽 전역을 날아다니고 있었다고 한다. 한 화석 표본에 따르면 이 곤충의 날개폭은 2피트 4인치이며 추정 무게는 7온스가 넘었다. 어떻게 이게 가능할까? 한 가지 요인은 선사시대에는 대기 중 산소 농도가 지금보다 훨씬 더 높았다는 것이다. 그래서 외골격을 통해 흡수될 수 있는 산소량 또한 더 많았을 것으로 추측된다. 하지만 더 중요한 것은 포식일 것이다. 곤충들이 하늘을 독차지했을 때는 무방비로 몸집을 키울 수 있었지만 천적인 익룡이 등장하자 상황이 바뀌었다. 거대한 잠자리는 익룡에게 크고 맛있는 식사일 뿐이었다.

곤충과 거미류가 큰 몸집으로 이득을 얻을 수 없듯이 온혈동물에게는 작은 몸집이 불리하다. 그래서 곤충과 거미류는 더 작게 진화하며, 포유류가 채우지 못한 틈새를 채웠을 것이다.

곤충과 달리 온혈 동물은 몸 표면에서 열을 발산하기 때문에 열 손실이 표면적에 비례한다. 몸집이 작아지면 몸에서 생성되는 열의 양이 표면적보다 훨씬 더 빨리 줄어든다. 그러므로 작은 포유류는 생성되는 열의 양에 비해 훨씬 더 빨리 열을 잃게 되고, 어떤 시점에서는 체온을 유지할 수 없게 된다. 체온을 유지하기 위해 다양한 진화가 이루어졌는데, 작은 포유류는 보통 큰 포유류보다 훨씬 더 둥글고 털로 덮여 있다. 생쥐와 들쥐를 비교하면, 생쥐가 털이 더 많고 몸집도 더 둥글다. 게다가 추운 기후에서는 작은 포유류가 잘 발견되지 않는다. 포유류는 당연히 태어날 때 가장 작고, 이 시기('포동포동한 젖살'을 떠올려보자)에 체온을 따뜻하게 유지하기 위해 털이 나거나 다른 적응을 하는 경우가 있다. 조류도 마찬가지다. 사랑스러운 새끼 오리들은 다 큰 오리보다 훨씬 솜털이 많다. 반면에 큰 포유류에게는 과열이 문제가 될 수 있다. 거대한 몸집이 많은 열을 생성해 신체적으로 위험에 빠질 수 있는 것이다. 이 문제에 적응한 예로 아프리카코끼리의 큰 귀 등을 들 수 있다.

지금까지의 결과를 보면, 거인은 어떤 초자연적인 도움 없이는 지구에 살 수 없을 것처럼 보인다. 그렇다면 동화나 우화의 또 다른 주요 등장인물인 소인은 어떨까? 물론 우리는 이미 릴리퍼트 사람들을 만났으며 걸리버 덕분에 그들의 정확한 크기도 알 수 있었다. 영화 속에 등장하는 소인들은 축소 광선이나 크기를 줄이는 물약 또는 신비한 방사능 안개 등으로 다양한 크기의 소인이 되었다. 1940년에 상영된 동명 영화의 주인공 닥터 사이클롭스Doctor Cyclops는 겁에 질린 희생자들의 키를 12인치까지 줄였고, 1957년 영화 〈놀랍도록 줄어든 사나이The Incredible Shrinking Man〉의 주인공은 키가 계속 줄어드는 운명에 놓인다. 더 최근에는 〈애들이 줄었어요Honey, I Shrunk the Kids〉의 불운한 발명가가 자녀들의 키를 4분의 1인치로 줄인다. 2017년에 개봉된 영화 〈다운사이징Downsizing〉에서는 맷 데이먼의 키가 5인치로 줄어든다. 판타지 소설 속에 등장하는 요정들, 귀가 뾰족한 픽시들 그리고 다른 환상적인 생명체들은 몸집이 작지만 인간이 아니므로 딱히 소인이라고 하기는 힘들며, 보통은 정확한 크기조차 알려지지 않기 때문에 그들의 신체적 특성에 대해 많은 것을 추론하기 어렵다.

문학계에서 가장 사랑받는 소인 가족에 대해 이야기해보자. 메리 노턴Mary Norton의 아동 도서 시리즈 〈바로우어즈Borrowers〉의 주인공 포드와 호밀리 클록 그리고 그들의 딸 아리에티는 사람 크기의 약 16분의 1 정도인 작은 인간들이다. 이 소인 가족은 외딴곳에 위치한 소피 이모 집 마루에 있는 괘종시계 밑에서 바늘이나 안전핀, 성냥갑, 단추, 종이조각, 실뭉치 등 눈에 안 보이는 물건들을 '빌리며' 살고 있다.

이 같은 소인들의 삶은 어떨까? 걸리버가 릴리퍼트 사람들과 우리보다 12배 작은 그들의 세계의 정확한 크기를 말해주었으므로, 나 역시 주로 릴리퍼트의 삶에 집중하려 한다. 걸리버는 여행 중 배가 난파되어 릴리퍼트 해안으로 떠밀려갔다. 처음에는 릴리퍼트 사람들에게 묶여 땅에서 꼼짝 못 하기도 하지만 거인임에도 그들의 사회에 받아들여진다. 심지어 걸리버는 각각 영국과 프랑스를 대표하는 듯한 두 나라인 릴리퍼트와 블레퍼스큐 사이의 전쟁에서 릴리퍼트 사람들을 돕는다. 전쟁의 발단은 싸움을 벌이는 생명체만큼이나 사소하다. 릴리퍼트는 전통에 따라 삶은 달걀은 좁은 쪽 끝에서 깨야 한다고 주장하는 반면, 블레퍼스큐 사람들은 넓은 면부터 깨야 한다고 믿었다. 그들은 서로가 서로를 모욕한다고 보았고, 도저히 참을 수 없어 전쟁을 벌이게 된다.

소인국의 삶에 대해 가장 먼저 말할 수 있는 것은 릴리퍼트 사람들은 힘에 관한 한 제곱-세제곱 법칙의 큰 혜택을 얻는다는 것이다. 기억하다시피 몸집이 커진 사람의 뼈에 얼마나 많은 압력이 가해지는지 살펴봤을 때, 몸이 k배만큼 커지면, 뼈에 가해지는 압력도 k배만큼 커진다는 사실을 알아냈다. 따라서 소인국 사람들은 걸리버의 $\frac{1}{12}$배이므로 릴리퍼트 사람들 뼈에 가해지는 압력도 그만큼 줄어든다. 그들의 힘은 상대적으로 훨씬 더 강해지므로 무게의 몇 배를 나를 수 있게 된다. 이 소설에서 이따금 소인들이 걸리버 전용 탁자 위에 있거나 걸리버의 어깨에 올라가는 등 높은 곳에 있다가 위험에 처하는 장면이 등장한다. 그 정도 높이에서 떨어지는 것은 우리로선 무시할 수 있는 일이지만, 릴리퍼트 사람들에게는 치명적인 높이일 것이다.

여기에서 낙하에 대해 다시 한번 생각해보자. 낙하가 위험한 이유는 떨어질 때 축적되는 운동 에너지가 땅에 부딪힐 때 순간적으로 방출되기 때문이다. 하지만 우리는 무한정 가속하지 않는다. 이와 관련해서 '종단 속도Terminal Velocity'라는 용어를 들어본 적이 있을 것이다. 떨어질 때는 중력이 작용하므로 가속하지만, 공기 저항 때문에 반대편으로 작용하는 힘도 존재한다. 이 공기 저항은 움직이고 있는 속도뿐만 아니라 공기와 접촉하는 영역에도 비례한다. 속도가 증가하면 공기 저항도 증가해 어느 순간 두 힘(중력과 공기 저항)이 균형을 이루고, 바로 그때 가속이 멈춘다. 한마디로 종단 속도에 도달한다.

사람의 종단 속도는 약 초속 50미터라고 한다. NASA의 발표에 따르면 초속 12미터로 떨어질 때는 크게 다치지 않겠지만, 그보다 더 빠른 속도로 떨어지면 심각한 부상이나 사망의 위험이 있다. 낙하산의 작동 원리는 떨어지는 물체가 닿는 공기의 면적을 넓혀 공기 저항을 증가시켜 속도를 줄이는 것이다. 즉, 중력과 공기 저항의 평형점에 더 빨리 도달하므로 종단 속도가 더 낮아진다. 그렇다면 작아진 인간의 종단 속도는 얼마일까? 중력이 당기는 힘은 질량에 비례하고, 부피에도 비례한다. 그리고 공기 저항은 표면적에 비례한다. 만약 몸집이 k배 늘어나면, 아래쪽에서 중력이 당기는 힘은 k^3만큼 늘어나고 위쪽에서 공기 저항이 작용하는 힘은 k^2만큼 늘어난다. 제곱-세제곱 법칙의 재등장이다! 따라서 이 두 힘은 원래 종단 속도의 k배에서만

일치한다. 릴리퍼트 사람들의 경우, 배율 $k = \frac{1}{12}$이므로 그들의 종단 속도는 인간의 $\frac{1}{12}$, 초속 4.2미터에 불과하다.

자, 우리는 공중에서 떨어지고 있다. 그런데 땅에 부딪히면 어떻게 될까? 떨어질 때 안전하기 위해서는 축적한 모든 운동 에너지가 없어져야 한다. 내가 몇 가지 계산을 해봤더니 k배 커진 사람의 최대 생존 속도는 $\frac{1}{\sqrt{k}}$에 비례한다. 자, 인간은 초속 12미터에 생존할 수 있다. 따라서 k배로 몸집이 커진 인간은 1초에 $12 \times \frac{1}{\sqrt{k}}$미터 속도로 떨어져야 생존할 수 있다. 여기에 $k = \frac{1}{12}$를 대입하면 릴리퍼트 사람들은 $2\sqrt{12}$, 또는 초속 약 42미터의 속도에도 생존할 수 있다는 것을 알 수 있다. 하지만 잠깐, 그들의 종단 속도는 초속 4.2미터에 불과하다. 어떤 높이에서 떨어지든 그들의 속도는 1초에 4.2미터를 넘지 않는다. 따라서 그들은 걸리버의 다리에서 밧줄을 붙잡고 내려갈 필요가 없으며, 걸리버 머리에서 뛰어내려도 아무 문제가 없는 것이다. 과학자 J.B.S. 홀데인J.B.S. Haldane은 1927년에 발표한 〈알맞은 크기에 관하여On Being the Right Size〉라는 논문에서 동물의 낙하에 대해 아주 매력적인 비유를 들어 비슷한 주장을 했다. 홀데인에 따르면 생쥐는 1,000야드 깊이의 광산 갱도에 떨어뜨려도 멀쩡하다. 하지만 사람은 죽고, 말도 죽는다.[2]

축소 광선 피해자들에게 닥칠 수 있는 또 다른 끔찍한 상황은 잼 항아리 같은 거대한(실제로는 작은) 용기에 갇히게 되는 것이다. 이 역시 문제가 되지 않는다. 특정 높이에서 뛰어내릴 때는 신체 질량에 비례하는 양의 에너지가 소모된다. 반면에 근육이 생산하는 에너지량은 대략 신체 질량에 비례한다. 그러면 배율이 상쇄되므로 작아진 인간이 뛰어오를 수 있는 높이는 보통 사람이 뛰어오를 수 있는 높이인 약 1미터 정도다. 높이뛰기 선수가 아닌 이상은 그렇다. 그러므로 잼 항아리에 갇힌 바로우어즈는 어렵지 않게 뛰어올라가 탈출할 수 있다. 이것은 벼룩이 사람 크기 정도로 커진다면, 고층 건물을 뛰어넘을 수도 있다는 주장이 어리석다는 것을 보여준다. 불행하게도 거대 벼룩은 무게에 짓눌려 쓰러지지 않는다면 표준 크기의 형제들과 거의 같은 높이인 약 7인치까지만 뛰어오를 수 있다.

지금까지는 모든 것이 릴리퍼트 사람들에게 상당히 유리해 보인다. 하지만 좋은 점만 있는 것은 아니다. 작은 포유류들은 보통 크기의 사람보다 훨씬 빨리 열을 잃기 때문에 추위가 심각한 위험으로 다가온다. 걸리버가 릴리퍼트를 방문하고 몇 년이 지난 뒤, 이러한 열 손실 현상은 실제로 18세기 글래스고의 젊은 기구 제작자의 삶을 바꾸어 놓았다. 그는 글래스고대학교에 비치된 유명한 뉴커먼 증기 기관의 모형을 점검해달라는 요청을 받았다. 이 증기 기관은 토머스 뉴커먼Thomas Newcomen이 설계한 아주 초기의 증기 기관으로 광산에서 물을 퍼내는 데 널리 사용되었다. 실린더를 반복적으로 가열하고 냉각하며 작동하는 뉴커먼의 증기 기관은 냉각으로 증기를 응축시켜 부분 진공을 만드는 원리로 피스톤을 움직였다. 이 기관은 잘 작동했지만, 반복적인 온도 변화로 많은 열에너지가 손실되기 때문에 그리 효율적이지는 않았다. 하지만 대학에 있던 모형이 전혀 작동하지 않자 점검을 요청한 것이다. 모형의 크기는 작았지만 실물 크기의 증기 기관과 매우 똑같은 구조와 기능을 가지고 있었다. 이제 제곱-세제곱 법칙의 달인으로서 문제점이 무엇인지 보일 것이다. 실제 기관에서도 다소 비효율적이었던 열 손실 현상이 더 작은 크기의 모형에서는 더욱 두드러지게 나타났다. 열 손실은 표면적에 따라 달라지고 열 생산은 부피에 비례하기 때문이다. 동물의 경우와 마찬가지다.

실제로 작동하는 실용적인 모형을 만들고 싶었던 이 기발한 기구 제작자는 응축기를 고안해냈다. 그가 만들어낸 응축기는 증기 기관의 획기적인 발전을 가져왔고 산업 혁명에 지대한 공헌을 했다. 이 젊은 기구 제작자는 바로 제임스 와트James Watt로 동력의 단위인 '와트'도 그의 이름을 따 지어졌다. 이 모든 것이 제곱-세제곱 법칙 때문이다.

릴리퍼트 사람들에게 증기 기관이 있었는지는 모르겠지만, 솔직히 그건 걱정거리에 끼지도 않는다. 유감스럽게도 나쁜 소식은 그들의 신진대사율과 관련된 것이었다. 릴리퍼트 수학자들에 따르면 걸리버는 그들보다 몸집이 12배나 크기 때문에 1,724배나 많은 음식이 필요할 것이라고 한다. 이런 결정을 하게 된 배경에는 걸리버의 질량이 그들의 123배이므로 필요한 에너지도 그들의 123배이기 때문일 것이다. 이 숫자는 실제로 1,728이다. 《걸리버 여행기》의 이후 판본은 본문에 명시된 1,724를 1,728로 수정하기도 했다. 처음에 누가 먼저 계산을 실수했는지는 절대 알 수 없을 것이다. 릴리퍼트 수학자들이라고? 그럴 리가! 걸리버의 잘못된 기억? 조너선 스위프트의 산수 실력? 어쩌면 단순한 프린터 오류일 수도 있다. 만일 내가 이 중 하나를 선택해야 한다면, 안타깝게도 나는 스위프트의 산수 실력에 표를 던질 것이다.

나는 앞서 스위프트가 묘사한 라퓨타의 모습에 대해 이야기했다. 지름은 7,837야드이고, 면적은 10,000에이커인 정확한 원형이다. 내가 말했듯이 이 7,837이라는 숫자는 정밀할 수는 있어도 정확하지는 않다. 이 값을 계산하는 일은 다소 복잡하다. 에이커를 제곱 야드로 바꾸고, 그 값을 π로 나눈 뒤, 그 값의 제곱근을 구해 원의 반지름을 구하고, 반지름에 2를 곱해 지름을 구해야 한다. 내 스마트폰에 계산기 앱이 있어 다행이라는 생각이 들 정도다. 그래서 나는 스위프트를 너그럽게 용서할 것이다. 사실 1,728이라는 숫자도 맞는 것은 아니다. 우리는 이제 동물의 몸집과 그들이 사용하는 에너지의 양 사이에 약간 더 복잡한 관계가 있다는 것을 알고 있기 때문이다.

온혈 동물은 인간이나 다른 포유류와 마찬가지로 표면적에 비례하는 속도로 몸에서 열을 잃는다. 하지만 동물들은 장기를 계속 움직이게 하고 피를 몸 전체에 흐르게 하고 음식을 소화하는 등 많은 일에 에너지를 사용한다. 그리고 그 일에 필요한 에너지량이 동물의 질량과 관련 있으리라 예상할 수 있다. 필요한 에너지량, 즉 동물의 대사율은 동물의 표면적과 질량에 따라 다르다. 동물의 질량 m은 키의 세제곱에 비례하고, 표면적은 키의 제곱에 비례한다. 따라서 대사율이 전적으로 열 손실(표면적) 때문이라면 그 값은 키의 세제곱근의 제곱 또는 $m^{\frac{2}{3}}$에 달려 있지만, 전적으로 장기를 계속 움직이게 하는 것 때문이라면 질량에 달려 있다.

스위스 과학자 막스 클라이버Max Kleiber는 1930년대에 다양한 크기의 포유류를 조사했고, 포유류의 기초대사량이 질량 m의 $\frac{3}{4}$에 비례한다는 인상적인 사실을 발견했다. 이것은 만약 특정 포유류가 생존하기 위해 하루 100칼로리가 필요하다면, 질량이 2배인 동물은 $2 \times 100 = 200$칼로리가 아닌 $2^{\frac{3}{4}} \times 100$, 즉 약 168칼로리가 필요하다. 이것을 '클라이버 법칙'이라고 한다. 현재 걸리버와 같은 성인 남성의 일일 권장 섭취량은 약 2,500칼로리다. 릴리퍼트 사람들의 몸무게(질량)는 걸리버의 $\frac{1}{1728}$이다. 클라이버 법칙에 따르면 릴리퍼트 사람들은 하루에 $\left(\frac{1}{1728}\right)^{\frac{3}{4}} \times 2{,}500$칼로리가 필요할 것이다. 이 값은 9.3칼로리로 아주 적은 양이다. 여기까지는 괜찮아 보인다.

하지만 문제는 릴리퍼트는 사람들뿐만 아니라 모든 것이 우리의 $\frac{1}{12}$배라는 것이다. 나무와 농작물, 가축 등 모든 게 인형의 집만 한 것이다. 다이어트를 해본 사람들이라면 알겠지만, 음식의 칼로리는 질량을 기본으로 계산한다. 설탕 100그램의 칼로리는 설탕 50그램보다 2배나 더 많다. 이것은 릴리퍼트의 농업과 수학이 앞뒤가 맞지 않음을 의미한다. 잘 이해가 가지 않는 이들을 위해 구체적으로 살펴보겠다. 보통 하나에 100칼로리 정도 하는 사과를 예로 들어보자. 걸리버는 하루에 25개의 사과를 먹으면 일일 권장 섭취량을 채울 수 있다. 그렇다면 릴리퍼트 사람들은 얼마나 많은 작은 사과가 필요할까? 릴리퍼트 사과의 질량은 걸리버가 먹는 사과 질량의 $\frac{1}{1728}$이다. 그렇다면 릴리퍼트의 사과는 $\frac{100}{1728}$칼로리라는 이야기고, 이를 계산해보면 0.058칼로리로 매우 작은 수치다. 이는 심각한 결과로 이어진다. 릴리퍼트 사람들이 하루에 필요로 하는 칼로리, 그러니까 9.3칼로리를 얻으려면 161개의 릴리퍼트 사과를 먹어야 한다.[3] 걸리버가 먹어야 하는 것보다 6배 이상 많은 양이다. 릴리퍼트 사람들이 하루 칼로리를 채우기 위해서는 온종일 사과를 따고 먹어야 한다. 이쯤 되면 경제학자가 아니더라도 릴리퍼트가 여러 면에서 경제적 어려움을 겪을 것이라는 것을 알 수 있다.

릴리퍼트의 마지막 문제는 물이다. 알다시피 모든 액체에는 표면장력이 있어서 빗방울이나 거품 등이 생긴다. 표면장력은 물질마다 다르고 밀도와 마찬가지로 크기에 영향을 받지 않는다. 이는 액체의 본질적인 특성이다. 만일 어떤 물체를 물에 넣었다가 꺼내면, 그 물체는 약 0.5밀리미터 두께의 얇은 물막에 덮여 나온다. 그래서 수건이 필요한 것이다. 결정적으로 이 0.5밀리미터의 물막은 오직 물의 표면장력과 접착력에만 의존하며, 물체의 크기와는 관련이 없다. 평균 성인의 신체 표면적이 약 1.8제곱미터라면, 욕조 밖으로 가지고 나오는 물의 무게는 약 2파운드(약 0.9킬로그램)다. 평균 성인의 무게는 165파운드(약 75킬로그램)이므로 여기에 2파운드가 더해지는 것쯤은 별문제가 되지 않는다.

릴리퍼트 사람들은 어떨까? 문제는 표면적은 배율의 제곱에 따라 변한다는 것이다. 12의 제곱은 144이므로, 그들이 밖으로 갖고 나오는 물의 무게는 우리의 $\frac{1}{144}$, 약 0.25온스(약 7그램) 정도가 될 것이다. 릴리퍼트 성인의 몸무게는 부피와 관련 있으므로 배율의 세제곱이다. 결과적으로 릴리퍼트 성인의 몸무게는 약 1.5온스(약 43그램)이다. 물에 한 번 들어갔다가 나오면 그들 몸무게의 14퍼센트에 해당하는 물이 몸이 묻게 되는데, 이는 우리가 23파운드(약 10킬로그램) 무게의 코트를 입는 것과 같다. 그러므로 릴리퍼트 사람들에게 수영은 매우 힘든 일일 것이다. 이에 따르면 〈애들이 줄었어요〉에 나오는 아이들은 물에 빠지면 매우 위험하다. 아마 자기 몸무게의 2배나 되는 물의 벽에 둘러싸여 익사할지도 모른다. 한편 릴리퍼트 사람들은 빗속에서도 상당한 시련을 겪게 될 것으로 보인다. 빗방울의 크기는 물의 표면장력에 따라 결정되므로 빗방울 하나의 무게는 릴리퍼트 사람 몸무게의 약 6분의 1에 해당한다. 별거 아닌 것처럼 들리겠지만, 하늘에서 10킬로그램이 넘는 빗방울이 떨어진다고 하면 어떨까. 요정이나 픽시, 엘프(중간계에 사는 사람만 한 요정이 아니라 더 작은 요정들이라면)는 비를 피하려고 뭐든 다 해야 할 것이다.

이제 호빗의 음주 습관을 짚고 넘어가야 할 차례다. J.R.R.톨킨의 3부작 소설 〈반지의 제왕〉에 등장하는 호빗족의 키는 약 3피트 6인치로 털 많은 발과 약간 뾰족한 귀를 제외하면 사실상 인간과 거의 같다. 영화 3부작 중 1부에서 호빗은 브리 마을의 인간 술집에서 파는 맥주가 '파인트'라는 호빗의 입장에서는 거대한 양으로 나오자 무척 흥분한다. 물론 호빗은 인간보다 그렇게 작지 않기 때문에 큰 차이는 없을 것이라고 생각할지도 모르겠다. 하지만 알코올의 효과가 사람의 부피에 비례한다는 점을 생각하면, 배율을 세제곱해야 한다는 점을 고려해야 한다. 호빗이 맥주 1파인트를 마시는 것은 사람이 맥주 5파인트를 마시는 것과 같다는 의미다. 그러니 호빗이 인간 술집에 간다면 맥주는 반 잔만 마시는 것이 좋을 것이다.

2부에서는 단어 및 글의 암시에서 발견할 수 있는 수학을 살펴봤다. 세 가지 소원, 7명의 난쟁이, 40인의 도둑 그리고 천일야화 등이 존재하는 확실한 수학적 이유가 있었다. 수학적 아이디어 자체는 조지 엘리엇과 허먼 멜빌과 같은 작가들의 멋진 은유로 탄생했다. 제임스 조이스는 드러내기도 하고 모호하게 감추기도 하면서 작품 속에 수학을 담아냈다. 조너선 스위프트나 볼테르 같은 작가들은 계산을 이용해 수학이라는 '진리'에 대한 본능적인 신뢰를 유쾌하게 전개하며 그들의 환상적인 이야기에 권위를 부여하기도 했다. 그들이 만들어낸 이야기 속에 등장하는 거대한 곤충 떼나 미니어처 문명을 보면서 우리는 설렐 수도 있고 애정 어린 분석도 할 수 있을 것이다.

수학적 상징성과 은유는 가장 보잘것없는 우화에서부터 《전쟁과 평화》 같은 대작에 이르기까지 모든 종류의 문학에 존재한다. 수학은 바로 그곳에서 발견되기를 기다리고 있고, 이제 우리는 수학을 찾을 수 있는 도구를 지니고 있다.

3부

수학,
이야기가 되다

8

수학적 아이디어와의 산책

소설로 탈출한 수학 개념

수학적 아이디어는 대중의 상상력을 자극하곤 한다. 20세기 소설의 주요 특징은 프랙털과 암호라는 수학적 화두를 다룬 것이었지만, 항상 올바른 방식으로 쓰인 것은 아니었다. 누군가 나쁜 수학상을 제정한다면 후보들이 꽤 있다. 19세기에는 신비롭고 새로운 4차원이 대유행이었다. 에드윈 애벗Edwin Abbott의 베스트셀러 《플랫랜드: 다차원의 로맨스Flatland: A Romance of Many Dimensions》(이하 《플랫랜드》)는 빅토리아 시대의 가치를 풍자하기 위해 2차원과 3차원, 4차원을 사용했고, 그 이후 수많은 파생 작품과 속편이 등장했다. 《플랫랜드》의 주인공은 정사각형으로 살아 숨 쉬는 존재로 구현된 도형이고, 줄거리 대부분은 차원의 수학을 중심으로 전개된다.

이 책의 마지막 3부에서는 세상의 주목을 받는 수학을 들여다보려 한다. 우리는 이미 수학적 구조로 문학이라는 집의 기초를 다졌고, 수학적 은유로 그 집을 꾸몄으며, 이제는 집을 수학적 등장인물과 아이디어 그리고 사람들로 채울 준비를 마쳤다. 이 장에서 나는 교과서를 벗어나 대중 속으로 파고든 수학이 숫자와 관련된 은유, 정확하게 말하면 비유법뿐만 아니라 어떻게 이야기의 핵심으로 다뤄지는지 보여줄 것이다.

우선《플랫랜드》를 둘러보면서 호기심 많은 다각형 주민을 만난 다음, 다른 작가들이 더 높은 차원으로 가는 과정을 어떻게 계획했는지 살펴보겠다.

에드윈 애벗은 교사이자 성직자였으며, 작가였다. 그리고 경력 대부분은 어릴 때 다니던 학교인 런던시립학교의 교장으로 지냈다. 애벗이 퇴임하고 몇 년 뒤, 런던시립학교의 자매 학교이자 내가 1988년에서 1993년까지 다녔던 런던시립여학교가 설립되었다. 애벗과 나 사이의 또 다른 연결고리는 애벗에게 수학을 가르쳤던 선생님 중 1명이 1848년에서 1854년까지 그레셤대학교의 기하학 교수이자 나의 학문적 조상이었던 로버트 피트 에드킨스Robert Pitt Edkins라는 것이다. 나도 에드킨스 교수처럼 미래의 수학 소설가들에게 영감을 줄 수 있다면 그것만큼 기쁜 일은 없을 것이다. 에드윈 애벗은 훌륭한 교사이자 교장일 뿐만 아니라 존경받는 사상가이자 작가로 잘 알려져 있다. 그는 신학과 교육, 특히 영어와 라틴어 교육에 관한 책을 50권 넘게 저술했으며, 이 중에는 1873년 작《영문법 안내서Handbook of English Grammar》, 1879년 작《옥스퍼드 설교Oxford

Sermons Preached Before the University》 그리고 1893년에 발표된 짜릿하고 흥미진진한 책 《최고의 라틴어: 최초의 라틴어 구문론Dux Latinus: A First Latin Construing Book》과 같은 책이 포함되어 있다. 그 틈에 1884년 작 《플랫랜드》가 껴 있다는 게 다소 놀랍다.

《플랫랜드》의 사건들은 플랫랜드 사회의 훌륭한 구성원인 '정사각형'의 서술로 전개된다. 그의 세상은 2차원이고, 그 안에 거주하는 사람들은 기하학적 형상인 평면도형이다. 책의 첫 부분에서 정사각형은 플랫랜드를 묘사하며 빅토리아 시대의 악습인 엄격한 계급구조, 여성에 대한 제한적 인식과 대우, 지배 계층인 성직자의 종교적 독단주의를 풍자한다. 플랫랜드에서 남자는 모두 다각형(삼각형, 정사각형 등)이지만, 여자는 선이다. 여자는 2차원 세계에 있는 1차원인 존재이며, 그 본성상 남자와 어떤 종류의 평등도 누릴 수 없다. 강조하지만 이것은 절대적으로 애벗의 견해가 아니다. 애벗은 여자아이와 여성을 위한 교육 기회의 개선을 강력히 지지했고, 조지 엘리엇을 비롯해 이러한 대의명분을 지지한 몇몇 유명한 여성 인사들과 교분을 나누었다. 플랫랜드를 돌아다니다 보면, 여자의 끝에 보이는 건 단 하나의 점뿐이라 거의 식별할 수 없다. 이 때문에 남자들은 부주의한 여자에게 우연히 찔려 위험해질 수 있다. 물론 당연하게도 플랫랜드에서 여자들은 모두 부주의하다. 그래서 여자들은 밖에 나갈 때마다 자신의 존재를 남에게 알리기 위해 평화의 소리

Peace cry를 끊임없이 내야 한다. 또한 일부 지역에서는 여자들이 계속 허리를 좌우로 흔들거나, 집을 나갈 때는 남자와 동행해야 한다고 주장한다.

플랫랜드의 집들은 정오각형이다. 정사각형 집은 날카로운 직각 모서리가 있어서 그 모서리에 사람들이 실수로 부딪혀 다칠 수 있다. 또한 안전상의 이유로, 남자와 여자의 출입구가 다르다. 어떤 남자도 집 안으로 들어갈 때 아내에게 찔려 다치는 것을 원하지 않을 것이다.

다음은 플랫랜드의 전형적인 집 모양을 보여주는 그림이다.

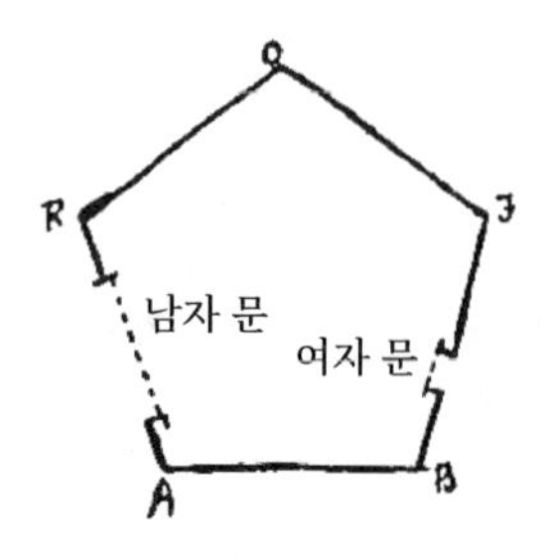

이 그림에서는 변RO와 변OF가 만나 지붕(ROOF)을 이루는 말장난을 발견할 수 있다.

플랫랜드의 남자들에게 규칙성과 대칭성은 지위를 가리키는 가장 중요한 지표다. 계급의 맨 아래에는 가난한 이등변삼각형이 있다. 이들은 뾰족한 각으로 다른 이들을 공격할 수 있으므로 순종적인 성격을 가진 이들은 군인으로 일했다.

그들에게도 신분 상승의 가능성은 있다.

"오랫동안 군인으로 복무해 성공하거나 부지런하고 숙련된 노동자로 지내다 보면, 보통 장인 계급과 군인 계급 중에 똑똑한 사람일수록 세 번째 변이나 밑변이 살짝 길어지고 다른 두 변이 조금씩 짧아지는 현상이 생긴다."

플랫랜드에서는 꾸준히 성실하게 행동하면 각의 크기가 한 세대마다 약 0.5도씩 커진다. 각도가 점차 커지면 이등변삼각형은 점점 모든 각이 60도로 같고 모든 변의 길이가 같은 등변삼각형이 된다. 정사각형의 혈통 중 등변각이 59.5도였던 조상이 실수로 다각형의 '대각선'을 '관통하는' 바람에 5대에 걸쳐 발전하지 못하고 뒤처진 일이 있었다고 한다. 그의 죄는 후손에게 고스란히 돌아갔고, 그 결과 꼭지각이 58도에 불과한 아들들이 태어났다. 다행히도 정사각형의 아버지는 등변삼각형이 되었다. 60도라는 목표에 도달하면, "노예 신분에서 벗어나 자유인이 되고, 자유인은 일반 계급에 들어간다." 그 시점부터 태어나는 모든 아들은 아버지보다 한 변이 더 많은 정다각형이 된다. '정'다각형은 내각의 크기가 모두 같고, 변의 길이가 모두 같은 다각형이다. 그래서 등변삼각형은 '정삼각형'이다. 등변사각형은 정사각형으로 더 잘 알려져 있으며, 그다음에는 정오각형, 정육각형 등이 있다. 우리의 주인공이 정사각형인 이유는 그의 아버지가 정삼각형이었기 때문이다. 정사각형의 아들들은 정오각형이고, 그의 손자들은 정육각형이다. 정사각형의 아들과 손자들은 사회의 상위 계층으로서 정사각형의 윗사람이 된다. 따라서 플랫랜드의 계명은 "네 아버지와 어머니를 공경하라"가 아니라 "네 아들과 손자들을 공경하라"다. 이렇게 되면 육아가 다소 어렵지 않을까 한다. 사회의 가장 꼭대기에는 변이 너무 많은 다각형들이 존재한다. 그들은 원과 거의 구별할 수 없어서 결국에는 모두 원이라고 불린다. 실제로 플랫랜드에서는 이 귀족들의 변을 일일이 세지 않는다. 귀족의 변을 세는 것은 못 배운 사람이나 할 짓이다.

그래서 예의상 이렇게 가정하는 것이다.

"늘 우두머리 원에는 10,000개의 변이 있다."

이 시점에서 몇 가지 질문이 있을 것으로 예상된다. 가령 각 세대의 변이나 각도가 늘어나면 어떨까? 결국에는 모든 이들이 원이 되지 않을까? 그 답은 사회적 지위가 올라가면 다산이 줄어드는 데에서 찾을 수 있다. 이등변삼각형(하층민)들은 끊임없이 번식하지만(게다가 정삼각형이 되는 경우는 매우 드물다), 원에게는 기껏해야 1명의 아이가 있을 뿐이다. 또한 규칙성은 도덕적 결함으로 파괴될 수도 있고, 좋은 가정의 일부 아이들이 불규칙한 변을 갖고 태어날 수도 있다. 이 결함은 원형 치료 기관에서 값비싸고 고통스러운 치료를 받으면 교정될 수도 있다. 정사각형은 가난한 사람들은 본질적으로 어리석고 부패한 짓을 할 수밖에 없다는 빅토리아 시대 영국의 흔한 믿음을 풍자한다.

그리고 못마땅한 어조로 묻는다.

"거짓말하고 도둑질하는 이등변삼각형을 비난할 것이 아니라 오히려 치유할 수 없는 불균형(불평등)을 개탄해야 하지 않습니까?"

그렇다면 우리는 그들의 죄를 용서해야 할까? 물론 아니다.

"이등변삼각형을 처리할 때, 만약 그 악당들이 자신의 불균형 때문에 도둑질할 수밖에 없다고 탄원한다면, 치안판사는 바로 그 이유, 즉 이웃들에게 골칫거리가 되기 때문에 집행을 선고할 수밖에 없으며 그래야 그 문제가 끝난다고 대답할 것이다."

사회적 신분을 따지는 플랫랜드에서는 누군가를 만났을 때 그가 어떤 모양인지 아는 것이 매우 중요하다. 정사각형이 스페이스랜드라고 부르는 3차원 세계에서는 정사각형과 삼각형을 구분하는 데 어려움이 없다. 위에서 보면 각도를 알 수 있고 변을 셀 수도 있기 때문이다. 하지만 평면 위에 있다면 그럴 수 없다. 모든 다각형이 선처럼 보이기 때문이다. 애벗과 정사각형은 그 문제를 설명하는 그림을 보여주며 삼각형과 오각형의 시각을 비교한다.

정사각형은 말한다.

"기하학의 문턱에 손을 댄 스페이스랜드의 모든 아이들은 분명히 알 수 있을 것이다. 만약 내가 내 눈으로 다가오는 낯선 사람의 각도(A)를 이등분할 수 있다면, 내 시야는 내 옆에 있는 그의 두 양쪽 사이에 고르게 놓여 있을 것이다. 나는 이 두 가지를 공평하게 고려해야 하고, 둘 다 같은 크기로 나타날 것이다."

따라서 2차원적 시각으로는 이 두 가지 도형을 구별할 수 없는 것처럼 보인다.

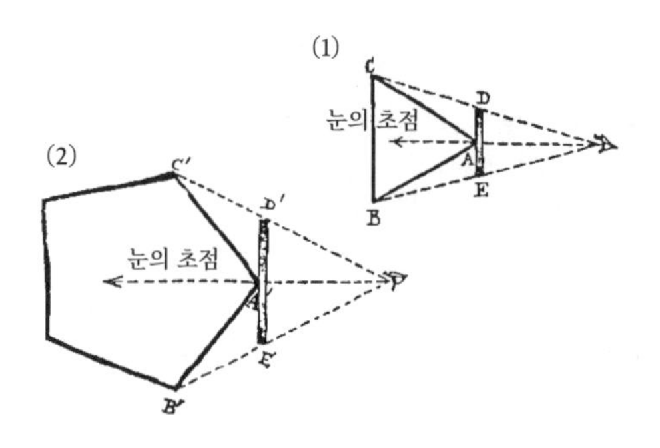

다행히도 플랫랜드의 대기는 안개가 살짝 끼어 있다. 이 말은 멀리 있는 물체가 가까이에 있는 물체보다 더 희미하다는 뜻으로, 삼각형의 모서리가 오각형의 모서리보다 더 희미하게 보이기 때문에 삼각형과 오각형을 구분할 수 있다. 수년간 세심하게 훈련하면 빛의 차이를 해석할 수 있는 법을 배울 수 있으므로 실수로 오각형을 삼각형이라고 말하는 큰 실수는 면할 수 있다. 신분이 높은 다각형은 어떤 방향에서 봐도 최소 2개 이상의 변을 가지고 있으며, 삼각형과 사각형은 특정 각도에서만 확인할 수 있다. 그래서 때로는 삼각형과 사각형이 여자라는 오해를 받는 것이다. 빛을 이용한 이 해석은 주어진 형상의 각도가 모두 같아야 한다는 규칙성을 가정하고 있다. 따라서 불규칙성이라는 중대한 결함을 갖고 태어난 이들은 사회를 위협하는 존재라고 취급받는다. 120도의 각도가 다가오고 있는 모습을 보며 육각형이라고 생각했다고 가정해보자. 그리고 그 신사를 집으로 초대했는데, 알고 보니 불규칙한 사각형이었다는 끔찍한 상황을 상상해보라. 따라서 플랫랜드에서 그러한 결함은 태어날 때 반드시 파괴되어야 하는 것이다. 정사각형은 하층민인 이등변삼각형이 몸에 색을 칠한 후 정십이각형(변이 12개인 다각형)이라고 사람들을 속인 후 감언이설로 귀족의 딸을 유혹했던 불행한 사건 이후로 색이 금지되었다고 언급하기도 한다. 이 속임수는 그들의 결혼 후에야 들통났다. 물론 치욕을 당한 귀족의 딸에게는 자살 말고는 선택의 여지가 없었다. 《플랫랜드》의 1부는 플랫랜드의 여자들이 받는 대우에 관한 토론으로 끝을 맺는다. 더불어 정사각형도 여자가 교육에서 배제되는 것에 반대한다. 1부의 마지막 문장에서 정사각형은 "여성 교육 규정을 재고해달라고 최고 당국에 겸허히 호소"한다.

《플랫랜드》의 2부는 본격적인 기하학 탐험을 시작한다. 정사각형은 '구'라고 하는 낯선 사람의 방문으로 깨달음을 얻어 여행을 떠나고 2차원 이상의 세계가 존재한다는 사실을 알게 된다. 애벗은 정사각형이 3차원을 몰랐던 것처럼 스페이스랜드의 거주자들 역시 4차원에 대해 무지하며 편견에 갇혀 있다는 것을 보여주고 싶어 한다. 구가 등장하기 전에, 정사각형은 하나의 직선으로 이루어진 1차원 세계 라인랜드를 방문하는 꿈을 꾼다. 그곳에서는 남자가 선이고, 여자는 점이다. 선의 경계 내에서는 서로를 통과해 이동하는 것이 불가능하므로 이 세계의 생명체들은 평생을 같은 이웃들 옆에서 보낸다. 그들은 서로 점만 보기 때문에, 사회적 계층은 길이에 따라 결정된다. 라인랜드의 왕은 6.457인치로 가장 긴 직선이다. 라인랜드에서는 상대적 위치가 바뀔 수 없기 때문에 남녀가 서로 만나지 못한다. 그래서 자녀의 출산은 노래로 이루어진다. 선에는 2개의 끝점이 있으므로 그 세계에서는 1명의 남자가 2명의 아내를 갖는 것이 자연의 질서다. 그들이 결혼하면 한 아내는 쌍둥이 딸을, 다른 아내는 아들을 낳는다. 라인랜드의 왕은 말한다.

"만약 아들이 태어날 때마다 쌍둥이 딸이 태어나지 않는다면, 성의 균형이 유지되겠소? 그것은 자연의 기초를 무시하는 것이오."

정사각형은 무지한 군수에게 남쪽과 북쪽뿐만 아니라 왼쪽과 오른쪽도 있는 2차원이 있음을 설명하려고 한다. 그는 먼저 자신은 왕의 이웃들이 누구인지 모두 알 수 있다며 그들을 묘사함으로써 이를 입증한다. 하지만 왕은 이 사실을 이해하지 못하고, 정사각형은 라인랜드를 "걸어서 지나간다." 즉, 선을 가로질러 자기 몸을 통과시켜 지나간 것이다. 왕은 존재의 안팎으로 튀어나오는 선에 당황한다. 또 다른 꿈에서 정사각형은 하나의 점으로 이루어진 포인트랜드로 향한다. 포인트랜드의 왕은 그 자신이 곧 우주 전체다. 그는 자기 외에 다른 존재를 상상할 수 없으므로 포인트랜드의 왕이 다른 존재와 대화하는 것은 불가능하다. 그래서 포인트랜드의 왕은 정사각형의 목소리가 단순히 자신의 또 다른 생각일 것이라고 믿는다.

정사각형은 기하학에 대해 어리석은 질문을 한 육각형 손자를 꾸짖다가 구를 알게 된다. 정사각형은 3^2 또는 9가 한 변의 길이가 3인치인 정사각형으로 제곱 인치를 나타내는 수라고 설명한다. 그래서 제곱이라는 숫자는 단순히 대수적인 의미뿐만 아니라 기하학적 의미도 있다고 말한다. 젊은 육각형은 그렇다면 3^3에도 기하학적인 의미가 있어야 한다고 주장한다. 정사각형은 말도 안 되는 바보 같은 소리라며 선을 긋는다. 그때 구가 등장해 "그 소년은 바보가 아닙니다"라고 말한다. 정사각형은 낯선 사람이 그의 집에 어떻게 나타났는지 당황해한다. 구와 평면의 교선은 원이므로, 정사각형은 자신이 저명한 사회 구성원과 이야기하고 있다고 여기며 매우 뿌듯해한다. 그러나 구는 자신이 단순히 원이 아니라 '원의 원'이라고 설명한다.

정사각형이 라인랜드를 통과했듯이, 구는 플랫랜드의 평면을 위로 통과한다. 정사각형은 원이 점점 더 커지다 다시 작아지며 완전히 사라지는 모습을 목격한다.

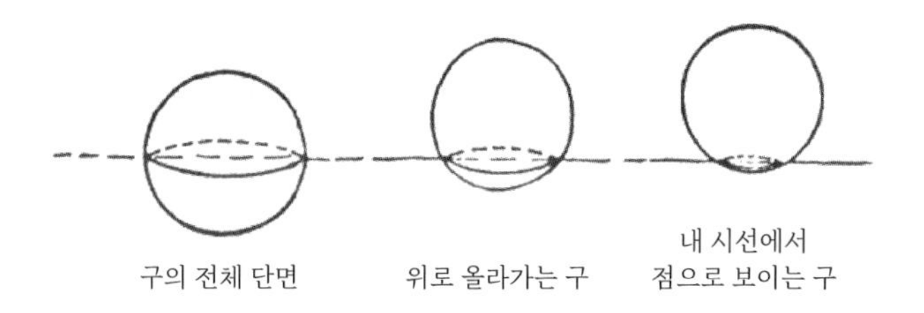

하지만 정사각형은 '위'와 '아래'를 생각하지 못하기 때문에 구는 다음과 같은 비유를 사용한다.

"우리는 하나의 점으로 시작해요. 점은 그 자체가 점이라 끝점도 하나지요. 하지만 하나의 점이 움직이면 2개의 끝점을 갖는 선을 만들어요. 그리고 하나의 선이 움직이면 4개의 끝점을 가진 정사각형이 생기지요. 1, 2, 4는 분명 등비수열이에요. 그렇다면 다음 숫자는 무엇일까요?"

정사각형은 자신 있게 대답한다.

"8이요."

구는 설명을 이어간다.

"맞아요. 하나의 정사각형이 움직이면 당신은 아직 그 이름을 모르지만 우리가 정육면체라고 부르는 8개의 끝점을 가진 도형이 만들어져요."

만약 우리가 도형의 '변'을 도형보다 차원이 하나 작은 경계 부분으로 정의한다면, 점은 '변'이 0개, 선은 '변'이 2개(2개의 끝점), 정사각형은 4개, 정육면체는 6개의 '변'이 있다. 실제로 정육면체는 정사각형 모양의 면 6개로 이루어져 있다.

구는 정사각형이 그 의미를 파악하지 못하자, 그를 플랫랜드 밖으로 데리고 나가 위에서 바라보게 한다. 그리고 마침내 정사각형은 3차원의 열렬한 신자로 바뀐다. 마음을 열게 된 그는 자신을 4차원 세계로 데려가달라고 구에게 부탁한다. 구가 정사각형의 내부를 볼 수 있는 것처럼, 자신도 4차원으로 가서 구의 내부를 보게 해달라고 말하는 것이다. 물론 4차원 세계가 있는 건 분명하다. 앞서 말한 규칙을 따라 정육면체를 확장하면 16개의 끝점과 8개의 면으로 이루어진 모양을 만들 수 있을까? 오늘날에는 정사각형이 상상하는 4차원 정육면체를 보통 4차원 초입방체Hypercube 또는 테서랙트Tesseract라고 한다. 이 단어의 어원은 정육면체를 뜻하는 라틴어 테세라Tessera에서 유래했다. 이 도형이 정육면체로 만들어진 모양이기 때문이다.[1] 정사각형은 5차원, 6차원, 7차원, 8차원은 왜 존재하지 않는지 의문을 갖지만, 구는 그런 주장은 이단적이라며 거부한다. 그래서 정사각형을 플랫랜드로 돌려보내지만, 고차원의 교리를 설파했다는 이유로 투옥된다. 여기서 얻을 수 있는 교훈은 포인트랜드, 라인랜드, 플랫랜드의 주민들이 자신들의 세계가 우주의 전부라고 자만했던 것처럼, 우리도 오만해서는 안 된다는 것이다. 우리는 4차원과 그 너머의 개념을 받아들일 수 있어야 한다.

그렇다면 에드윈 애벗은 왜 4차원을 설명하는 책을 썼을까? 앞서 4차원이라는 개념이 1800년대 후반에 대유행이었다고 말한 바 있다. 그 이유를 이해하려면 수학자로 잠시 전환해야 한다.

'기하학Geometry'이라는 단어는 '땅'를 뜻하는 'geo' 그리고 '측량'을 뜻하는 'metros'에서 유래했다. 만약 땅의 크기를 알고 싶다면, 혹은 상속을 위해 땅을 사등분하고 싶다면 평면의 기하학이 필요하다. 지구의 표면은 굽은 면이지만, 짧은 거리에 대한 곡률은 너무 작아서 무의미하기 때문이다. 삼각형의 두 각의 크기와 한 변의 길이로 다른 각의 크기나 변의 길이를 알 수 있는 삼각측량법을 알면, '유클리드' 기하학을 매우 효과적으로 사용할 수 있다.

수학에서 획기적인 발전을 가능하게 한 것들 중 하나는 표기법에서 아주 작은 혁신이 일어났다는 것이다. 아마 여러분이 생각하는 것보다 훨씬 늦게까지 대수학이라고 부르는 모든 것이 단어로 쓰였다. 어쩌면 "어떤 수를 제곱한 값과 그 어떤 수의 4배한 값을 더하면 12와 같다. 어떤 수는 얼마일까"라고 했을지도 모르겠다. 요즘에는 이 질문을 $x^2 + 4x = 12$와 같은 방정식으로 표기하고, 근의 공식이나 인수분해를 통해 미지수의 값을 알아낸다. 놀랍게도 최초의 방정식이 무엇인지 정확히 이야기할 수 있다. 방정식은 그 정의에 따라 '어떤 것 = 또 다른 어떤 것'의 형태로 나타낼 수 있기 때문이다. 등호는 튜더 잉글랜드에서 일하는 웨일스 출신의 수학자 로버트 레코드Robert Recorde가 처음 발명했다. 등호는 그의 많은 발명품 중 하나였는데, "2개의 평행선이 같음을 나타내기에 가장 적절하다"라고 생각해 평행선 한 쌍으로 등호를 표현하기로 결심했다. 어쨌든 레코드의 1557년 저서 《기지의 숫돌The whetstone of Witte》에 등장하는 세계 최초의 방정식은 $14x + 15 = 71$이다. 당신은 이 방정식을 풀 수 있을까?

제곱과 세제곱 역시 마찬가지다. 오랜 시간 동안 어떤 것의 제곱과 세제곱을 나타내기 위해 서로 다른 문자가 사용되었다. 그래서 $x^2 + 4x$라는 표현 대신 $Q + 4N$(여기서 N은 숫자, Q는 제곱)이 쓰였다. 이 표기법으로는 x, x^2, x^3이 '자연스럽게' x^4, x^5 등으로 확장되는 것은 물론, 일반적인 x^n조차 표기할 수 없었다. 오늘날 사용하는 지수 표기법을 소개한 이는 데카르트로, 그는 1637년에 출판된 저서 《방법서설Discours de la méthode》의 부록으로 포함된 〈기하학La Géométrie〉를 통해 기하학과 대수학 사이의 아름다운 연결고리를 만들어냈다. 그리고 변수는 x, y, z와 같은 알파벳 끝 문자로, 상수는 a, b, c와 같은 알파벳 시작 문자로 표기하는 현대식 관습도 데카르트가 확립했다. 그러니 수학자들이 왜 그렇게 x에 집착하는지 궁금했다면, 데카르트를 탓하면 된다.

이제 평면에 대한 유클리드 기하학 이외의 다른 유형의 기하학에 대해서도 이야기해볼 때가 왔다. 헤밍웨이는 파산에 대해 "서서히 그러다 갑자기" 진행된다고 묘사했다. 이미 3장에서 논의했듯이, "임의의 직선과 그 직선 위에 있지 않은 한 점이 있을 때, 그 점을 지나면서 처음 직선과 평행한 직선은 하나다"라는 평행 공리를 증명하려는 공동의 시도는 실패했다. 결국 사람들은 이 공리가 유클리드 기하학의 다른 규칙(예를 들어, 쌍을 이루는 모든 점은 선으로 연결될 수 있다는 공리)과는 완전히 독립적이라는 사실을 깨달았다. 19세기 동안 수학자들은 평행 공리가 실제로 성립하지 않는 기하학을 발견했다. 이 발견은 새로운 수학의 개념이라는 판도라의 상자를 열었다.[2] 이와 동시에 물리학자들은 전기에 대해 연구하기 시작했고, 3차원 공간의 모든 점에 3개의 공간 좌표뿐만 아니라 크기와 방향 같은 부가 정보, 또는 좌표를 갖는 전자기장의 존재를 알아냈다. 이것은 각 점이 전기장과 관련한 4개, 5개, 6개 또는 심지어 더 많은 숫자를 가질 수 있다는 것을 의미했고, 수학은 이 숫자들을 실제 공간 차원과 같은 방식으로 취급했다. 오늘날에는 각 데이터점과 연관된 많은 숫자를 의미하는 다차원 분석과 같은 문구에 꽤 익숙하다. 여기서 말하는 차원은 우리가 측정하고 있는 것과 다른 양이다. 예를 들어, 지구 기후의 수학적 모형에서 대기의 각 지점은 3개의 공간 좌표와 함께 온도, 압력, 풍속과 방향 같은 데이터를 포함한다. 이미 7차원이다.

다만 순수 수학자들은 어떤 것이 실제로 존재하지 않더라도 별로 개의치 않는다. 그래서 74차원 초사면체는 그 자체로 흥미로울 뿐이다. 74차원 초사면체는 대체 어떤 사면체라는 걸까? 장담하건대 74차원 초사면체는 73차원 초입방체의 모든 꼭짓점이 74차원에 추가된 한 꼭짓점과 연결된 것이 분명하다. 이것이 존재하든 안 하든 수학자들은 총꼭짓점이 몇 개인지, 모서리와 면, 초입방체는 몇 개인지 그리고 n차원 초사면체에 대한 일반적인 공식 등을 계산하고 싶을 뿐이다. 만약 야생에서 발견한 길 잃은 수학자를 돌보기로 정했다면, 그들에게 종이와 연필을 듬뿍 주면 된다. 꽤나 행복해할 것이다. 이렇듯 유용과 존재가 순수 수학의 아름다운 상상의 세계에서 최우선 순위는 아니지만, 《플랫랜드》가 출판되고 얼마 후 3차원의 표준 공간과 함께 4차원 시공간의 공식화가 이루어졌다. 이 공식은 아인슈타인의 상대성 이론을 위한 완벽한 틀이었다. 최근에는 물리학자들이 훨씬 더 높은 차원의 우주를 가정하고 있다. 만약 끈 이론가들의 가설을 믿는다면 우주는 사실 10차원일 수도, 심지어 23차원일 수도 있다. 따라서 이 모든 흥미로운 수학에는 과학에 딱 어울리는 쓰임새가 있다. 물론 그런 가설을 좋아한다면 말이다. 《플랫랜드》에서 정사각형은 4차원을 또 다른 공간 차원으로 여긴다.[3] 그래서 작가들은 4차원 개념을 이용해 유령이나 다른 초자연적인 것을 해석한다.

오스카 와일드는 유령의 집을 패러디한 《캔터빌의 유령The Canterville Ghost》에서 4차원 개념을 비웃었다.

"꾸물거릴 새가 없었다. 그래서 급하게 4차원 공간을 탈출 수단으로 삼았다. 유령은 벽으로 휙 사라졌고, 집은 조용해졌다."

우리 3차원 존재들은 2차원의 평면 위를 마음대로 이동할 수 있다. 건물의 벽을 이루는 선을 밟고 우리와 평면의 교차 방식을 변경해 모양이 바뀌는 것처럼 보이게 할 수도 있다. 구는 플랫랜드의 금고를 몰래 열어 내용물을 훔칠 수 있고, 4차원의 존재는 3차원 세계에서 비슷한 일을 벌일 수 있다. 한 예로 아무리 복잡한 매듭이더라도 4차원에서는 모두 풀린다는 것이 증명되었다. 그렇다면 4차원 존재는 신발 끈을 어떻게 매는 것일까? 몇몇 작가들은 이러한 생각을 탐구하고 작품에 적용했다. 마일스 브로이어Miles J. Breuer의 1928년 단편소설 〈맹장과 안경The Appendix and the Spectacles〉에서 주인공 북스트롬 박사는 메스를 사용하지 않고(사실상 절개를 하지 않고) 수술을 할 수 있는 외과 의사로 자리매김했다. 그런데 알고 보니 그는 의사가 아니라 수학 박사였다. 북스트롬 박사가 연구한 4차원은 일반 3차원과 직각을 이루는 것으로 묘사된다. 그리고 그는 이 연구를 바탕으로 "4차원을 따라" 환자를 이동한 다음, 아무 절개 없이 맹장을 제거하는 방법을 개발한다.

포드 매덕스 포드Ford Madox Ford와 조지프 콘래드Joseph Conrad가 합작한 1901년 소설《상속자들The Inheritors》은 4차원의 존재를 더 섬뜩하게 묘사한다. 이 소설은 화자인 아서가 "눈에 보이지 않지만, 어디에나 존재하는" 4차원에서 왔다고 주장하는 여자를 만나면서 이야기가 시작된다.

처음에는 아서도 그 말을 무시하지만, 점차 설득당한다.

차원주의자들은 믿기지 않을 만큼 통찰력 있고, 뛰어나게 실용적인 인종이다. 이상도, 편견도, 후회도 없다. 예술에 대한 감흥도 없고 삶에 대한 존경심도 없다. 윤리적 전통에서 자유롭고, 고통과 나약함, 괴로움과 죽음에 냉담하다. 차원주의자들이 갑자기 떼 지어 몰려들어 메뚜기처럼 먹어 치우더라도, 우리와 구별할 수 없기에 불가항력일 것이다. 싸움도 살인도 없을 것이다. 우리의 모든 사회 체계는 윙 하는 광선 소리와 함께 부서질 것이다. 우리는 이타주의와 윤리의 먹이가 된 벌레들이기 때문이다. 그리고 차원주의자들은 냉혹하다. 아서는 이토록 차갑고 냉담하며 비도덕적인 사람들을 '수학 괴물'로 분류하는데, 이것은 반수학적 정서라는 특정 유형의 징후를 나타낸다. 숫자와 방정식은 삶을 가치 있게 만드는 모든 것, 즉 사랑과 기쁨, 친절함이나 예술과 정반대다. 이 신조에 따르면 수학자들은 인간의 감정은 지루한 계산을 방해하는 것으로만 여기는 계산기에 불과하다. 나는 당연히 그 명제에 동의할 수 없으며, 이 책에 그 변론을 위한 사례를 담고 있다.

지금까지 살펴본 이야기에서 4차원은 여분의 공간이었다. 하지만 다른 관점도 있다. 마르셀 프루스트는《잃어버린 시간을 찾아서À la recherche du temps perdu》에서 특정 성당에 대해 이렇게 썼다.

"마을의 나머지 부분과 완전히 달랐다. 말하자면, 그것은 4차원 공간을 차지하는 건물, 여기서 4차원이란 시간의 차원이다."

우리는 초당 1초의 속도로 시간 축을 따라 움직이고 있다. 누군가 이 속도를 어떻게 바꿀지 알아낼 수 있다면, 타임머신을 발명할 수 있을 것이다. 수많은 소설이 시간 여행을 다루고 있지만, 그 모든 것의 시작은 H. G. 웰스H. G. Wells의《타임머신The Time Merchine》이다. 웰스는〈크로닉 아르고 호The Chronic Argonauts〉 같은 단편소설에서 이미 시간 개념과 4차원을 탐구했지만, 사실상 그 아이디어가 본격적으로 펼쳐진 작품은《타임머신》이다. 소설의 등장인물인 시간 여행자는 친구들에게 다음과 같은 이야기를 한다.

"너희들도 알다시피 수학적 선, 두께가 0인 선은 사실상 존재하지 않아. 학교에서 그렇게 배웠잖아? 수학적 평면도 없어. 이들은 다 추상에 불과해."

그리고 같은 이유로 길이, 너비, 두께만 있는 정육면체, 즉 '순간적인 정육면체'는 실제로 존재하지 않는다고 말한다. 그리고 계속해서 "당연히 실제로 존재하는 입체는 네 방향으로 확장되어야 해. 바로 길이, 너비, 두께 그리고 지속시간이야."

이 해석에 따르면, 우리는 모두 4차원적인 존재다. 그 어느 때나 누군가를 보는 것은 시간의 단면을 보는 것이다. 시간 여행자가 말했듯이 말이다.

"어떤 사람의 8살, 15살, 17살, 23살 때의 초상화가 있다고 해보자. 이 초상화들은 분명 그 사람의 단면이야. 고정불변하는 4차원 존재에 대한 3차원적인 표현이지."

우리가 중력에서 벗어나 공간의 수직 방향으로 자유롭게 움직일 수 있는 기계를 만든 것처럼, 시간 여행자는 시간을 통해 자유롭게 움직일 수 있는 기계를 만들었다.

이제 시공간을 전혀 다르게 설명하는 빌리 필그림Billy Pilgrim을 만나보자. 커트 보니것의 소설 《제5도살장Slaughterhouse-Five》에서 주인공 빌리는 제2차 세계대전 중에 시간에서 자유로운 사람이 된다. 그는 인생의 다른 부분들을 끊임없이 오가면서 출생과 죽음은 물론, 그 사이에 있는 모든 사건을 여러 번 목격한다. 이렇게 혼란스러운 시간 속에서 트랄파마도어인이라는 외계 종족이 나타나고, 빌리는 딸의 결혼식 날 밤에 그들에게 납치된다. 4차원에서 온 외계인들은 빌리에게 일어나는 일을 이해할 수 있도록 도우려 한다. 그들은 삶과 죽음에 매우 운명론적인 태도를 갖고 있다. 왜냐하면 트랄파마도어에서는 사람이 죽으면 그저 그 순간에 죽은 것처럼 보일 뿐이기 때문이다. 그는 여전히 과거에 멀쩡히 잘 살아 있으므로 장례식에서 눈물을 흘리는 것은 어리석은 짓이다. 과거와 현재, 미래라는 모든 순간은 항상 존재했다. 트랄파마도어인들은 우리가 쭉 뻗은 로키산맥을 바라보듯이, 모든 순간을 한눈에 볼 수 있었다.

빌리는 그들의 운명론을 대응 기제로 삼는다. 그래서 누군가가 죽었다는 소식을 들으면, 그저 어깨를 으쓱하며 죽은 이를 대하는 트랄파마도어인들처럼 말한다.

"인생이 그렇지요."

우리가 사랑하는 사람들은 여전히 존재한다. 단지 다른 시간에 존재할 뿐이다.

《플랫랜드》는 매우 짧은 책이지만 많은 영향을 미쳤으며, 여러 작가들이 《플랫랜드》의 아이디어를 탐구했다. 1957년, 디오니스 버거Dionys Burger는 속편 《스피어랜드Sphereland》를 집필했다. 이 책에서는 한 측량사가 내각의 합이 180도가 넘는 삼각형을 발견한다. 이제는 능숙한 수학자가 된 정사각형의 손자 정육각형이 그와 함께 일하며 그들은 함축Implication을 깨닫는다. 플랫랜드는 평면이 아니었다. 그들은 사실 매우 큰 구의 표면에 살고 있었던 것이다.[4] 당연하게도 완고한 지배층은 이 사실을 받아들이지 않았다.

《플랫랜드》는 2차원적인 삶의 실용성은 고려하지 않는다. 2차원적인 존재가 존재하는 것은 불가능한 일이다. 아니, 존재할 수도 있을까? A. K. 듀드니A. K. Dewdney의 1984년 작《플래니버스The Planiverse》는 바로 그 질문에 대답하려 했다. 듀드니가 생각한 플래니버스는 3차원 세계 안의 평면이 아니라 2차원 우주다. 2차원 우주는 물리적 법칙이 달라야 한다. 그리고 이 책은 놀랍게도 몇 가지 함축을 알아낸다. 이 소설의 설정은 듀드니가 학생들과 함께 2차원 우주를 추정하는 컴퓨터 시뮬레이션 '2DWORLD(2D월드)'를 만든다는 것이다. 그러던 어느 날 알 수 없는 이유로 그들이 창조하지 않은 다른 세계를 보게 되고, 아드 행성에 살고 있는 옌드레드라는 존재와 소통하게 된다. 아드의 세계는 원형이고, 아드인들은 그 표면 위에 살고 있다. 그들의 2차원은 동과 서 그리고 위와 아래다. 이 책은 마치 실제 사건을 다루는 것처럼 보이지만, 비밀을 무심코 드러내는 농담 섞인 묘사가 많다. '옌드레드'가 의심스러울 만큼 '듀드니'처럼 수줍어하는 성격이라든지, 연구 프로젝트의 학생 중 1명의 이름이 '앨리스 리틀'이라든지 하는 부분이 그렇다. 이 이름은《이상한 나라의 앨리스Alice's Adventures in Wonderland》에 영감을 준 앨리스 리들을 지칭하는 것이 분명하다.

듀드니는 2001년 재발간한 책에서 많은 사람이 이야기를 실화로 생각했다고 주장하지만, 이 자체가 농담이었을 수도 있다.

일단 2차원 문명이 어떻게 돌아가는지 생각해보면 의문점이 빠르게 늘어날 것이다. 아드에 집을 짓는다고 해도 집 주변을 다닐 수가 없다. 어차피 집들은 위아래와 동서라는 2개의 차원에 갇혀 있기 때문이다. 그래서 모든 건물의 지하에는 '스윙 계단'이 있다. 사람들이 출입구를 지나갈 수 있도록 그들을 위아래로 들어 올리는 계단이다. 그리고 지지벽에는 출입문이 없다. 문이 열릴 때마다 집이 무너지기 때문이다. 그렇다면 건물은 어떻게 지을까?

"못은 쓸모없다. 못은 뚫고 들어가는 물질의 일부가 된다. 톱질도 불가능하다. 대들보는 망치와 끌 같은 것으로만 자를 수 있다."

이 문제를 해결하는 방법은 매우 강한 접착제로 건물을 짓는 것이다. 한편 기본 생물학적 기능은 상상하기 어렵다. 소화관이 몸을 관통하면 몸이 두 부분으로 쪼개질 것이다. 신체 내의 모든 관은 불가능하므로 아드인은 외골격을 가져야 한다. 내부 골격은 폐쇄 장벽으로 채워져 체액의 흐름을 막을 수 있기 때문이다. 체액은 물질 기포가 몸을 통과할 수 있게 하는 개폐형 '지퍼 기관'으로 흘려보낸다. 나는 《플래니버스》의 독창성에 감탄할 수밖에 없었다. 2차원 세계의 기술적 세부 사항에 대해 자세히 알고 싶다면, 필독을 권한다. 듀드니는 심지어 책의 부록에서 아드인들이 증기기관이나 내연기관 같은 기계를 만드는 방법을 설명하기도 한다. 그게 가능하다니 정말 놀라울 따름이다.

《플래니버스》는 2차원 우주가 존재할 수 있다는 생각을 무시하지 않았기에 새로운 영역의 포문을 열 수 있었다. 이 같은 관점은 창의적인 수학적 사고에 필수적이다. 우리는 19세기에 등장한《플랫랜드》와 여러 책을 통해 4차원을 어떻게 받아들이면 좋을지 알게 되었다. 요즘에는 어떤 숫자의 차원이든 매우 기쁘게 이야기를 나눌 수 있다. 1차원, 2차원, 3차원, 4차원, 5차원 등 원하는 만큼 높이 올라갈 수 있다. 하지만 정사각형의 손자가 이 숫자들 사이에 또 다른 차원이 있는지 정사각형에게 물어보았다고 상상해보자. 물론 정사각형은 1.5차원이라는 생각을 한다는 자체가 터무니없다고 핀잔을 줬을 것이다. 19세기의 스페이스랜드 사람들도 역시 그 말에 동의했을 것이다. 하지만 20세기의 새로운 아이디어가 이러한 선입견을 박살 냈다. 그 아이디어는 세기말을 향한 대중의 상상력을 자극했고, 드디어 1990년대의 가장 인기 있는 소설 중 하나에 등장한다. 거기서부터 이야기를 시작해보자.

마이클 크라이튼의《쥬라기 공원》은 호박 보석에 갇힌 선사시대 모기 화석의 혈액에서 추출한 DNA를 이용해 유전자 조작으로 공룡을 부활시키는 무모한 생명공학 회사의 이야기로 시작된다. 이들은 이토록 놀라운 발견을 신비로운 생명체에 대한 과학적 이해를 높이는 데 사용하는 것이 아니라 코스타리카 연안의 작은 섬에 공룡 테마공원을 열어 돈벌이를 위해 사용한다.

공원을 만든 이들은 오만하게도 본인들이 직접 그곳을 설계하고 시공했기 때문에, 섬에서 일어나는 모든 일을 완전히 통제할 수 있다고 믿는다. 작은 불상사나 예기치 못한 사건들은 앞으로 나아가기 위한 과정으로 취급하며 사소한 결함으로 처리한다. 그러나 무시했던 작은 변화가 점점 커지면서 시스템에 예측할 수 없을 정도의 혼란이 발생한다.

크라이튼은 이 소설의 주제를 강조하기 위해 2개의 수학적 방법을 적용했다. 먼저 혼돈 이론의 전문가인 이안 말콤 박사라는 인물이 등장한다. 그리고 말콤과 함께 2명의 고생물학자가 고문으로 섬에 초대된다. 말콤은 시스템의 작은 변동이 완전히 예측 불가능한 거대한 사건으로 이어질 수 있다고 설명한다. 이는 유명한 이론인 '나비 효과'를 요약한 것이다. 날씨를 예측할 때는 나비의 날갯짓이 기류에 미치는 미미한 영향으로도 맑은 하늘 혹은 허리케인이라는 큰 차이를 만들어낼 수 있으며, 그렇기 때문에 무엇 하나도 무시할 수 없다. 날씨 시스템은 컴퓨터 예측 시뮬레이션으로도 며칠이 넘으면 정확하지 않다고 한다. 아무리 초기 데이터(온도, 풍속 등)를 정확하게 입력하더라도 입력값과 정확한 실제 정보 사이에는 언제나 아주 작은 차이가 있기 마련이다. 실제 측정값이 4.56112…… 라면 무한히 많은 숫자를 입력할 수 없으므로 알고리즘에는 4.56을 입력하게 된다. 절대적인 정밀함은 불가능하다고 말할 수 있다.

일부 수학적 모형의 경우에는 이 차이가 중요하지 않다. 예를 들어, 물체의 처음 위치를 측정하고 그 기록을 바탕으로 지금부터 24시간 후의 위치를 예측한다고 가정해보자. 물체는 시속 100마일로 움직이고 있다. 그런데 이 경우 당신이 측정한 초기 위치 기록에 1마일 정도의 오차가 있다고 해도 24시간 후 물체는 2,400마일을 이동했을 테고 당신이 예측한 물체의 최종 위치 역시 실제 위치에서 1마일 정도만 벗어나 있을 것이다. 아무리 많은 시간이 흘러도, 당신이 측정한 위치의 오차는 1마일 정도다. 어떤 의미로 보면 당신이 오차를 제어할 수 있다.

하지만 물체의 초기 위치가 아니라 초기 속도를 측정해, 지금부터 24시간 후의 위치를 알고 싶다고 가정해보자. 당신이 측정한 초기 속도는 1마일의 오차가 있는 101마일이다. 이 경우 매 시간마다 예측의 부정확성은 증가하게 되고 24시간 뒤 물체의 위치에 대한 당신의 오차는 1마일이 아니라 24마일이 될 것이다. 이것은 1퍼센트의 오차지만 하루가 지날 때마다 2배로 증가할 것이다. 가속도에 오차가 생기면 더 심각하다. 물체의 가속도를 측정하는 과정에서 시속 1마일의 오차가 생기면, 물체는 시속 100마일의 일정한 속도로 움직이는 대신 그 속도가 시속 1마일씩 증가한다. 출발 위치와 속도를 정확하게 측정했다고 했을 때, 24시간 후의 물체 위치는 예측보다 얼마나 멀어져 있을까? 바로 288마일이다. 하루 만에 10퍼센트가 훨씬 넘는 오차가 발생하는 것이다. 일주일에 걸쳐 같은 오차가 발생하면 물체는 예측 위치보다 14,112마일 떨어져 있게 된다. 북극에서 남극까지의 거리가 12,440마일이라는 사실을 고려하면, 꽤 심각한 결과다. 이 시점에서 물체는 지구 표면 어디에나 있을 수 있다. 초기의 작은 불일치는 통제 불능한 상태로 이어질 수 있으며, 그렇기 때문에 항해하는 배는 규칙적으로 경로를 수정해야 한다.

《쥬라기 공원》에서는 수학자 말콤 박사가 이 문제를 말로 설명하지만, 이 책에는 무슨 일이 일어나고 있는지 시각적으로 보여주는 단서도 들어 있다. 각 장의 시작 부분에 흥미로운 삽화가 실려 있는데, 이 삽화는 이야기가 전개될 때마다 일곱 번의 '반복iteration' 과정을 걸쳐 변화하고 성장한다.

'첫 번째 반복'은 다음과 같다.

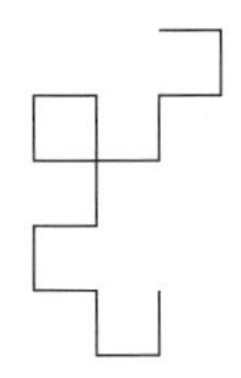

첫 번째는 수직으로 만나는 직선으로 이루어진 꽤 단순한 모양이다.

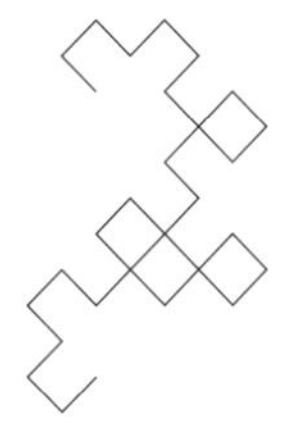

이 모양은 매우 간단한 규칙으로 만들 수 있으므로 직접 시도해봐도 좋다. 종이 한 장을 가져와 길고 가는 띠 모양으로 자른다. 이제 그 띠를 반으로 접은 뒤 모서리가 바닥에 가도록 세워 접힌 각도가 직각이 되도록 만든다. 즉, 접은 선이 직선 띠를 L자 모양으로 바꾼다.

이것이 첫 번째 단계다. 이제 다시 한번 해보자. 그 종이를 다시 집고, 다시 반으로 접은 뒤 펼쳐보자. 그러면 조금 더 복잡한 모양이 되지만, 여전히 직선과 직각의 굴곡으로 이루어져 있다.

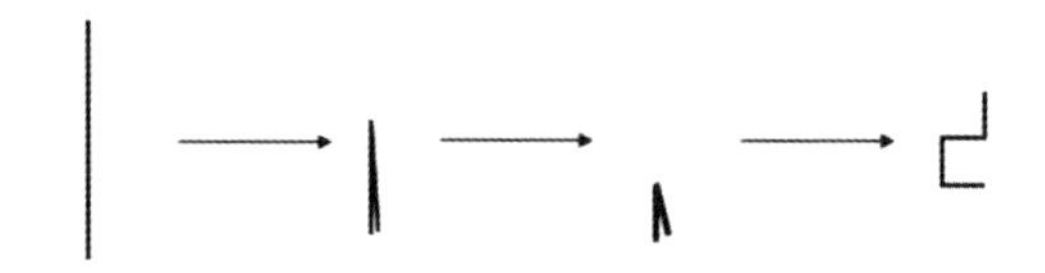

이 과정을 계속 반복하여 진행한다면 세 번, 네 번, 다섯 번 접은 후의 결과는 다음과 같다.

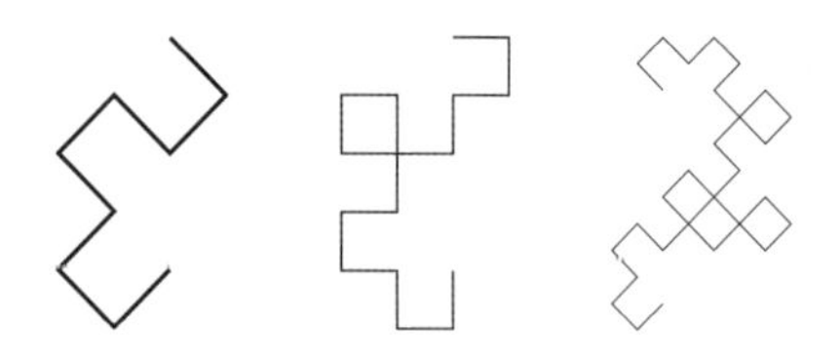

네 번 접은 가운데 그림을 보면 왼쪽 굴곡과 오른쪽 굴곡의 모양이 정확히 '첫 번째 반복'의 모양과 같다는 것을 알 수 있다. 다섯 번 접은 오른쪽 그림은 '두 번째 반복'과 같다. 이처럼 종이를 아주 간단하게 계속 접기만 해도 모양이 점점 발전한다. 모양이 매우 복잡해지기까지는 그리 오래 걸리지 않으며, 종이를 펼치면 다음 굴곡이 왼쪽인지 오른쪽인지 가늠하기가 점점 어려워진다. 《쥬라기 공원》의 마지막 부분에서 섬의 상황이 한계점에 이르렀을 때는 단순하게 시작된 무늬가 무시무시할 정도로 복잡한 도표로 진화한다. 원칙적으로는 그 과정을 무한히 진행할 수 있으며, 궁극적으로 이 모양은 복잡한 곡선처럼 보이게 된다. 그리고 이 모양의 일부는 크기만 다를 뿐 서로 닮았다.

세 번째, 네 번째, 다섯 번째 '반복'은 다음과 같다.

《쥬라기 공원》의 삽화가는 이 부분에서 아주 작은 부정행위를 저질렀다. 몇 단계를 건너뛰었기 때문이다. 물론 그래도 괜찮다. 사실 처음 몇 단계에서는 기대하는 모양이 나오지 않기 때문이다. 다섯 번은 접어야 두 번째 반복이 나오고, 여섯 번을 접으면 세 번째 반복이 나온다. 하지만 내가 다음 몇 번의 접기를 프로그래밍했더니 일곱 번 접을 때 나와야 할 네 번째 반복이 사실은 여덟 번을 접어야 등장했다. 다섯 번째 반복은 열 번, 여섯 번째 반복은 열두 번, 일곱 번째 반복은 열네 번을 접어야 했다. 하지만 그 단계에 이르면 해상도가 뚜렷하지 않아 각각의 선을 탐지하기가 어렵다.

다음은 내가 프로그래밍한 여섯 번째 반복과 일곱 번째 반복이다.

이 모양은 물리학자 존 하이웨이John Heighway가 발견했고, 동료 윌리엄 하터William Harter와 브루스 뱅크스Bruce Banks가 '하이웨이의 용Heighway dragon'이라는 이름을 붙였다. 그들은 하이웨이와 함께 그 모양의 속성을 탐구했다. 요즘은 보통 '용 곡선Dragon curve'으로 불린다. 이 곡선은 1967년 《사이언티픽 아메리칸Scientific American》에 실린 칼럼 '마틴 가드너의 수학 게임'에 등장하며 대중에게 알려졌다.

하이웨이의 용은 다음과 같이 묘사되었다.

가드너는 하이웨이의 용에 대해 이렇게 평한다.

"그 곡선은 상상의 수선 위에 구부러진 코와 휘감은 꼬리를 내민 채 발톱으로 물장구를 치며 왼쪽으로 움직이는 해룡과 어렴풋이 닮았다."

안타깝게도《쥬라기 공원》의 곡선은 용과 그리 닮지 않았다.《사이언티픽 아메리칸》의 곡선과 달리 위아래가 뒤집혀 있기 때문이다. 하터의 농담을 빌자면,《쥬라기 공원》의 곡선은 죽은 용이다. 용 곡선은 앞에서 잠깐 언급했던 프랙털 구조의 한 예다. 프랙털은 무한히 반복되거나 되풀이되는 과정으로 만들어지는 모양이다. 원주율 π처럼, 절대 끝나지 않는다. 사실상 무한히 많은 단계를 완료할 수 없기 때문이다. 몇 번의 반복도 손으로는 하기 어려울 것이다. 나 역시 용 곡선을 종이접기로 만들지 않았다.

손으로는 힘들지만 컴퓨터로 반복 과정을 수행하는 간단한 방법도 있다. 각 단계에 있는 모든 직선을 구부러진 선으로 바꾸고, 왼쪽과 오른쪽으로 번갈아 구부린다. 이 설명만으로는 이해하기 힘들 수도 있겠다. 만약 그렇다면 다음 페이지의 그림을 살펴보자. 좀 더 이해하기 쉬울 것이다. 그림은 3단계에서 4단계로 바뀌는 과정을 그렸으며, 그림의 점선은 각각 구부러진 선으로 바뀐 3단계 선들을 나타낸다. 작은 화살표가 가리키는 곳이 그 첫 단계로, 맨 위에서부터 첫 번째 선을 왼쪽으로 구부러진 선으로 바꾼다.

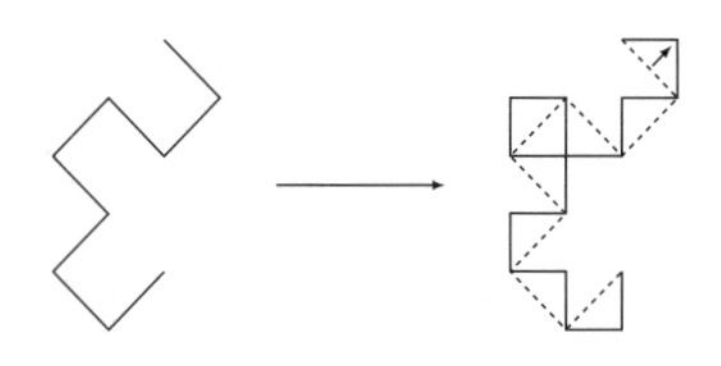

마이클 크라이튼은 가장 단순한 출발점에서도 거대하고 예측할 수 없는 복잡성이 나타날 수 있다는 사실을 설득력 있게 보여주는 예가 용 곡선이라고 생각했다. 《쥬라기 공원》에 등장하는 혼돈과 복잡성을 둘러싼 개념들의 탐구는 흥미롭고 가치 있다. 소설 속 프랙털을 탐구하다 보면 이런 궁금증이 생길 수도 있을 것 같다. 《쥬라기 공원》은 과연 문학이 맞을까? 나는 당연히 그렇다고 생각한다.

《쥬라기 공원》 같은 대중소설에 프랙털이 사용된다는 것은 프랙털이 당시 대중문화에 미친 영향을 보여주는 지표라고 할 수 있다. 이 책이 출간된 1990년대 초, 프랙털은 과학계의 라이징 스타였다. 유명한 망델브로 집합Mandelbrot set*에서 영감을 받은 프랙털 아트가 기숙사 방 포스터, 잡지 표지 그리고 티셔츠에 등장했으며, 문학계도 이 추세를 따랐다. 존 업다이크의 1986년 소설 《이브의 도시Roger's Version》에는 컴퓨터 과학자 데일이 신의 손을 찾기 위해 컴퓨터로 만든 프랙털 구조를

* '프랙털'이라는 용어를 창안한 프랑스 수학자 브누아 망델브로Benoit Mandelbrot의 이름을 따서 명명되었다.

반복적으로 확대하는 장면이 있다. 톰 스토파드Tom Stoppard가 1993년에 발표한 희곡 〈아르카디아Arcadia〉에도 다른 수학 개념들과 함께 프랙털이 등장한다. 이 내용은 10장에서 더 자세히 다룰 것이다.

왜 갑자기 프랙털이 인기를 얻게 되었을까? 그 답은 프랙털의 구성 방식과 관련이 있다. 종이 한 장을 접는 것과 '직선을 각각 구부러진 선으로 교체'하는 것은 가장 간단하고 기본적인 반복이다. 그러나 용 곡선을 손으로 그리려면 이전 단계를 지워야 구부러진 선을 모두 추가할 수 있으므로 매우 귀찮은 작업이다. 그런데 내가 화학 시간에 낙서로 즐기던 프랙털은 이전 단계를 삭제할 필요가 없었다. 이 프랙털은 간단한 정삼각형에서 시작한다. 그리고 다음 각 단계에서 각 변을 삼등분한 뒤, 가운데에 있는 선분을 없애고 삼각형을 추가한다.

처음 3단계는 다음과 같다.

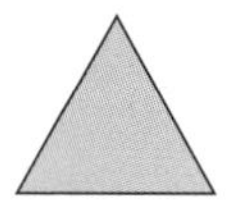  

무한히 많은 단계(또는 내가 계산한 무한대는 적어도 6단계 이상) 후에는 코흐 눈송이 곡선Koch snowflake curve으로 불리는 매력적인 모양이 생긴다.

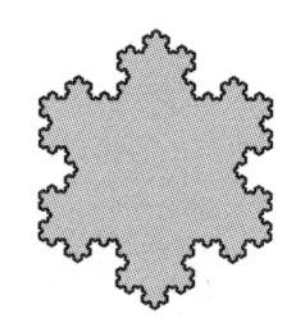

코흐 곡선은 오래된 프랙털 중 하나다. 스웨덴 수학자 헬게 폰 코흐Helge von Koch가 1904년에 발표한 논문에서 설명한 것으로, 이는 '프랙털'이라는 용어가 생기기도 훨씬 전이다. 이 곡선은 손으로 처음 몇 단계만 그려도 궁극적인 모양을 쉽게 예측할 수 있는 특이한 프랙털이다. 반면에 용 곡선이나 다른 프랙털의 경우에는 여러 단계를 거쳐야만 어떤 모양인지 이해할 수 있다. 그래서 컴퓨터로 수백 번, 심지어 수천 번 반복하여 계산하기 전까지는 프랙털에 관한 연구가 시작되지 않았고, 이것이 바로 프랙털이 20세기 후반 문화계에 폭발적으로 등장한 이유다.

'프랙털'이라는 용어는 어디서 왔을까? 한 변의 길이가 1인 정사각형(1센티미터나 1인치, 또는 다른 어떤 단위도 가능)을 생각해 보자. 한 변의 길이에 3을 곱하면, 정사각형의 넓이는 9가 된다. 일반적으로 길이에 x를 곱하면, 넓이에는 x^2를 곱하면 된다. 여기서 x^2에 있는 2는 정사각형이 2차원이라는 사실에서 비롯된다. 한 모서리의 길이가 1인 정육면체와 같이 입체일 경우, 각 모서리의 길이를 3배로 늘리면 부피가 27인 정육면체가 된다. 즉, 모서리 길이에 x를 곱하면 부피에는 x^3을 곱한다. 3차원 도형이기 때문이다. 앞서 논의한 제곱-세제곱 법칙을 떠올리면 된다. 간단하게 살펴보자. 선의 길이에 x를 곱하면, 길이가 x^1인 선이 되므로, 선은 1차원임을 알 수 있다. 그렇다면 코흐 곡선은 몇 차원일까? 정삼각형의 한 변으로만 작업하는 게 훨씬 쉬우므로 길이가 1인 선분으로 코흐 곡선 만들기를 시작해보자. 이 선분을 삼등분해서 가운데 부분을 제거한 뒤 그 자리에 제거한 선분 길이와 같은 2개의 선분을 추가해 작은 정삼각형을 만들고, 이 과정을 계속 반복한다. 이때 만약 시작 선분의 길이가 3배로 늘어나면 이 곡선에 어떤 일이 일어날까?

아래 그림은 각 경우의 시작 선분과 완성된 곡선을 보여준다.

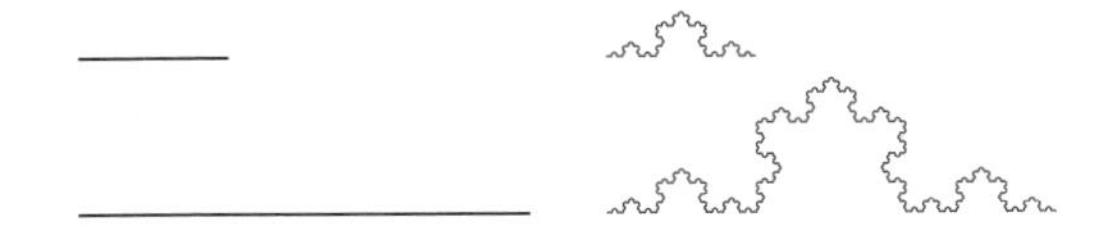

완성된 곡선에는 원래 선분으로 만든 곡선과 같은 모양이 4개 있다. 따라서 선분 길이에 3을 곱하면 곡선 길이에 4를 곱하는 것과 같다. 4는 3^1보다 크고 3^2보다 작으므로 코흐 곡선의 차원은 1과 2 사이에 있다. 이 값은 정수가 아니라 어떤 '부분적인 양fractional quantity'을 의미한다. 계산을 해보면 코흐 곡선의 차원은 대략 1.26차원($3^{1.26} \approx 4$이기 때문에)이다. 따라서 '프랙털'이라는 말은 '비정수 차원fractional dimension'을 갖고 있다는 뜻이다. 용 곡선의 차원을 찾는 방법은 조금 더 복잡하지만, 대략 1.5차원이다. 따라서 결국 모두 정수 사이에 있는 비정수 차원이다. 우리는 1.5차원을 찾아냈다. 그렇다면 -1차원 같은 공간은 없을까? 알 수 없는 일이다.

코흐 눈송이는 20세기 초에 발견되었지만, 프랙털 기하학에 대한 더 깊은 탐구는 기술이 따라잡았을 때야 가능해졌다. 컴퓨터의 발명으로 기하학의 새 지평이 열린 것이다. 그리고 내가 이 장의 나머지 부분에서 탐험하고 싶은 분야, 암호학에서도 정확히 같은 일이 일어났다. 암호와 암호 해독의 역사는 길고, 누구나 비밀 코드를 좋아하기 때문에 소설 속에 등장하는 것도 그리 놀랄 일이 아니다. 하지만 암호를 주요 주제로 삼은 문학은 1843년에야 세상에 나왔다.

1843년은 에드거 앨런 포가 추리소설 《황금풍뎅이The Gold-Bug》로 상금 100달러를 받은 해였다. 《황금풍뎅이》는 악명 높은 해적 선장 키드가 남긴 암호 메시지를 풀어 보물을 찾으려 하는 유쾌한 암호 해독 모험에 관한 이야기다.

왜 이렇게 늦었을까? 사실 비밀 메시지는 수천 년 전부터 존재해왔다. 기원전 499년으로 거슬러 올라가면 고대 그리스 역사가 헤로도토스가 기록한 비밀 메시지에 대한 이야기를 찾아볼 수 있다. 밀레투스라는 도시의 통치자 히스티아에우스는 정치적 협력자 아리스타고라스에게 페르시아 인에 대한 반란을 선동하는 밀서를 보내고 싶었다. 그래서 믿을 만한 노예의 머리를 밀어 그 두피에 밀서를 새긴 뒤 머리카락이 다시 자라기를 기다렸다. 머리카락이 자라자 노예는 아리스타고라스에게 향했고, 그는 노예의 머리를 다시 밀어 밀서를 읽을 수 있었다. 이와 같은 방법은 메시지를 코드에 넣지 않고 숨기는 것으로, 그리스어로 '숨겨진 글'을 뜻하는 스테가노그래피Steganography라고 불린다. 문제는 숨겨진 메시지를 발견하면 누구나 읽을 수 있고 숨겨진 계획이 들통나 일이 틀어질 수도 있다는 데 있다. 비교적 최근까지는 사람들이 대부분 문맹이었기 때문에, 큰 문제가 되지 않았다. 예를 들어, 영국은 16세기까지 글을 읽고 쓸 줄 아는 사람이 20퍼센트 미만이었다. 그러다가 1820년이 되었을 때는 60퍼센트까지 증가했다. 사람들이 문맹에서 벗어나자, 스테가노그래피의 문제점이 부각되기 시작했다. 그렇다면 비밀 메시지를 다른 방식으로 암호화하면 된다. 이것이 바로 암호의 시작이다. 그 변환점이 대략 1800년 경이다.

포 역시 오래전부터 암호에 관심이 있었다. 아마 포가 태어나기 2년 전, 비밀 암호가 금세기에 가장 선풍적인 재판인 에런 버Aaron Burr의 반역죄에 결정적인 부분이었다는 사실을 생각하면 새삼스러운 일이 아닐 것이다. 버는 미국 남부 일부 주와 멕시코에 독립 국가를 세우려는 의도가 담긴 암호 메시지를 윌킨스 장군에게 보냈다. 장군은 이 메시지를 해독한 뒤 대통령인 토머스 제퍼슨에게 보냈다. 하지만 재판 과정에서 윌킨슨이 자신과는 무관한 일로 보이게끔 메시지를 조작했다는 사실이 드러났다. 결국 버는 무죄를 선고받았다.

암호화에 대한 대중의 관심은 1839년 포가 잡지 독자들에게 암호화된 메시지를 보내라는 글을 실었을 때, 수백 통의 편지를 받았을 만큼 매우 뜨거웠다. 나중에 포는 명백한 사기극을 제외하면 모든 암호를 쉽게 풀 수 있었다고 주장했다.

1841년, 포는 《그레이엄스 매거진Graham's Magazine》의 편집자로 일하면서 '비밀 글쓰기'에 관한 기사 시리즈를 발표했다. 그가 이 기사에서 지적했듯이, 비밀 메시지의 교환은 수천 년 동안 다양한 방법으로 이루어져 왔다. 그리고 그중 두 가지 방법이 《황금풍뎅이》에 사용되었다. 포는 뛰어난 이야기꾼이었다. 포의 고딕 소설(《죄와 벌》, 《어셔가의 몰락The Fall of the House of Usher》)은 오늘날에도 여전히 우리를 공포에 떨게 하고, 또한 그가 《모르그가의 살인사건The Murders in the Rue Morgue》 같은 탐정 소설을 창안했다는 주장도 있다.

포는 탁월한 잡지 편집자이자 문학 비평가였을 뿐만 아니라 시 〈까마귀〉를 발표하자마자 명성을 얻을 만큼 시인으로도 성공했다.

게다가 포는 인정사정없는 비평가로도 유명했다. 그래서 그럴까? 시인 제임스 러셀 로웰James Russell Lowell은 이런 농담을 하기도 했다고 한다.

"포는 가끔 청산가리 병을 잉크로 착각하는 것 같다."

포는 코넬리우스 매튜스Cornelius Mathews와 윌리엄 엘러리 채닝William Ellery Channing을 비교하면서 이렇게 말했다.

"만약 앞 양반이 지구상에 존재했던 가장 형편없는 시인이 아니라면, 단지 그 양반이 후자만큼 형편없지 않기 때문이다. 대수적으로 말하자면, M 씨는 형편없지만ex-cerable, C 씨는 그보다 1 더 형편없다$x + 1 -$ cerable."

이 말장난은 포의 수학적 성향을 살짝 암시하고 있는데, 포의 글에는 더 많은 증거가 있다. 그는 시에 관한 수필에서 수학이 분석에 매우 적합하다고 썼다.

"아마 시의 10분의 1은 도덕적이라고 불릴지 모르겠지만, 10분의 9는 수학과 관련되어 있다."

열기구 비행에 관한 이야기에서[5], 주인공 한스 프팔은 구면기하학을 '단순하게' 적용하면 고도를 계산할 수 있으며, "모든 구면대의 볼록한 표면은 구의 지름에 대한 구면대의 버스트 사인Versed sine*처럼, 구면 자체의 전체 표면에 대한 것이다"라고 말한다. 아니나 다를까! 포는 미국 육군사관학교 생도 시절 수학에서 매우 높은 점수를 받았다. 포의 동기 하나는 그가 경이로운 재능을 가졌다며 감탄했다고 한다. 포는 분석적인 사고를 훈련하는 데 있어 수학의 힘과 그 중요성을 언급하면서도, 추상적인 수학적 기량만으로는 충분하지 않다고 조심스레 강조했다. 진정한 천재라면 현실 세계에서 논리적 추론을 할 수 있어야 한다는 것이다. 그의 소설 《도둑맞은 편지The Purloined Let-

* 주어진 각의 코사인값을 1에서 뺀 값 — 옮긴이 주.

ter》에는 탐정 오귀스트 뒤팽과 화자 사이의 흥미로운 대화가 나온다. 뒤팽은 왜 경찰국장이 유력 용의자인 장관을 과소평가했는지 설명한다. 경찰국장은 모든 바보는 시인이므로 장관을 비롯한 모든 시인은 바보여야 한다는 잘못된 추론을 믿는다.

화자는 장관에게 반박한다.

"미분학을 배운 적이 있어요. 그 사람은 수학자이지, 시인이 아니에요."

하지만 뒤팽은 둘 다 아니라며 이렇게 덧붙인다.

"시인이자 수학자라면 추론을 잘할 겁니다. 단순히 수학자이기만 하면 전혀 추론을 하지 못할 거예요."

나는 이런 식으로 표현하지는 않겠지만, 수학자들은 대부분 비슷하게 생각할 것이다. 진정한 수학자는 단순히 계산의 달인이 아니며, 직관과 미적 감각도 갖추어야 한다. 포의 뒤팽과 그의 뒤를 잇는 셜록 홈스와 에르퀼 푸와로의 진정한 마법은 추상 수학의 테두리 밖에서 순수한 논리에 따른 강력한 추론 기법을 적용할 때 일어난다. 이 추상적 분석과 현실 세계의 직관이 만나는 접점이 바로 암호다.

포가《황금풍뎅이》에서 암호를 어떻게 사용했는지 살펴보자. 이 이야기는 불운한 주인공 윌리엄 레그런드가 스테가노그래피(여기서는 열을 가해야 글자가 보이는 잉크를 사용한다)와 암호로 숨겨진 보물을 어떻게 찾아내는지 설명한다. 스테가노그래피로 알아낸 메시지는 암호화된 일련의 기호였다. 레그런드는 각 문자가 다른 기호로 대체된 치환 암호 또는 대체 암호화Substitution cipher 기법이 사용되었다고 추측한다. 치환 암호의 역사는 2천 년 전으로 거슬러 올라간다. 가장 처음 사용된 치환 암호는 로마 황제 줄리어스 시저의 암호였다. 시저는 각 문자를 알파벳에서 3개 더 멀리 있는 문자로 대체하여 a는 d, b는 e 등이 되게 했다. 이 단순한 기법을 '시저 이동Caesar shift'이라고 한다. 하지만 이 기법은 군 지휘관만 사용한 것이 아니었다.

《카마수트라》는 여성들이 공부해야 할 64가지 예술, 즉 노래와 춤, 꽃꽂이, '수학 게임' 그리고 시 쓰는 법 등과 함께 '암호로 글을 이해하는 기법과 독특한 방식으로 단어를 쓰는 기법'을 알아야 한다고 기술한다. 당시 사용된 것으로 알려진 암호 기법 하나는 문자들이 함께 짝을 이루는 방식이었다. 이 기법은 암호화와 암호 해독의 과정이 같다는 장점이 있다. 예를 들어, a와 q가 짝을 이루면 a는 q로, q는 a로 암호화되며 같은 방법으로 메시지를 해독할 수 있다. 하지만 이 방법보다는 치환 암호가 훨씬 더 정교한 구조로 되어 있다. 글자를 원하는 대로 재배열할 수 있는 것은 물론, 다른 기호로도 대체할 수 있기 때문이다. 얼핏 보기에는 이 같은 암호를 해독하는 것이 만만치 않은 도전처럼 보인다. 모든 가능성을 다 시도해볼 수는 없는 일이다.

알파벳 26개 문자를 섞는 방법은 $26 \times 25 \times \cdots\cdots 2 \times 1 = 403,291,461,126,605,635,584,000,000$가지가 있다. 다행히 언어에 대한 수학적 분석이 도움이 될 수 있다.

암호 해독에 도움이 되는 수학적 분석은 9세기로 거슬러 올라간다. 당시 이슬람 철학자이자 수학자인 알 킨디Al-Kindi는 저서《암호문 해독에 관한 원고》를 통해 빈도 분석법을 소개했다. 이 방법은 암호문이 긴 경우 매우 효과적이다.

나는 앞서 '잠재 문학을 위한 작업실'에서 리포그램에 관해 이야기를 다루면서 문자를 다른 문자나 기호로 대체해 텍스트를 암호화했다면, 암호문에서 가장 자주 등장하는 기호가 영어(또는 어떤 언어로 쓰여 있든)에서 가장 자주 나오는 문자에 해당한다는 사실을 유추할 수 있다고 언급했다. 이것이 바로《황금풍뎅이》의 레그런드가 이용한 방법이다. 영어에서 자주 사용되는 글자는 e, t, a이므로, 가장 일반적인 글자 e가 없다면 매우 이례적인 텍스트일 것이다. 따라서 암호문의 어떤 글자가 e를 나타내는지 잘 알 수 있다. 또한 일반적인 글자 쌍이나 단어를 알아도 도움이 된다. 보통 'the'와 'and'라는 단어는 규칙적으로 나타날 가능성이 있다. 레그런드는 이 기준에 따라 8이 e를 나타낸다고 추측했고, ';48'이 7번 등장한다는 것을 알게 된다. 그러면 ';'는 t를, '4'는 h를 의미할 가능성이 높다. 특히 ';'는 암호문에서 두 번째로 자주 나타나는 기호이므로 빈도 기준만으로도 t를 추측할 수 있다. 하지만 포(레그런드)는 잘못된 빈도 목록을 사용해 곤경에 빠진다. 그는 영어에서 가장 규칙적으로 나타나는 글자가 e, a, o, i, d, h, n, r, s, t 순이라고 주장하며, t를 과소평가하고 d를 과대평가했다.

오늘날에는 컴퓨터를 이용할 수 있으므로 대량의 텍스트를 분석하고 빈도 분포를 찾는 일이 매우 쉽다. 하지만 포의 시대만 해도 훨씬 더 어려운 일이었을 것이다. 새뮤얼 모스Samuel Morse는 전보를 보낼 때 어떤 문자를 쓰는 것이 가장 빠르고 효율적일지를 고민하다가 기발한 지름길을 생각해냈다. 그 당시 인쇄소들은 개별 문자들을 배열해 수동으로 페이지를 조판하곤 했다. 따라서 많이 사용되는 문자의 활자판이 제일 많이 보관되어 있었을 것이다. 모스는 인쇄소가 보관하고 있는 각 활자판의 수를 세어 글자의 상대 빈도를 대략 파악했다. 이것은 텍스트를 손으로 일일이 분석하는 것보다 훨씬 더 빠른 방법이다.

이러한 빈도 분석에 영향을 받지 않는 암호도 있을까? 그 대표적인 예가 등장하는 작품으로는 쥘 베른Jules Verne의 1864년 소설《지구 속 여행Journey to the Center of the Earth》을 들 수 있다. 이 이야기에서 괴짜이지만 뛰어난 리덴브로크 교수와 조카 악셀은 암호화된 고대 양피지를 해독한다.《지구 속 여행》에 등장하는 암호는 바로 '전치 암호Transposition cipher'다. 전치 암호는 미리 지정한 순서대로 메시지상의 문자 위치를 바꾼 암호다. 이 암호의 장점은 문자의 위치를 바꾸면 빈도 분석만으로는 아무것도 알 수 없다는 것이다.

한마디로 각 문자의 등장 횟수가 원래 메시지의 등장 횟수와 정확히 일치한다. 문자가 치환된 것이 아니라 단순히 재배치되었기 때문이다.

다음의 예를 살펴보자.

> 순수 수학은 그 방식 면에서 보면 논리적 사고의 시다.
>
> Pure mathematics is, in its way, the poetry of logical ideas.

아인슈타인이 한 말로 추정되는 이 메시지를 암호화하고 싶다고 가정해보자. 일단 세로 방향으로 글을 정렬하고 다음과 같이 왼쪽에서 오른쪽으로 격자 모양을 만들어가며 적어나간다.

P	t	i	n	y	e	l	l
u	h	c	i	t	t	o	i
r	e	s	t	h	r	g	d
e	m	i	s	e	y	i	e
m	a	s	w	p	o	c	a
a	t	i	a	o	f	a	s

그런 다음 행을 메시지로 옮겨적는다. P부터 s까지 한 글자씩 적으면 이렇게 된다.

> Ptinyell uhcittoi resthrgd emiseyie maswpoca atiaofas.

이제 원래 메시지가 무엇인지 알 수 없다.

사실 암호 해독법은 간단하다. 처음에는 각 '단어'의 첫 글자, 그다음에는 두 번째 글자 등의 순으로 읽으면 된다. 또는 6×8 격자로 적은 후 열을 따라 아래로 읽으면 된다. 훨씬 더 복잡한 순열도 가능하지만, 순열 구조만 알아도 암호를 해독할 수 있다. 만약 그 구조를 모른다면, 해독이 약간 어려워질 것이다. 이때 빈도 분석은 쓸모가 없다. 하지만 이처럼 열과 행을 이용하면, 메시지의 길이가 큰 단서가 된다. 우리의 메시지는 48글자이다. 따라서 6×8 직사각형(6×8 = 48)을 만들었다. 48을 나눠떨어지게 하는 숫자로 직사각형을 만들 방법은 몇 가지 안 된다. 만약 8글자 단어로 안 되면, 6글자 단어를 시도하면 되고, 그것도 실패하면, 다른 모든 가능성(2, 3, 4, 12, 16, 24)을 재빨리 시도하면 된다. 1 또는 48은 의미가 없다. 그 방법은 원래 메시지를 바로 보여주기 때문이다.

이 전치 암호는《지구 속 여행》에 나오는 비밀 메시지의 기초라고 할 수 있다. 물론 몇 가지 모호한 요소가 있다. 일단 책 속 메시지는 아이슬란드 룬 문자로 쓰여 있어 라틴 알파벳으로 변환해야 하고, 메시지를 풀어도 거꾸로 적혀 있으므로 해독이 쉽지 않다. 하지만 어린 악셀과 그의 삼촌은 암호를 정확히 풀어내기만 하면 꽤 빨리 목적지에 도착할 수 있다. 아마 컴퓨터 이전의 암호들은 대부분 그런 경우가 많았을 것이다. 암호 해독에 있어서 가장 어려운 부분은 수많은 암호 중 어떤 것이 사용되었는지 알아내는 것이다.

셜록 홈스는 평소처럼 거만하지만 겸손한 태도로 온갖 형식의 암호문에 익숙하다고 단언한다.

"나는 암호에 관한 하찮은 논문의 저자이고, 그 논문에서는 160개의 암호를 분석한다."

이제 할 일은 알고 있는 모든 암호를 분석해 어떤 결과가 나올지 지켜보는 것이다. 내가 깜짝 놀랐던 소설 속 암호화 기법은 오 헨리의 1906년 단편소설 〈캘로웨이의 암호Calloway's Code〉에 등장한다.

이 단편소설에 나오는 암호는 예측 문자를 지어내는 방식으로, 스마트폰의 자동완성기능보다 거의 1세기나 앞서 있다. 등장인물인 기자는 일본군의 내부비밀을 알게 되어 검열관들에게 들키지 않고 신문사에 기사를 전달해야 한다. 그래서 그는 'brute select' 같은 왜곡된 문구를 보내고, 베시라는 이름의 젊은 기자는 비밀을 알아차리게 된다. 그 암호는 '신문 영어'와 관련이 있었다. 이제 남은 것은 신문의 상투적인 문구에서 어떤 단어가 왜곡된 단어의 뒤를 따르는지 생각하는 것이다. 보통 신문에서 'brute force', 'select flow' 같은 문구가 많이 쓰이므로, 'brute select'는 'force few'가 된다. 한마디로 군대가 적다는 뜻이다. 캘로웨이의 편집장은 고민에 빠진다. 베시는 그 신문이 대단한 특종을 내도록 도와주었으나, 다른 한편으로 그의 암호 해독법은 신문의 단어 배열이 다소 구태의연함을 반영하고 말았다.

캘로웨이의 편집장은 베시에게 말한다.

"하루 이틀 후에 알려드리겠소. 당신이 해고될지 아니면 더 많은 봉급을 받고 유임될지."

프랙털에 관한 연구와 마찬가지로 암호의 발전 역시 컴퓨터가 발명된 이후에 크게 이루어졌다. 사실 그 연관성은 프랙털보다 더 견고하다. 컴퓨터가 부분적으로는 암호 해독을 위해 발명되었다고 해도 과언이 아니기 때문이다. 수많은 책과 연극, 영화에서 제2차 세계대전 중에 나치의 에니그마 기계 암호를 해독한 암호 해독가들의 이야기를 다루고 있는데, 그중 가장 잘 알려진 작품은 로버트 해리스Robert Harris의 소설 《에니그마Enigma》일 것이다. 독일 에니그마 기계에는 조작자에게 주어진 코드북에 따라 매일 위치가 바뀌는 다수의 다이얼이 있었다. 그래서 기계에 접근할 수 있더라도 설정을 알지 못하면 소용이 없었다. 매일 설정이 변경되기 때문에 그날의 암호를 해독하기 위해서는 매번 다시 시도해야 했다.

에니그마 기계에 대해 자세히 살펴보자. 에니그마는 작은 타자기처럼 생겼다. 조작자가 메시지를 입력하면, 에니그마가 메시지를 암호화한다. 암호화된 메시지는 수신기로 전송되고 수신자는 다른 에니그마 기계를 사용해 암호화를 해독한다. 먼저 조작자는 5개의 '스크램블러Scrambler*' 중 3개를 지정된 순

* 전송된 부호를 랜덤화하는 것.

서로, 26개의 방향 중 하나에 각각 삽입한다. 스크램블러를 선택하는 방법은 5×4×3 = 60가지가 있으며, 선택한 스크램블러를 배열하는 방법은 26×26×26 = 17,576가지다. 이미 손으로 확인하기에는 너무나 많은 수다. 하지만 암호화 과정은 여기서 멈추지 않고 점점 더 복잡해진다. 키보드와 스크램블러 사이에 '플러그보드Plugboard'을 삽입해 10쌍의 글자를 바꾸는 것이다. 26개의 알파벳에서 10쌍의 글자를 선택하는 방법의 수는 150,738,274,937,000으로 약 151조다. 에니그마 설정의 총수는 스크램블러를 선택하는 방법 60가지, 배열하는 방법 17,576가지 그리고 플러그보드를 설정하는 방법 151조 가지를 다 곱한 값이다. 계산하면 158,962,555,218,000,000,000이라는 믿기 힘든 값이 나온다. 초당 10억 개의 설정을 확인할 수 있는 기계를 발명할 수 있다고 해도 모든 가능성을 검토하는 데 5천 년 이상 걸린다는 이야기다. 게다가 설정이 매일 변한다는 것을 기억하라. 나치가 에니그마 기계 암호는 아무도 해독할 수 없다고 생각한 것은 당연하다.

이때 수학자 앨런 튜링Alan Turing이 등장한다. 튜링은 플러그보드의 효과, 즉 151조 개의 추가조합을 상쇄할 방법을 생각해냈다. 그리고 암호 해독팀과 협력해 주어진 스크램블러를 배열하는 방법 17,576개를 처리할 수 있는 '봄베Bombe'라는 기계를 개발했다. 여러 개의 봄베가 나란히 작동하며 스크램블러가 선택되는 60가지 중 하나를 각각 연구하는 방식이다. 결국 연합군은 몇 시간 만에 매일 달라지는 암호를 해독해낼 수 있었고, 독일인들은 이 사실을 전혀 알아차리지 못했다. 이 암호 해독 기술이 전쟁을 2년 이상 단축한 것으로 추정된다. 앨런 튜링은 재능 넘치는 수학자였지만 종전을 앞당긴 놀라운 공헌이 대중에게 알려지기도 전에 비극적으로 사망했다.

휴 화이트모어Hugh Whitemore의 1986년 연극 〈암호 해독Breaking the Code〉은 튜링의 사망과 관련된 가슴 아픈 이야기를 들려준다. 튜링은 동성애 혐의로 기소된 후 삶의 마지막을 비참하게 맞이했고, 청산가리가 든 사과를 먹고 자살한 것으로 추정된다. 그래서 (물론 출처는 불분명하지만) 애플의 로고가 튜링을 기리는 표시라는 가설도 있다. 컴퓨터가 전면에 등장하자 암호 세계에 완전히 새로운 지평이 열렸다. 최근 개발된 모든 암호화 방법은 수학과 관련이 있다.

스릴러 영화에 나오는 천재 암호학자들은 가끔 이런 말을 한다.

"세상에, 컴퓨터가 1,024비트 키를 가진 양자 타원 곡선 암호화 알고리즘을 사용하고 있어."

하지만 이것은 진정한 수학적 개념이라고 보기 어려운 것 같다. 개인적인 의견을 보태자면 영화 속 천재 암호학자들의 말은 허세에 가깝다.

암호에 대한 현대 수학적 개념을 제대로 담고 있는 책으로는 닐 스티븐슨Neal Stephenson의 《크립토노미콘Cryptonomicon》을 들 수 있다.

이 장에서 내가 언급한 것보다 암호에 대해 더 많이 알고 싶다면, 첫 장부터

$$\zeta(s) = \sum_{n=1}^{\infty} \frac{1}{n^s}$$

그리고

$$\pi = 4\sum_{n=0}^{\infty} \frac{(-1)^n}{2n+1}$$

와 같은 수식이 등장하는 흥미진진하고 재미있고 긴장감 넘치는 928쪽짜리 서사시 《크립토노미콘》을 추천한다.

암호를 이야기할 때 댄 브라운의 작품을 빼놓을 수 없다. 나는 그야말로 《다빈치 코드》가 주는 즐거움에 푹 빠졌다. 하지만 이 책에는 수학적으로 말도 안 되는 내용이 많이 있다.

《다빈치 코드》에 등장하는 어떤 '수학자'는 그리스 문자 파이PHI(ϕ)로 알려진 황금비율에 대해 이렇게 설명한다.

"수학자들이 즐겨하는 말처럼, 파이PHI에는 파이PI(π)보다 훨씬 더 멋진 H가 하나 더 있잖아요."

아니다! 우리는 그렇게 말하지 않는다.

나는 2장에서 황금비를 거론하면서 피보나치수열(1, 1, 2, 3, 5, 8, 13……)에 관해 이야기했다. 이 수열의 연속 항들의 비율을 나

타낸 수열은 $\frac{1}{2}(1+\sqrt{5})$라는 ϕ값에 수렴한다. 그러나 레오나르도 다빈치의 〈비트루비안 맨Vitruvian Man〉은 이 수열에 바탕을 둔 것이 아니다. 로마 건축가 비트루비우스Vitruvius*도 황금비율과 인체에 관해 어떤 강조도 하지 않았다.

참,《다빈치 코드》에는 이런 말도 나온다.

"수학자 레오나르도 피보나치가 13세기에 이 수열을 만들었다."

당연히 사실이 아니다. 하지만 가장 최악은 이 책의 주인공인 전문 '기호학자' 로버트 랭던이 황금비율 ϕ를 1.618이라고 말했을 때다. 그 순간 전 세계 모든 수학자의 마음이 무너져 내렸을 것이다. 그 값은 근사치일 뿐, 훨씬 더 멋진 친구인 π처럼 영원히 계속되는 수이기 때문이다. 그 숫자가 지닌 최고의 매력인 신비로운 무한함을 그렇게 댕강 잘라내는 것은 그야말로 비극이다. ϕ의 또 다른 이름은 '신성한 비례Divine Proportion'로 16세기 이탈리아 학자인 루카 파치올리Luca Pacioli가 창안했다. 황금비는 신처럼 결코 완전히 알 수 없으므로 1.618이라고 확정할 수 없다. 이제 이 얘기는 그만하겠다. 하지만《다빈치 코드》의 첫 장을 시작하는 부분에 수학자들을 위한 사전 경고가 있어야 하는 것은 분명하다. 어쨌든 다시《다빈치 코드》로 돌아가서, 이 소설은 아름다운 젊은 여성 암호학자 소피 느뵈와 나이가 다소 많은 남성 기호학자 로버트 랭던이 가톨릭교회의 심

* 〈비트루비안 맨〉에 영감을 준 원문의 저자.

장부에서 벌어지는 충격적인 음모의 비밀을 밝히기 위해 촌각을 다투는 이야기를 다룬다.

소피와 로버트가 처음 접하는 암호화 방법은 글자 순서를 바꾼 간단한 애너그램이다. 나중에는 원래 히브리어 알파벳에 사용되는 고대 암호인 '아트바쉬 암호Atbash cipher'를 만나게 된다. 이 암호의 사용법은 그 이름에서 알 수 있다. 히브리어 알파벳은 알레프aleph, 베이트beth, 김멜gimel, 달렛daleth(a, b, g, d)로 시작해 쿠프qoph, 레쉬resh, 쉰shin, 타브taw(k, r, sh, t)로 끝난다. 아트바쉬 암호는 이 히브리어 알파벳을 뒤집은 것이다. 알레프는 타브, 베이트는 쉰으로 바꾼다. 말하자면 a ↔ t, b ↔ sh로 바뀌므로 아트바쉬atbash라고 부르는 것이다. 이를 영어에 적용한다면 아즈비Azby 암호라고 불러야 할 것이다.

만약 내가 성배에 관한 진실을 보존하는 임무를 맡은 고대 사회의 강력한 지도자였다면, 조금 더 어렵고 안전한 암호를 사용했을 것 같다.

댄 브라운의《디지털 포트리스Digital Fortress》는 완전히 다른 책이다. 이 책에는 아름다운 젊은 여성 암호학자와 나이 든 남성 학자가 비밀을 밝히기 위해 촌각을 다투는 일은 없다. 잠깐! 어쩌면 비슷한 점이 있을지도 모른다. 이번 책의 암호학자는[6] 미국 국가안보국에서 근무하고 있다. 수잔 플레처와 학자 데이비드 베커는 '해독할 수 없는' 암호화 방법의 출시를 막으려는 NSA 임무에 투입된 뒤 복잡한 사건에 말려든다.

《디지털 포트리스》에는 중요한 암호 용어가 많이 사용되지만, 수잔과 데이비드가 푸는 실제 암호들은 최소 2천 년은 된 것들이기 때문에 우리가 하려는 이 이야기와는 전혀 상관없다. 한 가지만 언급하고 지나가겠다. 이 책에는 수잔이 "역사상 최초의 암호 작성자"라고 말하는 줄리어스 시저의 암호가 등장하는데, 이 암호는《지구 속 여행》에 사용되는 열 암호를 변형한 경우다. 앞서 내가 제시한 예시는 48자였고, 그 문장을 6×8 직사각형으로 배열했다.《디지털 포트리스》에 등장한 시저 암호에는 조건이 추가된다. 사용된 격자는 반드시 정사각형이어야 하고, 열과 행의 수가 같아야 한다. 이렇게 하면 시행착오를 겪을 필요가 없어지므로 암호 해독이 훨씬 수월해진다. 만약 144자 길이의 메시지를 받았다면, 144의 제곱근 12로 12×12 격자판을 만들어 메시지의 글자를 적은 뒤 열을 따라 아래로 읽으면 된다.

이 방식에 충격을 받았을지도 모르겠다. 대부분의 숫자는 정확한 제곱근을 갖고 있지 않기 때문이다. 그래도 문제는 없다. 수잔에 따르면, 각 메시지의 글자 수는 정확히 제곱수였다. 좀 믿기 힘들다. 불쌍한 시저는 토가에 땀을 뚝뚝 흘리면서 이마를 찌푸린 채, 로마의 미래가 위태로운 상황에도 완벽한 제곱수 글자로 자기 뜻을 어떻게 전할지 고군분투했을까? 다행히 간단한 해결책이 있다. 우선 원하는 대로 메시지를 기록한다. 그리고 마지막에 글자 수가 그보다 큰 제곱수가 되도록 메시지에 군더더기를 붙이는 것이다. 만약 시저가 12자의 메시지를 보내고 싶다면, 마지막에 4개의 글자를 추가해 총 16(4의 제곱수)자가 되도록 한 뒤 다음 절차를 진행하면 된다. 메시지가 수신되면 아마 그 문장은 다음과 같이 읽힐 것이다.

vvvxeiiondcxiiio.

재빨리 세어 보니 총 16자다. 16의 제곱근은 4이므로, 메시지의 글자를 4×4 격자에 적는다.

v	v	v	x
e	i	i	o
n	d	c	x
i	i	i	o

그런 다음 원래 메시지를 열 단위로 읽는다. 마지막 네 글자는 폐기하면 된다. 이제 숫자를 사용하는 두 가지 암호화 기법을 끝으로 이 장을 마치려 한다. 컴퓨터가 발명된 이후 모든 암호화 알고리즘은 수학에 의존한다고 말했기에 적어도 그 대표적인 예를 살펴보는 것이 좋을 것 같아서다. 바로 RSA라 불리는 암호로, 이 암호의 이름은 암호를 창안한 두 번째 연구진 이름의 첫 글자를 딴 것이다. 첫 번째 연구자는 수학자 클리퍼드 코크스Clifford Cocks로, 당시 그는 미국 NSA에 해당하는 영국

정부통신 본부에서 일하고 있었다. 코크스의 업무는 기밀이었기 때문에, 수년이 지나도록 아무도 그의 발견을 알아차리지 못했다. 이 알고리즘 이면에 숨겨진 아이디어는 기발하다. 암호화 방식이 완전히 공개되고 암호화된 텍스트가 모든 신문의 1면을 장식하더라도 해독할 수 없을 정도다. 이 암호화 방식은 숫자를 곱하는 것은 쉽지만, 그 숫자를 소인수 분해하는 것, 즉 소수의 곱으로 나타내는 것은 난해하다는 수학적 관찰에 바탕을 둔다. 예를 들어, 종이 한 장만 있으면 89×97의 값을 금방 구할 수 있다. 하지만 8,633을 나눠떨어지게 하는 모든 수를 찾으려면, 시간이 오래 걸릴 것이다. 가능한 숫자를 찾을 때까지 계속 나눠봐야 하기 때문이다. 괜히 마음을 졸이게 할 생각이 없으니 결론을 말하자면, 8,633은 89×97이고, 이 숫자들은 둘 다 소수이므로 8,633의 약수는 1, 89, 97 그리고 8,633이다.

곱셈에 비해 소인수분해가 더 어렵다는 편향성에 기초한 암호가 바로 RSA이다.[7] RSA 암호에서 2개의 매우 큰 소수 p와 q의 곱인 수 N은 공개되지만, 소수 그 자체는 공개되지 않는다. 그런 다음 이 N을 사용해 메시지를 암호화한다. 메시지를 숫자로 변환해 그 숫자를 큰 수로 거듭제곱한 뒤 N으로 나눈 나머지를 전송한다. 이 과정을 되돌려 원래 암호를 되찾는 깔끔한 수학적 기법이 있지만, p와 q를 알아야만 가능하다. 큰 수를 빠르게 소인수 분해하는 방법은 알려지지 않았으므로 상대방이 N을 알아도 p와 q를 빠르게 찾을 수 없다. 그래서 제법 큰 숫자를 사용하면, 이 암호는 절대 해독될 수 없는 것이다.

훨씬 오래된 또 다른 암호화 기법은 숫자를 사용하지만 완전히 다른 방식이다. '책 암호Book Cipher'라고 불리는 이 암호는 〈셜록 홈스〉 시리즈 중《공포의 계곡The Valley of Fear》에서 등장한다. 암호 설정법은 간단하다. 두 사람이 서로에게 비밀 메시지를 보내고 싶다면, 사전에 둘 다 소유하고 있는 책을 확인한다. 한 사람이 다른 이에게 'cover blown'이라는 메시지를 보내고 싶다면, 책 어딘가에서 'cover'와 'blown'이라는 단어를 찾아야 한다. 만약 'cover'가 132쪽 12행의 여섯 번째 단어라면, 132 12 6을 보내면 된다. 마찬가지로 415 3 15는 415쪽 3행의 열다섯 번째 단어로 찾으면 된다.

이 암호는 해당 책을 모르면 절대 풀 수 없다. 하지만 두 사람이 이 암호를 사용했다는 의심을 받는 상황이라면, 상대방은 두 사람이 소유한 모든 책을 조사하는 극단적인 방법을 사용할 수 있다.

《공포의 계곡》에서 셜록 홈스는 책을 모르는 상태에서 그 암호를 해독해야 하는 곤경에 빠진다. 그는 전체 쪽수가 적어도 532쪽 이상임을 의미하는 쪽 번호 532와 암호에 적힌 행의 수(그만한 행의 수로 인쇄된 책이 얼마나 있는지)를 바탕으로 추리를 시작한다. 이 단서는 홈스와 왓슨이 책을 찾고 암호를 해독할 수 있을 만큼 수사 범위를 좁혀주고, 그들은 결국 암호를 해독해 사건을 해결한다.

이 장을 마무리하기 위해 책 암호를 해독하는 도전 문제를 제시하고자 한다. 하지만 그 책은 무엇일까? 일단 당신과 나, 둘 다 소유하고 있는 책이어야 한다. 지금 이 순간 당신이 소유하고 있는 책을 내가 어찌 알 수 있을까? 당신이 이 수수께끼를 해결하는 동안, 나는 암호로 이 장을 끝내겠다.

행운을 빈다!*

26 13 1

41 11 2

137 31 3

9 17 9

15 2 7

* 저자가 제시한 암호는 이 책의 원서 《Once Upon a Prime》을 바탕으로 한 것으로, 정답은 다음과 같다. "이 문제를 해결한 것을 축하합니다.Congratulations on solving this puzzle."

9

현실 속의 파이

수학을 주제로 한 소설

"나는 형식과 질서의 조화를 믿는다. 그래서 나는 내 별명이 마음에 안 든다. 그 숫자는 영원히 계속되니까."

얀 마텔Yann Martel에게 부커상을 안겨준 소설《라이프 오브 파이》의 주인공 '파이Pi' 파텔이 한 말이다.

《라이프 오브 파이》는 바다에서 조난당한 소년이 리처드 파커라는 이름의 벵골 호랑이와 구명정에서 227일을 표류하며 살아남는 이야기를 담았다. 유명한 수학 상수인 파이는 원의 지름에 대한 원주의 비율로, 참으로 매혹적인 숫자다. 그리고 파이 파텔이 말했듯이, 이 숫자는 영원히 계속된다. 파이는 두 정수의 비로 나타낼 수 없는 '무리수'다. 끝이 없으니 딱 떨어지는 분수나 소수로 적을 수도 없다. 주인공의 이름에 빗댄 '무리수 파이'에 대한 생각이 바로 이 소설의 핵심 주제다.

독자들은 파이 파텔의 꿈같은 경험이 어디까지 상상이고 어디까지가 실제인지 결코 확신할 수 없을 것이다.

이 장에서는 기본적인 수학 개념이 이야기의 주제를 조명하거나 발전시키는 데 사용된 몇 가지 사례를 알아보겠다. 앞서 8장 '수학적 아이디어와의 산책'에서는 문학이 대중 수학의 풍조와 그 유행에 어떻게 반응했는지 살펴보았다. 여기서는 작가들이 시대를 초월한 수학적 주제, 즉 π와 같은 숫자의 속성, 무한대라는 개념 그리고 수학적 사고 자체의 본질에 어떻게 관여했는지 들여다볼 것이다.

얀 마텔의 소설에서, 파이 파텔은 인도 퐁디셰리에서 보낸 어린 시절을 회상한다. 그는 자기 이름이 파리에 있는 피신 몰리터라는 수영장의 이름에서 따왔다고 말한다. 가까운 친척인 수영 챔피언이 어릴 때 그 수영장에 놀러 간 이야기를 너무 많이 떠들었기 때문이다. 불행하게도, '피신 파텔Piscine Patel'은 종종 '피싱Pissing* 파텔'처럼 들렸고, 수년간 놀림을 받던 그는 새 학교에서 맞는 첫날에 과감한 행동이 필요하다고 결정했다.

파이는 이름을 말할 차례가 왔을 때, 자신을 다음과 같이 소개했다.

> 나는 책상에서 일어나 서둘러 칠판 앞으로 갔다. 그리고 선생님이 뭐라고 말하기도 전에 분필을 집어 들고 이렇게 적었다.

* pissing은 오줌싸개라는 뜻이다 – 옮긴이 주.

제 이름은

피신 몰리터 파텔입니다.

모두 다 알다시피

— 그리고는 첫 두 글자(Pi)에 밑줄을 2개 그었다 —

이렇게 덧붙였다.

$\pi = 3.14$

나는 큰 원을 그린 다음, 그 원을 둘로 나누는 지름을 그어 기하학의 기본 개념을 상기시켰다.

이 방법은 제대로 통했고, 그때부터 그의 이름은 파이가 된다. "골이 진 양철 지붕 아래 판잣집처럼 생긴 그리스 문자에서, 과학자들이 우주를 이해하는 데 사용한 그 난해한 무리수에서 나는 피난처를 찾았다."[1]

파이와 리처드 파커가 푸른 망망대해에 떠 있을 때, 무작위처럼 보이는 π의 자릿수들은 기이하고 예측할 수 없는 해류에 울려 퍼진다. 하지만 π에 있는 숫자들은 무작위가 아니다. 우리가 원하는 만큼 이 특정 숫자들의 바다를 몇십 억 자리까지 철저하게 조사할 수 있도록 계산하는 방법이 있다. 내게 π의 진정한 수수께끼는 이 숫자가 수학 속 가장 예상치 못한 곳에서 어떻게 나타날까 하는 것이다. π가 원과 관련 있다는 것은 많이들 알고 있을 것이다. 그리고 확실히 정사각형과는 아무 상관이 없다. 하지만 제곱수 1, 4, 9, 16, 25 등을 포함하는 수열은 π와 독특한 방식으로 연결되어 있다.

만약 $\frac{1}{1}+\frac{1}{4}+\frac{1}{9}+\frac{1}{16}+\frac{1}{25}+\cdots\cdots$의 합을 구한다면 (이 점들이 '영원히' 계속되는 것처럼 보이는 지점에서) 이 숫자들의 합이 약 1.64라는 특정한 값에 점점 더 가까워지는 것을 알 수 있다. 이것은 1650년쯤에 처음으로 발견되었고, 수학자들은 이 숫자가 무엇을 의미하는지 알아내려고 80년 이상을 보냈다. 우리가 '서사의 기하학'에서 만난 위대한 레온하르트 오일러는 1734년에 $\frac{1}{1}+\frac{1}{4}+\frac{1}{9}+\frac{1}{16}+\frac{1}{25}+\cdots\cdots=\frac{\pi^2}{6}$라는 놀라운 결과를 알아냈다. 나도 이 증명을 봤지만, 여전히 믿기지 않는다. 숫자 π는 다른 곳에서도 등장한다. 통계학에서 유명한 '종 곡선Bell curve'에 대한 방정식이 π를 포함하고 있으며, 심지어 구불구불한 강의 패턴에서도 π가 나타난다. 구불구불한 모든 움직임을 포함한 강의 길이를 강 입구에서 하구까지의 직선거리로 나누면, 그 값은 대략 π에 가깝다. 아르키메데스에서 뉴턴, 루이스 캐럴로 더 잘 알려진 찰스 도지슨Charles Dodgson에 이르는 수많은 수학자들이 π의 근삿값을 구하는 방법을 생각해냈지만, 그 숫자는 영원히 계속되기 때문에 정확하게 알 수 없었다. 그래서 파이 파텔은 좌절한다. 그는 실체가 명확하게 정의되는 결말을 갖길 원했기 때문이다. 파이는 말한다.

"작별인사를 할 수 없다는 것은 얼마나 끔찍한 일인가. 할 수만 있다면, 어떠한 일에 의미 있는 모양을 부여해야 한다. 예컨대 나는 누군가 뒤죽박죽인 내 이야기를 정확히 딱 100장으로 말해줄 수 있을지 궁금하다. 한 장 더 늘리지도, 한 장 더 줄이지도 말고. 인생에서 일을 알맞게 마무리하는 것은 중요하다. 그래야만 보낼 수 있으니까."

물론 인생은 깔끔하지 않다. 모든 이야기는 서로 연결되어 있으며, 깔끔한 결말은 없고 단지 편리한 정지 지점만 있을 뿐이다. 리처드 파커와 함께 바다에서 몇 달을 보낸 파이에게는《라이프 오브 파이》가 정확히 100장이라는 것만으로도 아마 조금은 위로가 될 것이다. 이 소설의 길이만 만족스러운 것은 아니다. 파이가 바다에서 표류한 시간은 정확히 227일이다. 언뜻 이 숫자가 중요하지 않을 것 같지만, 나는 그렇지 않다고 믿는다. 근거는 다음과 같다.

첫째, 만약 그 숫자가 중요하지 않다면, 왜 마텔은 정확한 기간을 언급했을까? 둘째, 파이의 동반자로 호랑이를 선택한 이유를 물었을 때, 마텔은 처음에 코뿔소를 생각했다고 말했다. "하지만 초식동물인 코뿔소를 어떻게 해야 태평양에서 227일 동안 살게 할 수 있을지 알 수 없었다. 그래서 결국 지금은 당연한 선택처럼 보이는 호랑이로 정했다"고 덧붙였다. 이 말은 마텔이 아주 일찍부터 227일을 염두에 두고 있었다는 것을 의미한다. 나는 그 이유를 알았을 때, 몹시 흥분했다. $\frac{22}{7}$라는 분수가 π값에 매우 가까운 근사치라는 사실은 우연일 수 없다. 또한 π와 달리, $\frac{22}{7}$는 유리수다. 단순하고 간단하게 분수로 쓸 수 있고,

파이가 갈망하는 의미 있는 형태를 부여할 수도 있는 것이다. 마텔은 파이가 무리수라서 선택했다고 말하면서, "과학자들은 이 무리수를 이용해 우주에 대한 '합리적인' 이해에 도달한다. 나에게 종교는 살짝 '비합리적'이지만 그것으로 우주를 온전하게 이해한다"라고 덧붙였다. 227일간의 표류로 $\frac{22}{7}$을 떠올리게 하는 마텔의 영리한 글솜씨는 '파이를 유리수로 만드는' 불가능을 가능한 것처럼 보이게 한다.

숫자 π는 역설적으로 보이는 속성을 많이 갖고 있다. 무리수이지만 그 정의는 지름에 대한 원주의 비율이라는 의미를 지닌다. π에 쓰이는 숫자는 유한하지만, 자릿수는 무한대로 계속된다. 역설과 무한(또는 무한의 역설)은 아르헨티나 작가 호르헤 루이스 보르헤스Jorge Luis Borges의 작품에서 반복되는 주제다. 그의 소설 《바벨의 도서관》은 수학적인 모순어법, 즉 모든 방향으로 영원히 확장되는 공간을 어떻게든 채워야 하는 유한한 수를 특징으로 한다. 이 이야기는 '도서관 사서'의 일인칭 시점으로 전개된다. 이 사서는 모든 것이 똑같이 배치된 육각형 방들을 돌아다니며 책을 읽고 '우주'의 의미를 이해하려고 노력한다. 나는 장난스러우면서도 심오하고 아름답게 써진 보르헤스의 작품을 사랑한다. 그의 작품을 읽어본 적이 없다면, 지체하지 말고 《바벨의 도서관》을 읽어보자. 이 특별한 이야기는 보르헤스 자신이 아르헨티나 국립 공공 도서관의 관장이자 사서였기 때문에 더 많은 공감을 받았다. 그는 어린 시절부터 책에 둘러싸여 있었고, 그의 아버지는 스페인어와 영어로 된 많은 작품을 소장하고 있었다. 그래서 그는 "내 인생에서 가장 중요한 사건을 꼽으라면, 아버지의 도서관이라고 해야겠다"라고 말한 적이 있다. 그런 독서광이 30대부터 시력을 잃기 시작해 50대 후반에는 완전히 눈이 멀자, 그 상실감은 말로 할 수 없을 정도였을 것이다. 그래서 보르헤스가 40대 초반이었던 1941년에 출간된《바벨의 도서관》의 글귀가 특히 가슴 아프게 다가온다.

"도서관에 있는 모든 사람들처럼, 나도 젊은 시절에는 여행을 즐겼다. 그러면서 책, 아마 최고의 카탈로그를 찾아 헤매었던 것 같다. 이제 내 눈은 내가 쓴 글을 거의 읽을 수 없다. 나는 내가 태어난 육각형에서 불과 몇 리그 떨어진 곳에서 죽을 준비를 하고 있다."[2]

사서는 도서관이 놀라운 곳이라고 말한다. 바벨의 도서관에는 가능한 모든 책이 있다. 지금 쓰이고 있고, 언젠가 쓰일 것이고, 절대 쓰이지 않을 모든 책, 시작되었지만 버려지고 금지되고 극찬받고 상상하지도 못했던 모든 책이 바벨의 도서관에 존재했다. 게다가 도서관의 책들은 모두 크기와 모양 그리고 길이가 같다. 정확히 410쪽이다. 이상하게 들리겠지만,《전쟁과 평화》는 여러 권으로 나누면 되고,《위대한 개츠비》는 한쪽을 비워두면 바벨의 도서관에 어울리는 1권짜리 책이 될 수 있으니 괜찮다. 화자와 다른 사서들은 평생 도서관을 돌아다니며 지식을 찾는다. 모든 책이 도서관에 있으므로 도서관 책장 어딘가에 도서관이 존재하게 된 이유 그리고 도서관의 구조를 설명하는 책이 반드시 있기 마련이다. 평생 일어날 모든 일을 알려주는 책도 있다. 이 세상 모든 복권의 당첨 번호를 나열한 책도 있다. 가능한 모든 책이 있다는 것은 그 도서관에 수백만 부 이상의 책이 있다는 이야기일 것이다. 대체 어떻게 생겼길래 그렇게 많은 책을 소장할 수 있었을까?

보르헤스는《바벨의 도서관》을 이렇게 시작한다.

> 우주(다른 이들은 도서관이라 부르는 곳)는 부정수 아니 어쩌면 무한수로 된 육각형 진열실로 이루어져 있다. 각 진열실 가운데에는 매우 낮은 난간으로 둘러싸인 커다란 통풍구가 있다. 어떤 육각형 진열실에서도 위층과 아래층을 무한하게 볼 수 있다. 진열실은 모두 일정하게 배치되어 있다. 각 진열실에는 20개의 책장이 있고, 두 벽을 제외한 각 벽에 5개의 책장이 늘어서 있다. 책장이 없는 두 벽 중 하나는 또 다른 진열실로 통하는 좁은 복도로 이어지고, 다른 진열실도 첫 번째 진열실과 모든 것이 똑같다. 복도 좌우로는 2개의 아주 작은 방이 있다. 이 방들은 수면 및 기타 생리 현상을 처리하는 곳이다. 또한 이 공간을 통과하는 나선형 계단이 있는데, 이 계단은 한없이 깊은 곳과 높은 곳까지 이어진다.

도서관의 모든 진열실은 똑같이 생겼고, 도서관은 모든 방향으로 무한히 계속된다. 하지만 여기서 문제가 생긴다. 가능한 책의 수는 거의 상상할 수 없을 정도로 많지만 그럼에도 유한하기 때문이다. 사서들은 도서관 전체가 끝이 없는 구조이고, 도서관에는 가능한 모든 책이 딱 1권만, 그것도 중복되는 복사본 없이 갖춰져 있다고 정확하게 말할 수 있을까? 이 아이디어를 조금 더 살펴보자. 보르헤스는 각 방의 내용과 각 책의 모양과 크기를 자세히 설명한다. 도서관 사서의 말에 따르면, 육각형 방마다 4개의 벽에 책장이 있다. 이 4개의 벽에는 각각 5개의 책장이 있다. 그리고 각 책장에는 32권의 책이 꽂혀 있다. 살짝 암산해보면, 도서관의 각 진열실에는 정확히 $4 \times 5 \times 32 = 640$권의 책이 있다는 것을 알 수 있다.

이제 더 어려운 단계로 들어가 보자. 그렇다면 도서관에는 책이 몇 권이나 있을까? 이를 위해서는 조금 더 많은 정보가 필요하다. 사서에 따르면 모든 책은 형식이 똑같다. 각각 410쪽으로, 각 쪽에는 40개의 줄이 있고, 각 줄에는 80자가 있으며, 쉼표, 마침표, 띄어쓰기와 함께 22개의 알파벳 문자로 구성된 25자가 있다. 보르헤스는 그 알파벳 문자가 무엇인지 정확하게 알려주지 않는다. 분명한 건, 26자의 로마자 알파벳도 아니고, 영어에 ñ를 추가한 스페인어도 아니다. 정확하지는 않지만 고전 라틴 알파벳이 21자에서 23자 사이였으므로, 아마도 고전 라틴 알파벳이 보르헤스가 염두에 둔 문자가 아닐까 추측해본다. 어쨌든 410쪽의 40줄마다 80자가 있다면, 총 $80 \times 40 \times 410 = 1{,}312{,}000$자다.

또한 이 소설의 사서는 책등에도 문자가 있다고 말한다. 책등에 있는 글은 보통 수직으로 쓰이므로, 한쪽당 40줄이라는 것을 고려하면, 책등에도 최대 40자를 넣을 만한 공간이 있다는 것이 합리적인 추론일 것이다. 얼마나 많은 글자가 있는지 모르지만, 결국 각 글자를 선택할 수 있는 가능성은 25가지다. 우리의 책이 *a*, *b*, *c*라는 세 글자만 사용하고, 각 책에는 단 두 글자만 있다고 상상해보자. 일단 첫 번째 글자로는 *a*, *b*, *c* 중 한 가지를 고를 수 있다. 두 번째 글자에도 이 세 가지 중 한 가지를 고를 수 있으므로, 글자를 선택하는 총경우의 수는 $3 \times 3 = 9$가지다.

각 경우의 수는 다음과 같다.

Aa *ba* *ca* *ab* *bb* *cb* *ac* *bc* *cc*

만약 글자를 추가해서 세 글자를 선택할 수 있다면, 처음 두 글자를 선택하는 경우의 수 32가지에 세 번째 글자를 추가하는 방법은 세 가지므로, 세 글자를 선택하는 경우의 수는 총 $3^3 = 27$이다. 세 글자를 고르는 각 경우의 수는 다음과 같다.

aaa *baa* *caa* *aba* *bba* *cba* *aca* *bca* *cca*

aab *bab* *cab* *abb* *bbb* *cbb* *acb* *bcb* *ccb*

aac *bac* *cac* *abc* *bbc* *cbc* *acc* *bcc* *ccc*

세 글자로 된 알파벳이 있는 각 책에 총 일곱 글자가 있다면, 총 $3^7 = 3 \times 3 \times 3 \times 3 \times 3 \times 3 \times 3$권의 책이 있을 것이다. 세 글자로 된 알파벳 책에 n개의 글자가 있다면, 그러한 책은 3^n권이 있다. 같은 방법을 적용하면, 각 책에 n개의 글자가 있고 25개의 문자(띄어쓰기, 쉼표, 마침표를 포함한다는 걸 기억하라)가 있다면, 바벨 스타일의 책은 25^n권이 있을 것이다. 각 책에 1,312,000자가 있으므로, 책 내용은 무려 $25^{1,312,000}$개의 가능성이 있다. 여기서 책등에 있는 글자 수도 잊으면 안 된다. 책등에 있는 글자 수가 40개라면 바벨 도서관에는 $25^{1,312,040}$권의 책이 있다는 뜻이다.

이쯤 되면 계산기로도 계산할 수 없다. 사실, $25^{1,312,040}$은 터무니없이 방대한 숫자라서 컴퓨터로도 계산하기 힘들다. 10의 거듭제곱으로 반올림하면 $10^{1,839,153}$이므로, 1 뒤에 오는 0의 개수가 1,839,153개일 것이다. 초당 5개의 0을 쓸 수 있다면, 그 모든 0을 적는 데 102시간이 걸릴 것이다. 더 중요한 점은 이 숫자가 바벨 도서관이 우리 우주의 일부가 될 수 없다는 것을 완전히 증명하고 있다는 것이다. 과학자들은 우리 우주에 '단' 10^{80}개의 원자만 있다고 추정하기 때문이다. 그래서 모든 원자에 수십억 권의 책을 끼워 놓을 방법을 생각해내지 못한다면, 도서관의 우주는 우리 우주와 다르며 훨씬 더 커야 한다.

어떤 우주를 가정하든, 문제는 있다. 우리는 $25^{1,312,040}$권의 책이 있고, 각각의 책은 640권씩 똑같은 진열실에 보관되어 있다. 도서관에 얼마나 많은 방이 있는지 알아보려면 $25^{1,312,040}$을

640으로 나누면 된다. 하지만 $25^{1,312,040}$은 25를 여러 번 곱한 수이고, 25는 홀수다. 홀수를 여러 번 곱해도 그 결과의 끝자리는 여전히 홀수다. $25^{1,312,040}$ 역시 상상할 수 없을 정도로 엄청난 수지만, 여전히 홀수다. 그리고 홀수를 2로 나누면 정수가 나오지 않는다. 이것은 홀수의 정의이기도 하다. 그러므로 $25^{1,312,040} \div 640$이 정수가 아님을 확실히 하기 위해 계산할 필요는 없을 것이다. 하지만 이것은 도서관에 정수 개의 방이 없다는 뜻이기도 하다!

보르헤스에 대한 책을 쓰기도 한 수학자 윌리엄 블로흐William Bloch는 그의 책에서 이 문제를 해결하는 한 가지 방법은 소설에 나오는 숫자를 조정하는 것이라고 제안했다. 그는 도서관 책꽂이에 32권이 아닌 49권의 책이 있고, 허용된 문자 수를 28자로 바꾸면 전체 진열실의 수가 정수가 될 수 있다고 주장했다. 하지만 나는 가능한 한 이 소설에 주어진 규칙을 따르는 것을 선호한다. 그렇지 않으면 무슨 의미가 있겠는가. 그렇다면 어떻게 해야 문제를 해결할 수 있을까? 우선 앞서 언급한 전제에서 수정의 여지가 있는 모호한 부분이 한 군데 있다. 바로 각 책등에 있는 40자라는 글자 수다(물론 띄어쓰기가 포함된다). 하지만 책등의 글자 수를 바꾼다고 문제가 해결되는 것은 아니다. 글자 수가 얼마든 여전히 수많은 25를 곱해야 하고 그 결과는 아직 홀수이기 때문이다. 그래도 나는 바벨의 우주를 존중하고 싶으므로 두 가지 방법을 제안한다. 첫 번째는 책 제목에는 보통 마침표가 없으므로 책등은 25개의 문자가 아닌 24개의 문자를 허용할 수 있다고 가정하는 것이다. 그러면 책등에 올 수 있는 제목은 24^{40}개이고, 가능한 책 내용은 $25^{1,312,000}$개다. 따라서 도서관의 책 수는 총 $25^{1,312,000} \times 24^{40}$권이 될 것이다. 이 결과는 적어도 짝수다. 그래서 640으로 나눠질 수 있다. 여기서 24^{40}은 24를 40번 곱한 값임을 기억하라. 이 값은 원하는 대로 분해할 수 있다. 이를테면 24^{40}은 7개의 24와 33개의 24를 곱한 값과 같다. 다시 말해 $24^{40} = 24^7 \times 24^{33}$이다.

이 값을 계산해보자.

$$
\begin{aligned}
25^{1,312,000} \times 24^{40} &= 25 \times 25^{1,311,999} \times 24^7 \times 24^{33} \\
&= (25 \times 24^7) \times (25^{1,311,999} \times 24^{33}) \\
&= 114,661,785,600 \times (25^{1,311,999} \times 24^{33}) \\
&= 179,159,040 \times 640 \times (25^{1,311,999} \times 24^{33})
\end{aligned}
$$

이 엄청난 숫자는 다행히도 640의 배수다. 이 말은 도서관에 있는 육각형 진열실의 정수 개, 즉 $179,159,040 \times 25^{1,311,999} \times 24^{33}$권의 책이 딱 맞게 들어간다는 뜻이다.

두 번째 제안은 소설 내용과 관련이 있다. 도서관 사서는 도서관의 규칙을 설명할 때 다음과 같이 말한다.

"내가 관리하는 육각형 진열실에서 최고의 책은《더 코움드 썬더클랩The Combed Thunderclap》과《더 플래스트로우 크램The

Plastro Cramb》과 《Axaxaxas mlö》다."

사실 마지막 책은 보르헤스의 다른 작품 중 하나인 《틀뢴, 우크바르, 오르비스 테르티우스Tlön, Uqbar, Orbis Tertius》와 관련된 농담이다. 'Axaxaxas mlö'는 틀뢴 행성의 언어로, '달이 뜨다'라는 뜻이다. 틀뢴은 실재할 수도 있고, 아닐 수도 있다. 그 존재에 대한 유일한 증거는 특정 책에서 발견되는 단편적인 정보들뿐이다. 바벨 도서관에는 모든 책이 존재하기 때문에, 분명 보르헤스의 작품도 있을 것이고 (틀뢴의 존재 여부와는 상관없이) 틀뢴의 모든 문헌도 있을 것이다. 어쨌든 도서관 사서가 언급한 책의 책등에 악센트가 있는 글자 ö가 포함되어 있으므로 책등의 문자를 고를 수 있는 경우의 수는 25가지보다 많을 것이다. 만약 문자 하나를 추가할 수 있다면, 책등 문자를 선택하는 경우의 수는 26가지다. 따라서 책 개수를 계산할 때 26^{40}이라는 값을 곱하면 그 값 역시 640으로 딱 나누어떨어진다. 어떤 식으로든 우리는 이 소설의 원칙을 어기지 않을 수 있고, 정수 개의 육각형 방으로 마무리할 수 있다.

도서관의 진열실 수는 매우 많지만, 여전히 유한하다는 사실을 밝히고 나면 이제 다음 문제를 해결할 시간이다. 그렇다면 이 결과는 도서관이 모든 방향으로 무한히 계속되어야 한다는 전제와 어떻게 해야 성립할 수 있을까? 소설 속에 나타난 모든 특성을 가진 구조를 알아내는 데 수학이 도움을 줄 수 있을까? 소설에 따르면 각 육각형에는 그 가운데를 통과하는 통풍구가 있다. 또한 육각형 사이에 있는 복도 위아래에 나선형 계단도 있다. 이 사실로 알 수 있는 것은 육각형과 계단의 배열이 정확히 수직을 이루어야 한다는 것이다.

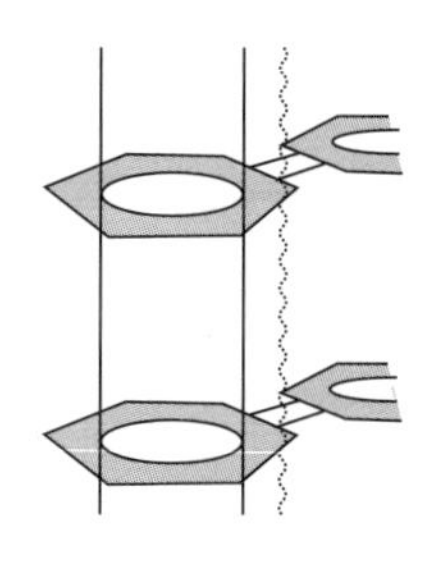

또한 육각형의 벽 중 정확히 2개는 책장이 없다. 이 벽 중 하나 또는 2개는 육각형 2개를 수평으로 연결하는 복도로 이어진다. 나선형 계단으로도 연결된다. 모든 육각형은 같으므로 모든 육각형의 한 벽만 복도로 통하거나 두 벽 모두 통하게 된다. 그러나 한 벽만 통할 경우 무한히 이어지는 도서관은 불가능하다. 만약 육각형 A가 육각형 B와 연결된다면, 육각형 B는 이미 육각형 A에서 이어진 복도가 있으므로 다른 육각형과 연결될 수 없기 때문이다. 그리고 소설 속에는 "오른쪽으로 몇 마일"과 "90층 위로" 이동하는 것에 대한 언급이 있다. 그러므로 각 육각형에는 옆방으로 이어지는 2개의 복도가 있을 것이다. 이 같은 구조가 가능한 것 중 한 가지는 다음 그림처럼 복도가 반대편 육각형의 벽과 이어지고 각 수평층이 한 줄로 나열된 육각형 사슬 형태다.

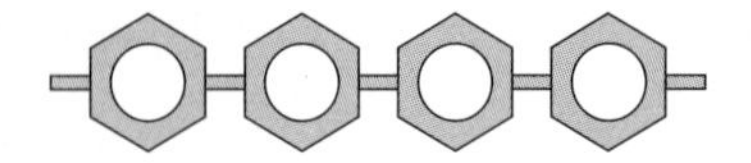

하지만 복도는 인접한 벽에 있거나, 그 사이에 2개가 아닌 1개의 책장 벽이 있을 수도 있다. 그렇다면 각 층의 평면도에는 더 많은 가능성이 존재한다. 하지만 지금은 각 수평층이 한 줄로 연결된 육각형으로 되어 있고, 위아래로 같은 형태가 복제되어 있다고 가정해보자. 그러면 육각형 사슬로 이루어진 거대한 직사각형 그물망을 연상할 수 있을 것이다.

그리고 또 한 가지, 우리는 끝에 도달하지 않고 무한히 위, 아래, 오른쪽, 왼쪽으로 움직일 수 있어야 한다. 유한하지만 끝과 시작이 없는 모양이 있다. 영원한 사랑을 상징하며 결혼반지를 만들 때 그 모양을 사용한다. 바로 원이다. 원은 유한한 공간에 들어맞는 1차원의 '무한한 선'이다. 3차원으로 차원을 높이면 끝에 도달하거나 가장자리에서 떨어지지 않고 지구와 같은 구 표면을 걸을 수 있다. 바벨 도서관에 있는 모든 책을 담을 수 있을 만큼 큰 구는 우리가 평생 일주할 수 있는 크기가 아닐 것이므로 여전히 유한하면서도 무한하게 느껴질 것이다.

하지만 직사각형 그물망 모양의 방들은 3차원 구 표면에 놓일 수 없다. 직사각형 종이 한 장을 공에 감아보면 왜 그런지 알 수 있다. 어떤 부분은 반드시 겹치거나 일그러진다. 지도 제작이 어려운 이유는 지구는 구형이므로 지도를 왜곡 없이 그릴 수 없기 때문이다. 이 어려움을 해결할 방법은 차원을 한 단계 높이는 것이다. 그러면 도서관 우주가 4차원 구의 3차원 표면으로 존재할 수 있다! 차원 높이기는 수학적으로는 말이 되지만, 내가 더 선호하는 또 다른 방법이 있다. 이른바 '우주 침략자Space invaders' 해결책이다. '우주 침략자'는 컴퓨터 메모리 용량이 기억상실증에 걸린 금붕어처럼 적었던 시절에 유행했던 외계인 사냥게임이다. 이 게임은 우주에서 이리저리 이동하면서 적의 우주선을 쏘는 데 메모리를 아끼려 그랬는지 우주선이 화면 오른쪽 가장자리에서 빠져나가면, 마치 공간의 같은 지점을 통과하는 것처럼 왼쪽 가장자리의 해당 지점에서 다시 나타난다. 또는 화면 하단으로 날아간 우주선이 화면 상단에서 발견되기도 한다.

이 원리와 관련된 연구를 하는 수학 분야를 위상수학Topology이라고 한다. 예를 들어, 화면의 하단 경계가 상단 경계와 정확히 같은 점 집합이고, 두 경계가 서로 연결되어 있다고 명령한다. 약간의 왜곡을 감수하면, 3차원에서도 같은 일이 일어나게 할 수 있다. 직사각형을 구부린 다음 두 가장자리를 함께 붙여 원기둥을 만드는 것만으로도 평평한 표면을 약간 굽은 면으로 바꿀 수 있는 것이다.

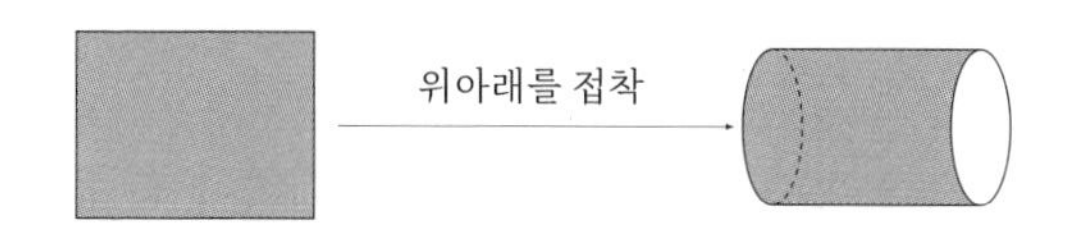

육각형 방으로 이루어진 직사각형 그물망도 그림과 같이 구부리면 된다. 수직층은 이제 거대한 원을 만들고, 우리는 층 사이에서 위아래로 움직이되, 끝없이 이어지게 될 것이다. 또한 마치 지구 반대편에 있는 이들이 그런 것처럼 이동하다 보면 거꾸로 뒤집힌다는 사실도 깨닫지 못한다. 하지만 수평층은 어떨까? 수평층은 여전히 원기둥의 왼쪽과 오른쪽 끝에 '마지막 육각형'이라는 경계가 있다. 수학자들은 좋은 아이디어가 있으면 이용해야 직성이 풀린다. 그래서 수평층에도 정확히 같은 방법을 사용한다. 즉, 오른쪽 화면을 떠난 우주선이 왼쪽에서 다시 등장하는 것처럼 원기둥의 양 끝을 수학적으로 '접착'한다. 그러면 수학계에서는 원환체Torus라고 부르는 도넛 모양을 확인할 수 있다.

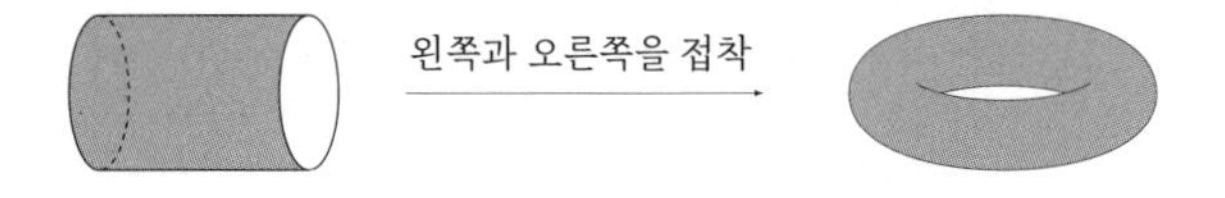

이 장에서 마지막으로 만나볼 작가는 가능한 모든 책으로 가득 찬 도넛 모양의 우주를 즐겼을 것이 분명하다. 그러면 이제 떠돌이 사서들은 뒤로 하고 이상한 나라로 여행을 떠나보자.

수학자가 쓴 가장 유명한 소설 작품은 단연 루이스 캐럴의 《이상한 나라의 앨리스》와 그 속편 《거울 나라의 앨리스》일 것이다. 그 작품들에 담긴 장난스러운 수학적 묘사와 착각을 일으키는 논리는 앨리스가 상상하는 세계의 초현실적이고 몽환적인 특성을 한층 끌어올린다. 나는 캐럴의 수학적 사고방식을 통해 스토리텔링에 대한 그의 접근법을 살펴보려 한다. 루이스 캐럴은 19세기 후반 옥스퍼드 크라이스트처치 칼리지에서 교수로 재직했던 수학자이자 성직자인 찰스 럿위지 도지슨Charles Lutwidge Dodgson 목사의 필명이다. 찰스 럿위지를 라틴어로 바꾼 이름이 카롤루스 루도비쿠스Carolus Ludovicus였고, 이 이름에서 루이스 캐럴이라는 필명이 나왔다고 한다.

캐럴의 모든 소설과 시에는 수학과 아이들의 상상 놀이에서 흔히 볼 수 있는 귀류법적 묘미가 담겨 있다. 일반적인 수학적 증명 방법은 어떤 가정이 깨지기를 바라며 그 가정을 논리적 한계까지 밀어붙이는 것이다. 그 요령은 사실이라고 생각하는 것과 반대의 상황을 가정하는 것이다. 이것은 《거울 나라의 앨리스》에도 살짝 등장했다. 그리고 앞서 '하나, 둘, 신발 끈을 매자'에서 무한히 많은 소수가 있다는 것을 증명한 방법이기도 하다. 우리는 소수가 무한하지 않다는 가정을 세우고 모든 소수를 포함하는 유한한 목록이 있으리라 추정했고, 그 목록에 없는 소수의 존재로 유한한 소수는 불가능하다고 추론했다. 이것이 바로 진정한 수학적 귀류법으로, '모순증명법proof by contradiction'이라고 한다. 비슷한 맥락에서 앨리스가 가짜 거북을 마주치는 장면에는 우스꽝스러운 말장난뿐 아니라 앨리스가 논리적 결론을 내리는 일련의 과정이 담겨 있다.

가짜 거북은 학창 시절을 회상하며 '색다른 수학 분야, 즉 야망, 산만, 우화, 조롱'을 배웠다고 말한다.

> "그러면 하루에 몇 시간 수업했어?" 앨리스가 물었다.
>
> "첫날은 10시간." 가짜 거북이가 말했다. "다음 날은 9시간, 뭐 이렇게."
>
> "진짜 이상한 시간표다!" 앨리스가 말했다.
>
> "그러니까 수업Lesson이라고 부르지." 그리핀이 거들었다. "수업이 매일매일 줄어드니Lessen."
>
> 앨리스는 그런 게 수업이라는 생각이 꽤 의아했다. 그래서 잠시 생각에 잠겼다가 다시 물었다. "그럼 11일째는 수업이 없었겠네?"
>
> "당연하지." 가짜 거북이가 대답했다.
>
> "그러면 12일째는 어떻게 지냈어?" 앨리스는 열심히 말을 이어갔다.
>
> "수업 얘기는 그걸로 됐어." 그리폰이 매우 단호한 어조로 끼어들었다.

그럴 만도 하다. 이 시간표에 따르면 그들은 공부를 거의 하지 않았다는 뜻이니까.

루이스 캐럴의 문장에는 터무니없는 산술이 많다. 캐럴의 시

〈스나크 사냥: 여덟 구절의 고통The Hunting of the Snark: An Agony in 8 Fits〉에서는 이름이 모두 b로 시작하는 10명의 인물이 스나크 사냥을 위해 항해에 나섰지만, 결국 스나크는 부점Boojum* 이었다고 밝혀지며 사냥에 실패한다. 그리고 비버는 2에 1을 더하면 3이 되는 방법을 알아내려고 고군분투한다. 그래서 도살꾼이 끼어들어 비버를 돕는다. 그는 "비버가 잘 이해할 수 있도록 대중적으로 설명했다."

> 3부터 시작할게.
>
> 말하기 편리한 숫자로.
>
> 우선 3에 7과 10을 더해.
>
> 그리고 그 수에 1000에서 8을 뺀 수를 곱하는 거야.
>
> 알다시피 이제
>
> 그 수를 992로 나눠.
>
> 그리고 17을 빼면 답은 3이 돼.
>
> 정확하고 완벽하게 참이야.

얼핏 보면 세부적인 숫자를 사용해 전문적으로 보이지만 터무니없는 말이다. 사실 이 계산은 교묘한 수학적 속임수이며, 설명할 수 없을 만큼 우스꽝스럽게 올바른 답으로 이어지는 정

* 위험한 덫을 의미한다 – 편집자 주.

확하고 논리적인 단계다. 도살꾼은 3이 2 + 1되는 이유를 복잡한 계산을 통해 증명해주려고 한다. 그래서 일단 3으로 시작해 많은 계산을 한다. 이 계산을 주의 깊게 따라가다 보면 그 결과는 다시 정확히 3으로 돌아온다. 하지만 이 계산의 흥미로운 점은 어떤 수로 시작하든 통한다는 것이다. 만약 내가 가장 좋아하는 숫자인 4로 시작한다면, 그 결과 역시 4로 끝난다. 한번 해보자. 일단 4에 7과 10을 더한다. 그러면 $4 + 17 = 21$이 된다. 그런 다음 그 수에 1,000에서 8을 뺀 992를 곱한다. 그리고 그 수를 992로 나눈다. 지금까지의 계산을 식으로 쓰면 $(4 + 17) \times \frac{992}{992}$이다. 마지막 지시는 17을 빼는 것이고, 그러면 다시 4가 된다. 어떤 숫자로 시작하든, 답은 정확히 그리고 완벽하게 참이 될 수밖에 없다.

루이스 캐럴이 약간 집착했던 것 같은 특정 숫자가 하나 있다. 바로 42다. 이 숫자는 캐럴의 글 여기저기에서 불쑥 나타난다. 42개의 삽화가 있는《이상한 나라의 앨리스》에서 하트 왕은 몸이 점점 커지는 앨리스가 재판을 방해하자, "규칙 42항. 키가 1마일이 넘는 모든 사람은 법정을 떠난다"라는 칙령을 읽는다. 흰토끼를 따라 토끼굴로 들어간 앨리스는 아주 깊은 우물 아래로 굴러떨어졌고, 아래로 계속 내려간다. 그리고 자신이 지구를 통과해 반대편으로 떨어질지 궁금해한다. 지구 표면의 임의의 두 지점 사이로 이어지는 터널을 통과할 때 일정한 시간이 걸린다는 것은 수학적으로 기이한 사실이다. 나는 순전히 수학자이므로 마찰이나 공기 저항과 같은 평범한 조건은 무시한다. 앨리스가 지구를 가로질러 반대편으로 떨어지는 데 얼마나 걸릴지 추측해보라. 그렇다. 두말할 나위 없이 42분이다.

《거울 나라의 앨리스》에도 숨은 42가 여러 개 있다. 《이상한 나라의 앨리스》에는 카드가 가득하지만, 《거울 나라의 앨리스》의 주제는 체스다. 책 전체가 흰색 대 빨간색의 체스 게임의 구조로 이루어져 있고, 앨리스는 들판 위에 놓인 체스판을 통해 움직인다. 앨리스는 모험하면서 여러 체스 말을 만난다. 루이스 캐럴에 따르면 이 책을 읽는 독자는 여왕이 되기 위해 체스판을 가로지르는 앨리스를 앞세워 실제 체스 게임을 즐길 수 있다. 책 속 대화에서 앨리스는 자신이 정확히 7살 반, 즉 7살 6개월이라고 말한다. 7 곱하기 6은 물론 42다. 여왕의 나이는 훨씬 더 많다. 101살 5개월 그리고 1일이다. 총 며칠일까? 답은 윤년에 따라 다르지만, 가능한 가장 높은 총합은 37,044이다. 이 수는 무작위로 선택된 것일까? 아마도 그럴 것이다. 하지만 같은 체스 세트에 있는 붉은 여왕과 하얀 여왕의 나이가 아마도 같을 것이라고 가정하자. 두 여왕의 나이를 더하면 74,088일이다. 이 수는 정확히 42×42×42다. 루이스 캐럴이 왜 그렇게 42에 집착했는지에 대한 설득력 있는 해설을 읽어본 적은 없다. 나는 그저 캐럴이 42에 흠뻑 빠져 있었을 것이라고 생각한다. 그렇지만 캐럴의 '42'에 종교적인 해석이 있을 수도 있다고 생각한 학파도 있다.

예를 들어, 〈스나크 사냥: 여덟 구절의 고통〉의 서문에서는 일행들이 정한 규칙이 어떻게 논리적 교착상태에 얽히게 되었는지 소개된다.

> 수칙 42항, "아무도 키잡이에게 말을 걸지 않는다"라는 내용은 벨만이 직접 "키잡이는 누구에게도 말을 걸지 않는다"라고 결론 내버렸다. 따라서 불평은 불가능했고, 이 당황스러운 일이 벌어지는 사이 배는 뒤로 항해했다.

어떤 이들은 숫자 42가 중요한 종교문서인 영국 교회의 주요 교리를 설명한 토마스 크랜머Thomas Cranmer의 신앙고백서 《42개 조항Forty-Two Articles》를 언급한 것이라고 생각한다. 루이스 캐럴은 성공회 사제였으므로 이 문서에 분명 익숙했을 것이다. 42개 조항의 42조는 다음과 같다.

"모든 사람은 결국 구원받지 못한다."

그러니 원하는 대로 하라.

숫자 42는 더글러스 애덤스Douglas Adams의 《은하수를 여행하는 히치하이커를 위한 안내서》를 통해 더 잘 알려지게 되었다. 애덤스가 루이스 캐럴에게서 영감을 받았을지도 모르겠다. 그래서인지 TV 시리즈와 책의 기반이 되었던 라디오 시리즈의 에피소드들은 〈스나크 사냥: 여덟 구절의 고통〉의 각 구절처럼, 첫 번째 구절Fit the First, 두 번째 구절Fit the Second 등으로 구성되어 있다. 《은하수를 여행하는 히치하이커를 위한 안내서》의 초지능적 존재인 외계 문명은 '삶, 우주 그리고 모든 것'에 대한 답을 알아내기 위해 '깊은 생각Deep Thought'이라는 거대한 컴퓨터를 제작해 750만 년(앨리스 나이의 100만 배) 동안 계산한다. 그 후 깊은 생각은 궁극적인 답이 42라는 것을 밝힌다.

마지막 산술 수수께끼를 풀어보자. 이것은 캐럴이 가장 좋아하는 숫자와 오락을 결합한 것으로 토끼굴로 이어지는 일련의 사건들을 수학적 사슬로 설정한다. 이상한 나라에 도착한 앨리스는 모든 게 너무 혼란스러워 자신이 제정신인지 의심하기 시작한다. 그래서 믿을만한 구구단을 외워보기로 한다.

"어디 보자. 4 곱하기 5는 12, 4 곱하기 6은 13, 4 곱하기 7은……. 오, 세상에! 이 속도로는 20까지 절대 못 가!"

가엾은 앨리스, 하지만 20까지 절대 못 간다는 앨리스의 말은 무슨 뜻일까? 평범한 해석에 따르면 곱셈표는 보통 12에서 멈추므로, 앨리스의 곱셈 방식을 따라 $4 \times 5 = 12$, $4 \times 6 = 13$, $4 \times 7 = 14$, $4 \times 8 = 15$, $4 \times 9 = 16$, $4 \times 10 = 17$, $4 \times 11 = 18$, $4 \times 12 = 19$가 되면 끝나게 된다. 따라서 $4 \times 13 = 20$까지 갈 수 없다. 하지만 수학적으로 훨씬 더 흥미로운 해석은 4 곱하기 5가 실제로 12가 되는 시나리오를 찾는 것이다. 이것은 시계가 6 더하기 8은 2라는 계산법을 따르는 것을 기억하면 더 이상 이상하거나 우스꽝스럽게 여겨지지 않을 것이다. 6시에 8시간을 더하면 14시가 아니라 (군대에 있고 24시간 시계를 사용해야 하는 경우가 아니라면) 2시라는 뜻이다. 이처럼 어떤 상황에서는 6 + 8 = 2라고 말하는 것이 타당하기도 하다.

숫자 계산에서 예상치 못한 답을 얻는 또 다른 방법은 다른 진법을 사용하는 것이다. 일반적인 10진법은 10의 거듭제곱으로 숫자를 나타낸다(1의 자리, 10의 자리, 100의 자리, 1000의 자리 등등). 그래서 10진법에서 1101은 1000 + 100 + 1을 의미한다. 하지만 2진수 또는 '2진법'에서는 2의 거듭제곱(1의 자리, 2의 자리, 4의 자리, 8의 자리 등)으로 계산한다. 따라서 2진법의 1101은 8 + 4 + 1, 이는 10진법의 13과 같다. 또한 1 + 1은 10이고, 10 + 1 + 1은 100이다. 컴퓨터 프로그래머들은 16진법(16진수)을 사용하기도 한다. 16진법에서 14는 16의 자리 1, 1의 자리 4를 더한 값이므로 20이다. 그래서 16진법에서는 4×5 = 14가 맞다. 자, 이제 게임을 시작해보자. 그렇다면 4×5 = 12가 참이 되려면 몇 진법을 사용해야 할까? 답은 18진법으로, 18진법에서 12는 18의 자리 1, 1의 자리 2를 더한 값이므로 20이다. 4×6 = 13은 어떨까? 이 경우에는 21진법이 필요하다. 왜냐하면 4×6은 24이고, 21진법에서는 13이 21의 자리 1, 1의 자리 3을 더한 24이기 때문이다. 이러한 패턴은 매번 진법을 3씩 늘리면 계속 이어갈 수 있다.

4×7 = 14(24진법)

4×8 = 15(27진법)

4×9 = 16(30진법)

이 패턴은 4 곱하기 12까지 계속되며, 이 값은 39진법의 19와 같다. 1×39 + 9×1 = 48. 멋지다! 하지만 캐럴! 이런 식으로는 절대 20에 도달할 수 없어요! 4 곱하기 13은 52이므로, 패턴에 따르면 다음은 42진법(또다시 42가 등장!)의 수가 와야 한다. 하지만 42진법의 20은 42의 자리의 수가 2라는 뜻이므로 그 값은 84다. 따라서 결코 20에 이르지 못한다. 나는 특히 42진법뿐만이 아니라 52라는 값에 도달할 때 패턴이 깨진다는 사실이 마음에 든다. 이야기 속 등장인물로 하트 여왕과 나중에 등장하는 카드들을 언급하는 좋은 방법이 아닐까 한다. 트럼프 카드는 총 52장이다.

내가 설명한 사례들에서 루이스 캐럴의 글을 관통하는 공통적인 맥락을 엿볼 수 있다. 그의 글에는 수학적이든 아니든 논리의 힘과 가능성을 이해하려는 추진력이 있다. 캐럴은 본인의 자녀들을 위한 책들뿐만 아니라 아이들을 위한 게임과 퍼즐도 많이 발명했다. 논리적 추론의 법칙을 가르치기 위한 목적으로 발명한 캐럴의 놀이는 가장 기본적인 삼단논법(모든 사람은 죽는다. 소크라테스는 사람이다. 그러므로 소크라테스는 죽는다)을 시작으로 십여 개 문장이 함께 묶인 추론으로 이어진다. 앨리스 이야기들을 포함한 캐럴의 소설들은 그가 평생 탐구한 것을 이야기로 설정하고 그 논리를 따르면 얼마나 멀리 나아갈 수 있는지 보여주는 또 다른 단면일 뿐이다. 앨리스 책에 나오는 단어들과 그 의미에 대한 논의는 이러한 수학적 저류를 보여주는 하나의 명백한 신호다. 그래서 수학자들은 험프티 덤프티*의 말에 공감한다.

"내가 어떤 단어를 쓰면, 그 단어에는 내가 선택한 의미만 있는 거야. 그 이상도 이하도 아니야."

수학에서는 우리가 쓰는 단어들의 의미를 반드시 확실히 해야 하며, 그 단어들에 무언의 특성을 넣으면 안 된다. 모든 모호함은 논리적 매듭으로 묶일 위험이 있고, 심지어 우리의 추론이 거짓이라는 뜻이 될 수도 있기 때문이다. 새로운 개념에 어떤 이름을 붙이는지는 중요하지 않지만, 정확한 정의를 내리기 위해서는 조심해야 한다. 내가 앞에서 언급했듯이, 우리가 소수의 정의를 내릴 때 1도 소수로 허용한다면, 모든 추론이 틀어지게 된다. 험프티 덤프티의 말처럼 수학자의 단어는 그들이 말하는 그 이상 그 이하의 의미도 없어야 한다.

루이스 캐럴은 벤 다이어그램으로 유명한 존 벤 같은 다른 빅토리아 시대의 수학자들과 함께 의미의 정확성을 더 높이고, 논리 자체의 과정을 체계화하는 '기호논리학'에 관심이 있었다. 기호논리학은 개별 진술이 참인지 거짓인지를 살펴보는 것뿐만 아니라, '그리고', '또는' 혹은 '함축'과 같은 단어들로 연결한 진술의 참 또는 거짓에 대해서도 추론할 수 있게 한다. 수학자가 이렇게 간단한 단어들을 조심하지 않으면 실수를 저지르게 된다. 가령 '또는'이라는 단어는 문맥에 따라 다른 뜻이 될 수 있

* 거울 나라의 앨리스에 등장하는 달걀의 이름 – 옮긴이 주.

다. 내 말이 의심스러운가? '차 드실래요, 아니면(또는) 커피 드실래요?'라는 문장에서 우리는 '또는'이 '둘 다'를 포함하고 있지 않다는 것을 안다. 반면에 지원자들이 스페인어'나(또는)' 포르투갈어에 능통해야 한다는 구인 광고는 아마 두 언어 모두 유창한 사람들을 배제하지 않을 것이다. 일반적인 연설에서도 어떤 의미가 의도되었는지는 문맥을 통해 구별할 수 있다.

기호논리학의 '기호'는 '또는'과 '그리고' 같은 단어에 기호를 사용하고, 그와 함께 일종의 논리 대수를 구성한다는 사실에서 시작한다. 목표는 진술 모음에서 가능한 모든 논리적 결론을 추출하는 것이다. 캐럴이 제시한 예시를 만나보자.

"나의 어떤 아들도 정직하지 않다."

"모든 정직한 사람은 정중한 대우를 받는다."

이제 우리는 이 문장들이 참인지 아닌지를 판단하지 않는다. 수학자가 할 일은 이 문장들이 참이라고 가정하고 추론할 수 있는 내용을 말하는 것이다. 캐럴은 이것이 "x가 아니면 y도 아니다. 따라서 모든 y는 z다"라는 형태의 좀 더 일반적인 원형의 한 예에 불과하다고 설명한다. 만약 이 두 가지가 모두 참이라면, "x가 아니면 z도 아니다"라는 말이 뒤따라야 한다. 캐럴은 이 개념들을 도표와 기호로 표현한다. 기호 형식에서 캐럴의 표기법을 사용하면 다소 소름 끼치는 $xy'_0 \dagger yz'_0 \P xz'_0$라는 기호식이 탄생한다(여기서 †는 '그리고', ¶는 '따라서'를 의미한다). 일단 이 일반적인 기호식을 알고 나면, 우리는 앞서 언급한 사례에 적용할 수 있다. 이때 x는 '나의 아들들', y는 '정직하다', z는 '정중한 대우를 받는다'다. 그러면 다음과 같은 추론을 얻을 수 있다.

"내 아들 중 누구도 정중한 대우를 받지 못한다."

캐롤은 꾸준히 연습하면 더 쉬워진다고 확신한다!

이 예는 루이스 캐럴이 기호논리학의 대중화를 위해 집필한 책에서 발췌한 것이다. 서론에서 그는 기호논리학의 미덕에 대해 다음과 같이 칭송한다.

> 정신적 오락은 우리 모두의 정신 건강을 위해 필요한 것이다. (……) 일단 기호논리학이라는 체계를 익히면, 항상 준비되어 흥미로운 것들을 흡수하는 정신적 직업을 갖게 될 것이다. (……) 그러면 오류를 발견하고, 책과 신문, 연설, 심지어 설교에서 계속 마주치게 될 비논리적인 허술한 주장을 산산조각 내고, 이 매혹적인 기술을 익히려 노력하지 않은 사람들을 가뿐히 속일 힘이 생길 것이다. 시도해보라. 내가 당부하는 것은 이뿐이다!

기호논리학의 학문적 연구에 대한 루이스 캐럴의 공헌은 가치 있고 중요했다. 그의 성격에 걸맞게, 그는 기호논리학이 주는 즐거움을 대중에게 전달하는 일에도 아주 열정적이었다. 그러나 캐럴의 열정적인 노력에도 불구하고 기호논리학이 재미있는 가족 오락으로 유행하지는 못했다.

이 장을 끝내기 전, 허구일 수도 있지만 진실처럼 들리는 훌륭한 이야기를 꼭 전해야겠다. 믿기 힘든 일을 믿는 것은 결국 연습의 문제라고 하얀 여왕은 말한다.

"내가 너만 할 때는 매일 30분씩 연습했어. 어떤 때는 아침 식사를 하기도 전에 믿기 힘든 일을 6개나 믿었다니까."

전해지는 바에 따르면 빅토리아 여왕은 앨리스 이야기에 무척 감동해 캐럴의 다음 책이 나오면 바로 보내달라고 요청했다고 한다. 안타깝게도 역사는 빅토리아 여왕이 〈동시 선형방정식 및 대수기하학의 결정요인과 적용에 관한 기초 논문〉을 받았을 때의 반응에는 별 관심이 없다. 여왕이 이를 싫어하지 않았을까 추측할 뿐이다.

10

모리아티는 수학자였다

문학에서 수학 천재의 역할

베스트셀러인 〈밀레니엄Millennium〉 시리즈 제2권에 주인공 리스베트 살란데르가 페르마의 마지막 정리에 대한 증명하는 장면이 있다. 이 정리의 이름은 수학 역사상 가장 유명한 오기일 것이다. 피에르 드 페르마Pierre de Fermat는 의심의 여지가 없는 천재 수학자였지만 '페르마의 정리'들을 발표하기만 했지 증명을 제시하지는 않았다. '페르마의 마지막 정리' 역시 그러한 진술 중 하나였다. 수학계에서는 이런 것들을 추측Conjecture이라고 한다. 따라서 정확하게 말하자면, '페르마의 추측' 대부분은 페르마 자신이나 다른 수학자들의 연구로 몇 년 안에 해결되었다. 하지만 이 특별한 마지막 정리는 오랜 시간 해결이 되지 않았다. 이 정리를 더욱 매혹적으로 만든 것은 페르마가 남긴 기록 때문이었다.

"나는 이 명제에 대한 놀라운 증명을 찾아냈으나, 그 증명을 담기에는 여백이 너무 좁다."

수많은 수학자들이 이 증명을 해내려고 노력했지만, 수십 년이 수 세기로 확장될 때까지 아무도 성공하지 못했다. 증명을 해내려는 과정에서 얻은 부수적인 진전들은 페르마가 염두에 두었던 것 이상으로 훨씬 중요하고 새로운 수학적 진보를 가져왔다. 그리고 마침내 1993년에 앤드류 와일즈Andrew Wiles가 훌륭하고 아름답고 믿을 수 없을 정도로 정교한 수학적 기계를 이용해 페르마의 마지막 정리를 증명해냈다. 어쨌든 〈밀레니엄〉 시리즈에서 수학적 훈련을 전혀 받지 않은 천재 해커 리스베트 살란데르가 '페르마의 마지막 정리'를 증명해내는 장면은 살란데르가 감정적이 아닌 논리적인 사람이며, 독불장군 천재라는 것을 보여주는 것이라고 할 수 있다.

저자는 이 부분에 이렇게 써도 좋을 뻔했다.[1]

"극도로 영리하다는 증거를 넣으시오."

이 책의 마지막 장에서는 문학에서 수학하는 사람들을 묘사하는 몇 가지 방식들에 대해 이야기해볼 것이다. '수학적 아이디어와의 산책'에서 간단히 언급했듯이, 수학자는 감정도 없고 배려도 없고 집착도 없고 심지어 제정신이 아닌 미친 존재처럼 그려지곤 한다. 이 틀에 박힌 묘사는 수학자에게 상처일 뿐 아니라 누구나 수학의 매력을 즐길 수 있음에도 괴짜 천재들만이 수학자가 될 수 있다는 편견을 만든다. 물론 공감 가는 묘사가 없는 것은 아니다.

그래서 이 장에서는 올더스 헉슬리Aldous Huxley의 가슴 아픈 소설 《어린 아르키메데스Young Archimedes》와 러시아 수학자 소피야 코발렙스카야Sofya Kovalevskaya의 삶과 죽음을 다룬 앨리스 먼로Alice Munro의 매혹적인 단편 〈너무 많은 행복Too Much Happiness〉 외에 몇몇 작품들을 살펴보려 한다.

비현실적이기는 하지만 가장 단순한 유형의 수학자부터 시작해보자. 전적으로 이성과 논리에 따라 동기부여를 받고 감정과 같은 지저분한 것들에 길들지 않는 등장인물이다. 많은 사랑을 받은 소설 아이작 아시모프Isaac Asimov의 〈파운데이션Foundation〉 시리즈에 나오는 하리 셀던이라는 수학자는 은하의 미래를 예측하기 위해 심리역사학Psychohistory이라는 새로운 확률 이론 분야를 연구한다. 셀던은 은하 제국이 안정적으로 보이지만 몰락할 것이고, 3만 년의 혼돈이 이어질 것이라고 주장한다. 하지만 수학을 사용하면, 그 오랜 어둠을 단 천 년으로 줄일 수 있다. 내가 아시모프의 책에서 발견한 것은 과학자들 특히 수학자들이 순수한 이성에 따라 움직이고, 그 영리함이 어떤 문제도 해결할 수 있고, 접선 벡터장에 9차원 점근선을 작게 구분하면 마침내 모든 게 이치에 맞을 수 있다는 매혹적인 환상이다. 하지만 슬프게도 그럴 수 없다. 우선 삶은 그렇게 굴러가지 않으며, 둘째, 이 문구들은 내가 방금 지어낸 것이기 때문이다. 이 시리즈에는 훌륭한 대사도 없고 등장인물들이 입체적이지도 않지만, 그게 중요한 것은 아니다. 이 책은 아이디어에 대해 이야기하고 있으며, 해리 셀던은 그 아이디어를 설명하기 위해 존재할 뿐이다. 그와 관련된 뒷이야기는 필요하지 않다. 긴장할 때마다 소수를 나열하는 젊은 수학 천재를 비웃고 나니 문득 내 학창 시절이 떠올랐다. 당시 나는 버스 정류장에 모여 지나가는 여학생들에게 야유를 퍼붓는 남학생들 앞에서 침착함을 유지하려고 머릿속에 파스칼의 삼각형을 그려 넣곤 했다.

소설 속 해리 셀던과 같은 수학자는 개성적인 인물이라기보다 완벽한 논리를 가진 존재라는 플롯 장치에 가깝다. 그들이 옳은 일을 한다면, 그것은 단지 논리적인 것과 우연히 일치하기 때문이라는 느낌을 준다. 사실 그들은 본질적으로 비도덕적이다. 만약 방정식에 다른 해가 있다면, 그들은 작품 속에서 악당으로 쉽게 변할 수 있다. 그런 의미에서 셜록 홈스의 숙적인 '범죄계의 나폴레옹' 제임스 모리아티 교수에 대해 이야기해보자. 모리아티는 천성적으로 '경이로운 수학적 능력을 타고난' 사람이고, '이항정리' 전문가다. 그는 이 정리에 대한 논문으로 '유럽의 호평'을 받았고, 어느 작은 대학에서 수학 석좌 교수로 재임했다. 이항정리는 실제 존재하는 정리지만 순수 수학계에서는 다소 초보적인 개념이었기에, 이런 묘사는 '부사'나 '조사' 전공 교수가 있다고 하는 것만큼이나 우스꽝스러웠다. 아무튼 모리아티에게는 학문적 경력이 궁극적 목표가 아니었다. 그는 자신의 방대한 지성을 이용해 범죄를 지휘하는 사람이 되기로 결심한다. 하지만 나는 모리아티의 성격 묘사가 마음에 걸린다.

홈스는 암호학에 관한 논문을 쓴 수학자다. 그는 순수한 논리를 숭배하며 무언가에 감정을 끌어들이는 왓슨을 비난한다.

"탐지는 정확한 과학이거나 그래야만 해. 자네는 그 탐지를 낭만주의와 섞으려고 했어. 그건 마치 유클리드의 다섯 번째 명제에 러브스토리나 도피행각을 끌어들이는 것 같아."

그렇다면 왜 논리에 집착하는 홈스가 아니라 수학자인 모리아티가 사악한 인물로 등장하는 걸까? 내 생각에 이것은 수학자를 단순히 계산 기계로 여기는 고정관념 때문이다.

다음은 코난 도일이 초반에 홈스를 묘사할 때 사용한 문장 중 하나다.

"하지만 나는 홈스와 계속 함께 하면서 그를 좀 더 교양 있는 인간으로 만들어야 했습니다."

홈즈는 감정을 가진 '인간'이 되어야 한다. 그렇지 않으면 우리는 그와 감정적 애착을 형성하지 못할 테니까.

이와 반대로 모리아티는 단 하나의 목적, 홈스를 죽이기 위해 창조되었다. 탐정 소설을 쓰는 데 지친 코난 도일은 홈스의 마지막으로 정한《마지막 사건》에 모리아티를 처음 등장시킨다. 모리아티는 '인간'일 필요가 없다. 그는 그저 완벽한 반反홈즈로서만 필요할 뿐이다. 지적으로 홈즈와 동등하기에 그를 죽일 수 있는 유일한 사람이다. 결국 수학적으로 두 사람이 평등하기에 가능한 결과가 일어난다. 그들은 서로를 제거하고, 라이헨바흐 폭포에서 함께 떨어져 죽는다.

아니 그런 줄만 알았다. 이후 홈스의 죽음을 바라지 않는 홈스의 팬들이 거센 항의를 해왔다. 2만 명의 사람들이 셜록 홈스 시리즈를 출판한 《스트랜드 매거진The Strand Magazine》의 구독을 취소했고, 코난 도일은 고뇌와 탄원, 심지어 분노로 가득 찬 수백 통의 편지를 받았다. 팬들에게 '대 공백기Great Hiatus'로 알려진 8년이라는 긴 시간이 지난 후, 코난 도일은 결국 팬들의 압력에 굴복했고, 진짜 끝내주는 이야기인 《바스커빌 가문의 사냥개》로 돌아왔다. 그는 이후 계속해서 30편 이상의 홈스 이야기를 추가로 썼으며, 그중 몇 편에는 모리아티도 등장했다.

문학에는 극심한 고통에 시달리는 천재들이 종종 등장한다. 월터 테비스Walter Tevis의 《퀸스 갬빗The Queen's Gambit》에 나오는 체스 신동 베스 하몬은 그 한 예에 불과하다. 그래서 수학자들이 이런 대우를 받는 것은 사실 전혀 놀라운 일이 아니다.[2] 올더스 헉슬리는 디스토피아 소설 《멋진 신세계》로 가장 잘 알려졌지만, 1924년에 수학 신동을 다룬 가슴 아픈 이야기 《어린 아르키메데스》를 쓰기도 했다. 이 소설의 화자는 이탈리아 별장에 머무는 동안 그의 어린 아들 로빈이 '갑작스러운 추상에 빠진' 사려 깊은 현지 소작농 소년 구이도와 어떻게 친구가 되는지 이야기한다. 음악을 좋아하는 구이도의 모습을 보고 화자는 피아노 치는 법을 가르치기 시작했고, 구이도는 피아노에 뛰어난 재능을 보인다. 하지만 구이도의 진정한 재능은 음악이 아니었다. 어느 날 화자는 우연히 모래 위에 그림을 그리고 있는 두 소년을 발견했고, 놀랍게도 구이도가 피타고라스의 정리를 스스로 알아내 로빈에게 그 증명을 보여주고 있음을 알게 된다. 그러나 로빈은 구이도의 말에 전혀 흥미를 느끼지 못하고, 대신 그 증명을 지우고 기차 그림을 그리게 한다. 그때까지 이 어린 소년의 주변에 있는 누구도 그가 느끼는 수학의 아름다움을 이해하지 못했다. 화자는 구이도와 함께 기하학을 탐험하기 시작하고, 심지어 대수학까지 가르친다. 구이도는 수학을 공부하며 굉장히 기뻐한다. 하지만 그 기쁨은 곧 물거품처럼 사라진다. 별장 주인 시뇨라 본디는 구이도를 피아니스트로 키우고 싶다며 그를 데려가게 해달라고 구이도의 아버지를 설득한다. 구이도는 기하학책을 압수당하고 수학 공부도 못 하게 된다. 위대하고 충실하고 (내 생각에 훨씬 중요한) 수학자가 될 기회까지 모두 빼앗겨버린 것이다. 그 장면은 그레이Gray의 〈엘레지Elegy〉에 나오는 유명한 대사를 떠올리게 한다.

"얼마나 많은 꽃들이 눈에 띄지 않게 피어나는지 그리고 사막의 공기에서 그 달콤함을 낭비하는지."

《어린 아르키메데스》에서 헉슬리는 어린 천재들은 대개 수학적이거나 음악적이고, 때로는 둘 다라고 말한다.

"발자크는 서른 살이 될 때까지 무능함 말고는 아무것도 증명하지 못했지만, 어린 모차르트는 네 살 때 이미 음악가였고, 파스칼의 가장 훌륭한 작품 중 일부는 그가 10대가 되기 전에 완성되었다."

이 말이 어디까지 진실인지는 잘 모르겠지만 그리고 가여운 발자크에게는 조금 냉혹한 말이지만, 내가 볼 때 음악과 수학이 지닌 가장 근본적인 공통점은 패턴이다. 체스 역시 어린 신동들이 등장하는 또 다른 분야다. 모든 인간은 패턴을 인식하는 타고난 재능을 갖고 있고, 그중에서도 극단적으로 패턴을 알아채고 모방하는 능력을 갖춘 이들은 수학과 음악 모두에서 뛰어난 재능을 발휘한다. 그들은 능수능란하게 연주하기 위해 모차르트 소나타를 일부러 이해할 필요도 없고, 해를 구하는 알고리즘을 배우기 위해 방정식을 일부러 이해할 필요도 없다. 그러나 어린 천재 중 몇몇은 특출한 수학자 혹은 음악가가 되기도 하지만, 대부분은 그렇지 않다. 나는 모두가 음악을 즐길 수 있는 것처럼, 실력과는 상관없이 누구나 수학을 즐겼으면 좋겠다. 뛰어난 재능이 없으면 수학을 하는 것이 무의미하다고 말하는 것은 올림픽 선수들 외에는 아무도 스포츠를 해서는 안 된다는 말만큼 어리석다.

헉슬리는 구이도가 정당하게 평가받을 수 있도록 그를 단지 요령만 익히거나 π의 숫자를 암송하는 사람이 아니라 수학적 발견에 깊은 기쁨을 느끼는 진정한 수학자로 묘사한다. 헉슬리가 말했듯이, 수학을 '이상한 별개의 재능'으로 생각하는 것은 불쾌한 일이다. 인간은 수학적인 존재이고, 우리는 모두 수학적인 생각을 할 수 있다. 수학에 재능이 있든 없든, 어렸을 때 이미 천재적인 능력을 보여주지 않는다면 수학적으로 희망이 없다는 말은 전적으로 사실이 아니다. 그러나 불행하게도 수학의 석학들 중 일부는 그렇게 느끼지 않았던 것 같다. 1940년 영국의 수학자 G. H. 하디는 수학이 무엇이고 왜 중요한지에 대한 견해를 밝히는 《수학자의 변명Mathematician's Apology》을 발표했다. 이 책에는 내가 좋아하는 부분이 많다. 하디는 수학을 시나 그림과 같은 창조적인 예술로 묘사한다.[3] 하지만 그는 그런 작품을 쓰는 것조차 자신이 수학자로서 이미 한물갔다고 인정하는 것이라며 포문을 연다. 왜냐하면 해설은 "이류들을 위한 것"이기 때문이다. 그리고 마흔이 넘었거나 여자라면 수학을 하지 말라고 한다. 말도 안 되지만! 그가 말하기를, 수학은 "젊은 남자들의 게임"이기 때문이다.

어린 천재가 자라면 생기는 일은 아포스톨로스 독시아디스Apostolos Doxiadis의 매력적이고 재미있는 소설 《그가 미친 단 하나의 문제, 골드바흐의 추측》에 잘 나타나 있다. 이 책은 조카의 눈을 통해 페트로스 삼촌과 유명한 수학적 추측을 증명하려는 그의 운명적인 시도에 관한 이야기를 담고 있다. 하디를 포함한 실제 수학자들이 재미있는 카메오로 등장하는 이 책은 수학을 연구할 때 얻을 수 있는 감정적인 경험을 잘 포착하고 있다. 아포스톨로스 독시아디스는 대학에서 수학을 공부해서 그런지 그 경험을 소설 속에 잘 담아내고 있다.[4] 이 책에 복잡한 대수학이 많이 등장한다는 것이 아니라 일하는 수학자로서의 삶에 대한 묘사가 매우 사실적이라는 이야기다. 명제와의 전투에 임한다는 것은 몇 달 또는 심지어 몇 년의 좌절을 수반할 수 있다. 모든 것을 작동시키는 핵심 아이디어를 찾기 위해 반복의 반복을 거듭하기 때문이다. 그리고 이따금 영감이 떠오르면 마침내 수학적 진보를 이룬다. 그런 날들은 몹시 짜릿하고 모든 것을 가치 있게 만든다.

가끔 허탈하고 피로할 때면 하루라도 일을 멈추고 싶은 뇌의 거짓말에 속아 문제를 해결했다고 생각하기도 한다.

"페트로스는 이제 그 증명에서 거의 아슬아슬하게 떨어져 있다는 느낌을 받았다. 화창한 1월 늦은 오후, 그가 성공했다는 짧은 환상을 품었을 때, 사실 아주 잠깐 흥분하기도 했다."

이런 일은 모든 수학자에게 일어난다. 이 순간 유일하게 할 수 있는 일은 피할 수 없는 오류를 발견하고 좌절하기 전에 그 연구에서 한 발짝 떨어져 잠시 휴식을 취하는 것이다. 누가 알겠는가. 어쩌면 그날 밤 그 증명에 대한 힌트를 꿈에서 발견할지도 모른다. 나는 이런 일을 딱 한 번 경험했다. 한밤중에 돌연 일어나 종이에 무언가를 적고 다시 잠이 든 것이다. 다음 날 아침, 헛소리나 적었겠지 하며 종이를 확인했더니 내가 놓쳤던 결정적인 증명 단계가 정확하게 계산되어 있어 깜짝 놀랐다. 어쨌든 새로운 연구의 위험은 명제를 증명하지 못할 수도 있고, 수년간의 연구에도 불구하고 보여줄 게 아무것도 없을 수도 있다는 것이다. 그래서 수학자들은 대부분 최소한 두 가지 이상의 연구를 진행한다. 페트로스 삼촌처럼 모든 것을 걸고 하나의 문제에 평생을 바치는 것은 매우 위험한 전략이다. 특히 그 문제가 수학계의 큰 난제 중 하나일 경우에는 더욱 그렇다.

페트로스 삼촌이 연구하는 골드바흐의 추측은 크리스티안 골드바흐Christian Goldbach가 1742년에 처음 언급했다. 골드바흐에 따르면 2보다 큰 모든 짝수는 두 소수의 합으로 나타낼 수 있다. 가령 40은 17 + 23이다. 이것은 증명하기 쉬워야 할 것 같은 기분이 들 정도로 간단한 진술이다. 하지만 아직도 증명한 이가 없다. 뛰어난 젊은 수학자 페트로스는 스물넷의 나이에 자신이 그 증명에 적임자라고 다짐한다.

"이 나이에 다른 분야에 있었다면 앞으로 몇 년 동안 풍부하고 창의적인 기회를 맞이할 수 있는 유망주였을 것이다. 하지만 수학에서는 이미 능력의 정점에 있었다. 운 좋게도 인류를 현혹할 수 있는 기간은 기껏해야 10년 정도일 것이다."

나이가 들어 수학적 능력이 쇠퇴하기 전에 성취를 이루어 내야 한다는 말이다. 이 믿음은 페트로스가 빠른 진전을 이룰 수 있도록 스스로에게 거대하고 지속 불가능한 압력을 가하고 있다는 뜻이기도 하다. 나는 수학이 '젊은 남자들의 게임'이라는 하디와 페트로스 삼촌의 생각에 절대로 동의할 수 없다. 나는 젊지도 않고 남자도 아니다. 그리고 나는 성공과 실패에도 관심이 없다. 물론 유명한 수학자들 중 몇몇은 마흔 살 이전에 주요한 연구를 수행했다. 하지만 그들 중 대다수가 마흔 살 이전에 모든 일을 끝낸 것은 19세기 중반이 되어서야 평균 수명이 그 나이를 넘어섰기 때문이다. 낭만적인 생각이라고 느낄 수도 있겠지만, 최고의 록 스타들은 모두 스물일곱에 죽는다는 속설처럼 철저히 조사하면 그 허점이 드러나기 마련이다.[5]

지금까지 살펴본 문학 속 수학자들은 희망적이지 않다. 수학자라는 존재는 감정이 없는 논리학자이거나 비극적 천재로 묘사된다. 하지만 수학자가 되는 데는 여러 방법이 있고, 그 방법을 시도하는 동안 능력 있는 탐정이 될 수도 있다.

마크 해던Mark Haddon의 소설 《한밤중에 개에게 일어난 기이한 사건》의 화자 크리스토퍼는 셜록 홈스의 열렬한 팬이다. 그는 수학을 사랑하는 열다섯 살 소년으로, 수학이 혼돈의 세계에서 질서를 위로하는 오아시스라고 여긴다. 크리스토퍼는 사람들의 감정과 행동, 그들의 관용구와 충동을 이해하려고 애쓴다. 거짓말은 일어나지 않은 일이기 때문에, 그는 항상 진실을 말한다. 이야기는 이웃 개가 죽은 채로 발견된 한밤중에 시작되고, 크리스토퍼는 누가 그를 죽였는지에 대한 미스터리를 풀어야겠다고 결심한다. 이 책의 제목에는 크리스토퍼가 셜록 홈스를 사랑하게 된 단서가 담겨 있다. 코난 도일의 단편소설 〈실버 블레이저The Adventure of Silver Blaze〉와 크리스토퍼처럼 다른 사람들이 놓치는 것들을 보는 홈스의 교묘한 추론을 참고한 것이다. 〈실버 블레이저〉는 챔피언 경주마인 실버 블레이저의 실종과 그의 조련사의 죽음에 관한 이야기다. 홈즈와 왓슨은 범죄를 조사하기 위해 다트무어로 향하고, 스코틀랜드 야드의 그레고리 경감과 사건을 의논한다. 고인의 시신에서는 수지 양초, 여성 모자 가게 계산서 그리고 금화 5개가 발견되었고, 근처 들판에 있는 3마리의 양은 모두 절름발이가 되었다.

그레고리 경감은 당황스러운 증거를 이해하려 애쓰며 홈스와 상의한다.

> "제 관심을 끌 만한 점이 있습니까?"
>
> "야밤에 개한테 일어난 기이한 사건이오."
>
> "개는 한밤중에 아무것도 하지 않았습니다."
>
> "그럼 그냥 기이한 사건이군요." 셜록 홈즈가 말했다.

개가 아무것도 하지 않았다는 사실은 나중에 밝혀지지만 중요한 단서다. 범죄를 저지른 사람이 낯선 사람이 아니라는 것을 보여주는 것이다. 만약 낯선 사람이 나타났다면, 그 개는 짖었을 것이기 때문이다. 크리스토퍼가 이웃집 개에게 무슨 일이 일어났는지 이해하려고 노력하는 동안, 그의 세계와 그 세계를 항해하는 방법에 대한 이야기가 전개된다. 그는 행동장애가 있었고 (책에 특정 설명은 없지만) 마크 해던은 나중에 크리스토퍼가 진단을 받았다면 자폐증일 것이라고 말해왔다. 하지만 그는 이 책이 특정 진단을 받은 소년에 관한 내용이 아니라, "행동장애가 있는 젊은 수학자"에 관한 것이라고 강조한다. 해던은 자폐증의 세부 사항에 대해서는 조사하지 않기로 결정했다. 왜냐하면 그의 생각에 '전형적인' 자폐증은 없기 때문이다.

"그들은 사회의 다른 어떠한 집단만큼이나 크고 다양한 사람들의 집단이다."

나는 여기에 다음과 같이 덧붙이고 싶다. 전형적인 수학자는 없고, 그들 역시 사회의 다른 어떠한 집단만큼이나 크고 다양한 사람들의 집단이다. 이 책에서 크리스토퍼는 수학에 대해 많은 이야기를 하고 있으며, 특히 소수가 그를 사로잡았던 것으로 보인다. 책의 장 역시 1, 2, 3, 4가 아니라 2, 3, 5, 7, 11로 숫자가 매겨져 있다. 왜냐하면 크리스토퍼는 소수를 좋아하고 이 책은 그의 책이기 때문이다. 그는 소수를 찾는 고대 그리스의 방법에 대해 이야기한다.

"먼저 세상의 모든 양수를 적은 다음 2를 제외한 모든 2의 배수를 지운다. 그러고는 3을 제외한 모든 3의 배수를 지운다. 그 다음 4, 5, 6, 7 등의 배수인 모든 수를 지운다. 그러면 남은 수가 소수다."

소수는 그 자신과 1을 약수로 갖는 수이므로, 더 작은 수들의 배수를 모두 제거하면 남은 수는 모두 소수일 수밖에 없다. 크리스토퍼는 소수의 본질을 매우 시적으로 표현한다.

"소수는 모든 패턴을 제거했을 때 남는 수다. 그래서 소수는 인생과 같다고 생각한다. 매우 논리적이지만 온종일 모든 시간을 소비하며 생각해도 규칙을 만들 수 없다."

나는 이 묘사가 좋다. 그리고 크리스토퍼를 완전한 인간으로 그린 해던의 묘사도 좋아한다. 크리스토퍼는 비극적 천재가 아니며, 완전히 실현된 그의 성격은 홈스와 모리아티라는 엄격한 수학적 논리에 대한 반박처럼 느껴진다. 다음에 소개할 수학자는 유쾌함이 돋보인다. 토마시나 커버리는 톰 스토파드의 희극 〈아르카디아Arcadia〉에 나오는 생동감 넘치는 수학자다. 이 연극은 1809년 13살의 커버리가 과외 선생님인 셉티무스 호지와 페르마의 마지막 정리를 토론하는 것으로 시작된다. 호지는 커버리의 주의를 딴 데로 돌린 후 평화롭게 시를 읽으려는 심산으로 그녀가 실패할 것을 알면서도 페르마의 정리를 증명하라고 시킨다. 〈아르카디아〉가 앤드류 와일즈의 증명이 발표되기 불과 두 달 전에 처음 공연된 것은 다소 기분 좋은 우연의 일치다.

나는 아직 페르마의 마지막 정리가 무엇인지 말하지 않았기 때문에, 그 내용은 호지를 통해 들어보자.

"x, y, z라는 정수에 각각 n제곱을 했을 때, n이 2보다 크면 처음 두 수의 거듭제곱의 합은 마지막 수의 거듭제곱의 값과 절대 같지 않다."

대체 무슨 뜻일까? 자, 모두 학교에서 피타고라스의 정리를 배웠을 것이다. 직각삼각형에서 빗변의 길이의 제곱은 다른 두 변의 길이 제곱 합과 같다. x, y, z가 직각삼각형의 세 변이고 빗변 z의 반대쪽에 직각이 있다면, 항상 $x^2 + y^2 = z^2$이 성립한다.

이 방정식의 해는 정수다. $3^2 + 4^2 = 5^2$에서 $3^2 = 9$, $4^2 = 16$이므로, $9 + 16 = 25 = 5^2$이다. 3, 4, 5처럼 $x^2 + y^2 = z^2$를 만족하는 수들의 집합을 '피타고라스의 수Pythagorean triples'라고 한다. 커버리와 같은 나이였을 때, 내가 이 식을 만족하는 정수해가 무한히 많다는 사실을 알고 흥분했던 기억이 여전히 생생하다. 홀수를 제곱하면 그 제곱수의 절반 값 양쪽에 있는 정수들이 처음 홀수와 피타고라스의 수가 된다. 5를 제곱하면 25이고, 그 절반은 $12\frac{1}{2}$이므로, 가장 가까운 정수는 12와 13이다. 따라서 $5^2 + 12^2 = 13^2$이다. 7의 경우에도 마찬가지다. 7을 제곱하면 49이고, 그 절반은 $24\frac{1}{2}$이므로, 당연히 $7^2 + 24^2 = 25^2$가 된다. 참으로 사랑스러운 패턴이다! 30년 이상이 지난 지금도 나는 이 패턴을 볼 때마다 여전히 흥분된다. $a^2 + b^2 = c^2$를 만족하는 해에 대한 모든 예가 있으므로, $x^3+y^3 = z^3$를 만족하는 해를 찾는 것은 그리 어렵지 않을 것이다. 그렇지 않을까? 하지만 아니다. 아무도 찾을 수 없었다. 나는 셉티무스 호지에게 좀 더 명확히 해달라고 요청하고 싶다. $0^3 + 0^3 = 0^3$과 같은 지루한 답을 얻지 않으려면, 이 식을 만족하는 해는 정수여야 한다. 이제 이야기가 복잡해진다. $x^4 + y^4 = z^4$를 만족하는 해도 찾을 수 없었을 뿐더러, $x^{\text{무엇이든}} + y^{\text{무엇이든}} = z^{\text{무엇이든}}$이라는 식을 만족하는 2보다 큰 정수해는 찾을 수 없었다. 이것이 페르마가 자신의 여백 노트에 남긴 명제였고, 그래서 그는 놀라운 증명이라고 주장했다.

스토파드의 희극에서 천재 커버리가 페르마의 마지막 정리의 증명을 찾아내는 지루한 전개를 따르지 않는 것은 바로 스토파드의 수학적 문해력에 대한 증거이기도 하다. 게다가 더 좋은 부분은, 그는 커버리가 "오! 이제 알겠어요! 정답은 완벽하게 명백해요"라고 말하게 하여 우리를 놀린다는 것이다. 그 대사를 들은 객석에 앉은 수학자들은 모두 놀란 채 눈동자를 굴릴 것이다. 호지는 "이번에는 제 꾀에 넘어갔군"이라며 건성으로 대답한 후, 커버리가 페르마의 정리를 증명할 수 있다면 라이스 푸딩에 잼 한 수저를 더 얹어주겠다고 약속했다.

하지만 커버리가 대답한다.

"증명은 없어요, 셉티무스 선생님. 완벽하게 명백한 사실은 여백에 남긴 글이 모두를 화나게 하려는 장난이었다는 거예요."

토마시나 커버리는 가상의 수학자지만, 그녀에 대한 묘사를 보다 보면 그 당시 활약했던 수학자 에이다 러브레이스Ada Lovelace가 떠오른다. 에이다의 어머니인 애나벨은 수학적 재능이 뛰어나 남편(유명한 시인 바이런 경)에게 "평행사변형의 공주"라는 별명으로 불렸다고 한다. 들리는 이야기에 따르면 애나벨의 결혼 생활은 불행했고, 에이다는 8살 때 세상을 떠난 아버지를 만나본 적도 없었다. 에이다는 어머니를 닮아 수학을 사랑했고, 자라면서 유명한 수학자와 과학자들을 많이 알게 되었다. 오늘날 그녀는 수학자이자 기술자인 찰스 배비지Charles Babbage와 함께 초기 컴퓨터 과학의 선구자로 잘 알려져 있다. 그래서 에이다라는 컴퓨터 프로그래밍 언어도 있다.

배비지는 최초의 기계식 컴퓨터인 미분기Difference Engine(차분 기관)와 해석 기관Analytical Engine을 발명했다. 그 당시 수학적 표(로그, 사인, 코사인 등을 나열하는 표)는 항해와 공학에서 매우 중요하게 사용되었지만, 자칫 생명을 앗아갈 수 있는 오류와 오차로 가득했다. 배비지는 컴퓨팅 기계를 직접 제작해 작업을 자동화해야겠다고 생각했다. 그가 디자인한 모든 기계가 세상의 빛을 본 것은 아니지만, 일단 제작된 기계는 성공적이었다. 해석 기관은 현대 컴퓨터의 모든 특성, 즉 메모리 입력과 출력 그리고 프로그래밍 능력을 갖추었다. 배비지는 이 아이디어를 실현하기 위해 자카르 직조기처럼 천공 카드를 이용했다. 에이다 러브레이스는 해석 기관을 이용해 세계 최초의 컴퓨터 프로그램이라고 불리는 베르누이 수Bernoulli numbers를 찾기 위한 알고리즘을 개발했다.

러브레이스는 해석 기관에 대해 다음과 같이 말했다.

"자카르 직조기가 꽃과 잎을 엮듯이 해석 기관은 대수적 패턴을 엮는다."

러브레이스는 수학에 대한 그녀의 접근 방식을 '시적 과학Poetical science'이라고 불렀다.

한편 배비지는 시적 본능이 덜했던 것 같다. 하지만 배비지와 앨프리드 로드 테니슨Alfred, Lord Tennyson 사이의 사랑스러운 일화만큼은 꼭 공유하고 싶다. 테니슨의 초기 작품집 1900년판에서, 편집자 존 처튼 콜린스는 1850년까지는 테니슨의 시

〈원죄의 환영The Vision of Sin〉에 "매분 사람이 죽는다 / 매분 사람이 태어난다"라는 구절이 있었고, 그 구절 때문에 배비지가 테니슨에게 노골적인 항의 편지를 썼다고 언급했다.

> 이런 계산이면 세계 인구는 영원히 균형을 이루겠군. 하지만 인구가 계속 늘어나고 있다는 건 잘 알려진 사실이네. 그러니 다음 출판 때는 당신의 그 훌륭한 시를 이렇게 바로잡는 게 어떤가? 매 순간 사람은 죽고, 1분마다 6분의 1명이 태어난다. 덧붙이자면 정확한 수치는 1.167명이지만, 운율 규칙은 인정하기로 했네.

콜린스는 테니슨이 이 이의를 진지하게 받아들였고, '분'을 '순간'으로 바꾸어 덜 정확한 시간으로 해결했다고 주장했다. 그리고 1851년 이후부터 출간된 이 시의 모든 판본은 "매 순간은 사람이 죽는다 / 매 순간 사람이 태어난다"로 인쇄되었다고 한다. 에이다 러브레이스는 꽃과 잎이 아닌 대수적 패턴을 엮는 해석 기관에 관해 이야기했다. 하지만 〈아르카디아〉에서 커버리는 이 아이디어를 하나로 모아 방정식으로 자연현상을 설명할 방법을 알아내려고 한다. 통계학 분야의 '종 곡선'(또는 '정규분포'라고도 한다)에 대해 들어본 적이 있을 것이다. 커버리는 종 같은 곡선이 있다면 왜 초롱꽃과 같은 곡선은 안 되느냐고 묻는다. 그래서 그러한 곡선을 만들어낼 수 있는 일종의 수학적 아이디어를 생각해냈고, 그 시점에서 스토파드는 페르마에 대한 농담을 써먹는다.

"나, 토마시나 커버리는 자연의 모든 형태들이 숫자의 비밀을 포기하고 숫자만으로 자신을 그려내는 진정 놀라운 방법을 발견했다. 이 여백은 내 목적을 모두 담기에는 너무 인색하므로 독자들은 토마시나 커버리가 발견한 불규칙한 형태의 새로운 기하학을 다른 곳에서 찾아보기 바란다."

이 '불규칙한 형태의 기하학'은 반복이 거듭되는 형태를 특징으로 한다. 식물의 성장 방식을 보면, 앞 장에서 언급했던 용 모양과 눈송이 모양의 곡선과 정확히 같은 과정을 통해 양치식물 같은 것을 발견할 수 있을 것이다. 요즘에는 컴퓨터가 우리 대신 힘든 일을 할 수 있게 되었기에 식물이나 나무 그리고 다른 유기체들의 이미지를 실물처럼 매우 설득력 있게 만들 수 있다. 그들은 프랙털의 특징인 '자기 유사성'을 갖고 있다. 그래서 이미지를 확대하면 원래 이미지와 똑같아 보이는 형태가 생성되어 있다.

다음은 내가 4개의 직선으로 만든 '식물' 그림의 시작 부분이다.

이런다고 픽사에 고용되지는 않을 것 같지만, 어디 한번 마법을 부려보자. 양치식물이나 나무처럼 반복이 거듭될 때마다 기존 선의 지정된 지점에서 처음 그림과 같은 모양이 추가된다. 다음은 두 번째 반복이다. 크기는 작지만, 첫 번째 그림과 똑같은 4개의 복사본이 등장한다.

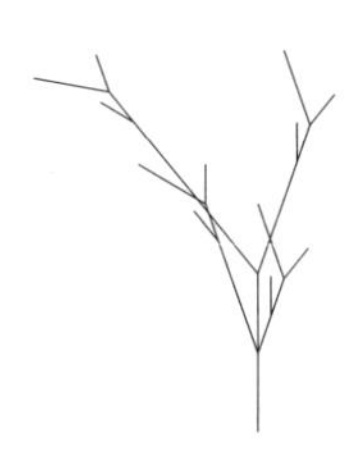

여섯 번째 반복에 이르면 매우 유기적으로 보이는 형태를 얻을 수 있다.

자연에서 볼 수 있는 프랙털의 또 다른 예는 해안선이다. 해안선은 안팎으로 드나드는 반복되는 구조를 보이며, 규모가 늘어나더라도 같은 구조가 더 많이 드러날 뿐이다. 강 역시 프랙털 구조를 갖추고 있다. 상류로 갈수록 더 작은 강으로 갈라지고, 다음은 더 작은 개울로 갈라지고, 각각은 더 큰 수로와 연결되는 독특한 S자 모양의 곡선을 갖고 있다. 끊임없이 갈라지는 번개의 경로에서도 같은 종류의 구조를 볼 수 있으며, 심지어 우리 몸에 있는 뇌도 두 갈래 경로로 설계되어 최대한의 연결을 허용하는 프랙털처럼 보인다. 프랙털은 그야말로 진정한 자연의 기하학인 것 같다. 〈아르카디아〉의 한 대목에도 있듯이, 프랙털은 "자연이 (모든 규모의) 눈송이와 눈보라를 스스로 만들어내는 방법"이다.

톰 스토파드는 토마시나 커버리가 에이다 러브레이스를 떠올리고 만든 인물이 아니라고 했지만, 많은 작가들이 러브레이스에게서 영감을 얻었다. 훗날 영국 총리가 된 벤저민 디즈레일리Benjamin Disjraeli는 1837년에 다소 과장된 소설 《베네치아》를 발표했다. 이 작품의 주인공은 진솔하고 꾸밈없는 에이다로 추문 많고 화려한 유명 시인의 딸보다는 수학자로서의 삶에 초점을 맞추었다. 시대마다 자신만의 에이다를 그린 작가들이 있었다. 미국의 극작가 로물루스 린니Romulus Linney는 아버지와 딸의 이별을 다룬 비극 《차일드 바이런Childe Byron》을 썼다. 린니는 성인이 된 수학자 에이다 러브레이스가 아버지와의 갈등을 해결하려 애쓰다 결국 암에 걸려 죽게 되는 모습을 상상하며 이 소설을 썼다. 《차일드 바이런》이라는 제목은 바이런의 가장 유명한 서사시 〈차일드 해럴드의 순례Childe Harold's Pilgrimage〉

에서 따온 것이다.

바이런은 시에서 "아이다! 우리 집과 마음의 외동딸"을 언급한다. 린니는 에이다를 향한 바이런의 시구를 읽으며, "당신이 보이지도 들리지도 않지만, 당신만큼 열광하게 된 사람은 없다"라며 삶에 깊은 반향을 느꼈다.

린니가 말했다.

"여배우인 내 딸 로라, 내 딸이 아기였을 때 아이 엄마와 이혼했기 때문에 그 시의 구절들이 나를 질책하는 것 같았다."

하지만 내가 가장 좋아하는 에이다 러브레이스는 시드니 패듀아Sydney Padua의 아주 재미있는 2015년 그래픽 소설《러브레이스와 배비지의 스릴 넘치는 모험The Thrilling Adventures of Lovelace and Babbage》에 등장하는 멋진 여주인공이다. 평행 우주를 배경으로 펼쳐지는 이 이야기는 두 주인공이 해석 기관을 가동해 범죄와 싸우는 줄거리를 담고 있다.

지금까지 논의한 문학 속 수학자들은 몇 가지 부분만 제외하면 모두 허구다. 심지어 내가 좋아하는 시드니 패듀아의 '에이다 러브레이스'도 사실대로 묘사된 것은 아니다. 하지만 문학 속 수학자의 다음 예는 실제 인물일 뿐 아니라 인물 그 자체를 그대로 묘사하고 있다. 노벨 문학상 수상자 앨리스 먼로는《너무 많은 행복Too Much Happiness》에서 수학자 소피야 코발렙스카야의 삶의 마지막 날들에 대한 가슴 아픈 허구적 이야기를 들려준다.[6] 이 소설의 수학자는 내가 문학 속에서 읽은 수학자 중에서 가장 인간적으로 그려진다. 코발렙스카야는 평생 고통에 시달리는 천재도, 괴짜도, 부자연스러운 존재도 아니다. 문제는 그 당시가 19세기였다는 것이다. 하지만 이 소설의 핵심은 그게 아니다. 코발렙스카야의 개인적인 삶은 불행했었지만, 이 불행이 수학자로 이어지는 진부한 전개는 나타나지 않는다. 코발렙스카야가 사랑하는 이와 오래가지 못하는 것 또한 그녀가 인간과 교류할 수 없는 냉철한 논리학자이기 때문이 아니다. 남편이 없어서 미분 방정식을 푸는 것도 아니고, 미분 방정식을 풀겠다고 고집해서 남편이 없는 것도 아니다. 그저 삶에 이런 일들이 일어나기도 하고 일어나지 않기도 하듯이 먼로의 소설에서도 그럴 뿐이다. 이야기 속에서 우리는 스톡홀름대학교로 돌아온 코발렙스카야를 따라 그녀를 당시 유럽에서 유일한 여성 수학 교수로 만들어준 동료 수학자이자 멘토인 카를 바이어슈트라스Karl Weierstrass를 만나게 된다. 먼로는 소설 속 세계를 좌지우지하는 자신의 권리를 사용하여 시간대를 살짝 재구성하지만, 코발렙스카야의 이야기를 알려진 사실과 대체로 잘 들어맞도록 구성했고, 프랑스에서 가장 권위 있는 상 중 하나를 수상하여 수학계에서 인정과 찬사를 받은 후에도 여전히 이방인인 코발렙스카야의 현실을 설득력 있는 문장으로 전달한다.

"그들은 보르댕상을 건네며 그녀의 손에 키스했고, 조명이 우아하게 빛나는 방에서 축하 인사와 꽃을 선사했다. 하지만 그녀가 일자리를 찾을 때는 문을 닫았다. 그들은 영리한 침팬지를 고용하는 것이 더 낫다는 생각 말고는 아무 생각도 없었다."

감사하게도 이후로 세상은 앞으로 나아갔지만, 나에게는 여성 수학자로서 약간의 울림이 있었다. 물론 코발렙스카야가 교수를 맡게 된 시점과 내 시간에는 1세기라는 간극이 있지만, 지금도 일부 학계에서는 여성이 어떤 면에서 남성만큼 수학에 적합하지 않다는 편견이 사라지지 않고 있다.

코발렙스카야는 러시아의 부유한 가정에서 자랐다. 그녀의 부모는 딸들이 어느 정도로만(아마도 자격 있는 남편들을 만나기에 충분할 정도로만) 교육받기를 바랐기에, 수학을 향한 어린 소피야의 보기 흉한 열정에 눈살을 찌푸렸다. 하지만 그녀의 운명은 문자 그대로 벽에 쓰여 있었던 것 같다. 코발렙스카야는 자서전 《러시아의 어린 시절A Russian Childhood》에서 그녀의 가족이 시골로 이사 갔을 때, 보육원을 꾸미는 도중에 벽지가 다 떨어졌고, 일을 끝내기 위해 아무 종이나 벽에 발랐다고 회상했다. 하지만 "운이 좋게도, 그 종이는 아버지가 젊은 시절 얻은 미분학과 적분학에 대한 오스트로그래스키 교수의 석판화 강의로 이루어진 논문이었다."

소피야는 이 '수수께끼의 벽'을 응시하며 많은 시간을 보냈고, 그곳에 있는 기이한 문장들을 분석하려고 노력했다. 몇 년 후, 15살이 되었을 때 소피야는 미적분학을 배우기 시작했고, 그녀의 선생님은 마치 소피야가 그 개념들을 미리 알고 있었던 것처럼 빠르게 습득하는 것을 보고 깜짝 놀랐다.

"그리고 사실, 선생님이 이 개념들을 설명하던 그 순간, 갑자기 오스트로그래스키 논문에 적힌 이 모든 것에 대한 기억이 생생하게 떠올랐고, 한계라는 개념이 오랜 친구처럼 내게 나타났다."

코발렙스카야의 수학적 성공은 쉽지 않았다. 그 당시 러시아 여성들은 러시아 대학에서 공부할 수 없었고, 미혼 여성들은 아버지의 허락이 있어야만 러시아를 떠날 수 있었다. 소피야의 아버지는 그녀의 뜻에 절대 동의하지 않았고, 그녀는 대의에 동조하는 젊은 남자와 '사랑 없는 결혼'을 하게 되었다. 고생물학자인 블라디미르 코발렙스키는 러시아에서 소피야와 결혼한 뒤, 독일로 함께 여행을 떠났지만 공부하는 동안은 서로 헤어져 살았다. 몇 년 후 두 사람은 결국 관계를 맺고(우리는 모두 인간이므로 얼마든지 일어날 수 있는 일이다), 소피야는 그와의 사이에서 아이를 낳았다. 하지만 그녀와 블라디미르는 곧 다시 소원해졌고, 블라디미르는 자살했다. 비록 결혼 생활은 비극으로 끝났지만, 코발렙스카야의 경력에 도움이 되었을 수는 있다. 왜냐하면 당시에는 미망인이 소박맞은 아내보다는 훨씬 더 나은 처지였기 때문이다. 단편소설 작가로서 뛰어난 필력을 자랑하는 앨리스 먼로는 코발렙스카야의 풍부하고 매력적인 초상화를 바탕으로 몇 점의 아름다운 삽화도 그려 넣었다. 코발렙스카야의 때 이른 죽음으로 전개되는 비극에는 수학과 삶의 다른 모든 것의 균형을 맞추려고 고군분투했던 성찰과 기억이 곳곳에 서려 있다.

수학 박사학위를 받은 최초의 여성이라는 영광은 쉬고 싶은 유혹으로 이어졌다.

"코발렙스카야는 어린 시절부터 주변의 많은 사람들이 이미 알고 있었던 삶은 큰 성과 없이도 완벽하게 만족스러울 수 있다는 것을 꽤 늦게서야 배우고 있었다. 뼛속까지 지치지 않은 직업들을 가질 수도 있었던 것이다."

한동안 코발렙스카야는 자신의 재능을 "수학처럼 타인에게 그다지 방해되지 않거나 그녀 자신을 지치게 하지 않는" 방식으로 사용했다. 그러나 오랜 친구였던 수학은 그녀가 돌아올 준비가 될 때까지 그 자리에서 그녀를 기다리고 있었다. 블라디미르가 자살한 후 코발렙스카야는 5일 동안 식사를 거부했지만, 삶은 계속되어야만 하고, 수학이 위안이 될 수 있다고 생각했던 것으로 보인다.

먼로는 이렇게 회상했다.

"그녀가 종이와 연필을 달라고 했다. 문제 푸는 일을 계속할지도 모른다는 생각이 들었던 것 같다."

코발렙스카야의 수학은 심오했고 중요했다. 바이어슈트라스는 그녀가 학위 논문을 위해 발표한 3개의 짧은 논문 역시 그 자체로 박사학위를 받을 만한 가치가 있다고 말했다. 보르댕상의 영예를 차지한 연구 작업은 오일러와 라그랑주가 연구한 고전 역학 문제에 주요한 발전을 가져왔다. 코발렙스카야는 작가

이기도 했다. 10대일 때는 도스토옙스키와 알고 지냈고, 사실 그에게 약간 반했기 때문에 그가 언니에게 청혼했을 때 약간의 충격을 받았다. 하지만 언니와 도스토옙스키의 결혼은 코발렙스카야 아버지의 반대로 성사되지 못했다. 코발렙스카야는 또한 영국 여행 중에 문학 살롱에서 조지 엘리엇을 만나기도 했다. 집필한 자서전은 대중의 호평을 받았을 뿐만 아니라, 연극과 시 그리고 단편소설에서도 두각을 나타냈다. 그는《허무주의자 소녀Nihilist Girl》라는 소설도 출판했으며, 죽기 직전까지도 여러 작품을 쓰고 있었다. 코발렙스카야가 더 오래 살았다면 또 어떤 일을 해냈을지 누가 알겠는가.

이 책을 읽는 독자들은 이제 수학과 문학을 결합하는 일이 전혀 부자연스럽지 않다는 것을 확신하고 있길 바란다. 코발렙스카야는 수학에 의문을 제기한 친구에게 이렇게 말했다.

"수학이 무엇인지 배울 기회가 없었던 이들은 수학을 산술과 혼동하며 건조하고 메마른 과학이라고 생각하지. 사실 가장 큰 상상력을 요구하는 건 과학이야."

그리고 덧붙인다.

"영혼의 시인이 되지 않고서는 수학자가 될 수 없어. (……) 시인들이 존재하지 않는 것을 조작한다는 낡은 편견을 부인해야 해. 그 상상력은 '만들기'와 같으니까. 내가 볼 때 시인은 다른 이들이 보지 않는 것을 보아야 하고, 다른 이들보다 더 깊이 봐야 해. 그리고 수학자도 똑같이 그래야 하고."

수학은 소피야 코발렙스카야의 삶에서 중요한 부분을 차지하지만, 앨리스 먼로는 코발렙스카야를 수학적 인간으로 정의하지 않는다. 이것이 바로《너무 많은 행복》이 훌륭한 작품으로 평가받는 이유 중 하나다. 치마만다 은고지 아디치에Chimamanda Ngozi Adichie의 소설《태양은 노랗게 타오른다》에 등장하는 가상의 수학자도 마찬가지다. 이 책은 1967~1970년 나이지리아-비아프라 전쟁에 휘말린 사람들의 눈으로 바라본 참혹한 전쟁 이야기를 들려준다. 이 전쟁은 100만 명 이상의 사람들이 사망한 것으로 추정되는 그야말로 끔찍한 비극이었다. 이 이야기의 대부분은 응수카대학교의 수학과 교수 오데니그보와 그의 아내 올란나 그리고 그들의 하인 하우스보이 어그우가 관련되어 있다. 앨리스 먼로와 마찬가지로 아디치에도 오데니그보를 상투적이지 않고 온전한 사람으로 창조한다. 오데니그보는 카리스마 있고 이상주의적이고 결점도 있다. 그는 정치와 이그보우어*의 정체성 그리고 교육에 열정적이다. 그가 말했듯이, "착취를 이해할 도구가 없다면 어떻게 착취에 저항할 수 있을까?" 오해하지 마라. 그는 수학 역시 사랑한다. 오데니그보와 함께 살기 위해 응수카로 이사한 올란나는 수학 관련 학회에 참석하기 위해 바로 다음 날 떠나는 오데니그보를 막지 못한다.

하지만 사실 수학뿐만 아니라 중요한 개인적인 이유가 있었

* 나이지리아 서남부에서 사용하는 언어 - 옮긴이 주.

기 때문이었다.

"그 학회의 주제가 그의 스승인 미국 흑인 수학자 데이비드 블랙웰David Blackwell에 대한 것이 아니었다면, 그는 떠나지 않았을 거야. 오데니그보 말로는 블랙웰 교수야말로 살아 있는 가장 위대한 수학자이자 가장 위대한 사람이니까."

지금은 (다행히도) 은퇴한 어떤 학자가 수학 교과 과정에 문화적 다양성을 도입할 수 없다고 주장한 적이 있다. 그가 '이유'로 제시한 것은 최근 등장한 흑인 수학자들의 연구가 학부생들에게 가르치기에는 너무 진보되어 있다는 것이다. 물론 정말 말도 안 되는 주장이다. 나는 그 주에 나이지리아 수학자 무함마드 이븐 무하마드 알 풀라니 알 키슈와니Muhammad Ibn Muhammad Al-Fulani Al-Kishwani(1741년 사망)가 연구한 마방진에 대해 1학년 학생들에게 이야기하고 있었다. 게다가 내 기억으로 그 학자가 가르치고 있었던 과정은 게임 이론이었는데, 게임 이론에서 중요한 인물 중 하나가 바로 오데니그보를 지도했던 교수와 정확히 같은 이름의 데이비드 블랙웰 교수였다. '개척자'라는 단어는 이미 수없이 남용되었지만, 블랙웰은 그 단어가 가장 잘 어울리는 수학자일 것이다. 1941년 스물둘의 나이로 일리노이대학교에서 박사학위를 받은 후(아프리카계 미국인에게 수여된 일곱 번째 수학 박사학위), 블랙웰은 프린스턴고등연구소에서 1년간 연구원으로 일했지만, 프린스턴대학교에서 수업이나 연구를 하는 것은 금지되었다. 당시는 흑인 학생들을 입학시키지 않았을뿐더러, 대학과 IAS와의 협력 관계에도 흑인 교수진은 없었던 시대였다. 블랙웰은 캘리포니아대학교 버클리의 통계학과를 30년 동안 이끌었지만 처음 그 자리에 지원했을 때는 거절당했었다. 교직원들을 위한 저녁 식사를 주최하는 등 공식적인 역할을 도맡은 수학과 학과장의 부인이 자기 집에 유색인종을 초대하고 싶어 하지 않았기 때문이다.

경력을 쌓는 동안 데이비드 블랙웰은 80편 이상의 학술 논문을 발표했고, 수십 명의 박사과정 학생들을 잘 정리된 교재로 가르쳐 훌륭한 선생님이라는 명성을 누리며 수학에 큰 영향력을 행사했다. 그랬던 그가 아디치에의 책에서는 무엇을 하고 있었을까? 아디치에는 비아프란 전쟁 이후 응수카에서 자랐다. 그녀의 어머니는 학적 등록관이었고, 아버지인 제임스 누에 아디치에는 아마도 응수카대학교의 통계학 교수였을 것이다. 오데니그보가 아디치에의 아버지를 묘사한 것이라고 확신할 수는 없지만, 그들의 이야기에는 흥미로운 교차점이 있다. 제임스 누에 아디치에는 UC버클리에서 박사학위를 땄고, 데이비드 블랙웰은 당시 학과장이었으니 제임스 누에 아디치에는 분명 블랙웰을 알았을 것이다. 내가 기록을 확인해보니 블랙웰이 그의 직속 지도 교수는 아니었지만, 블랙웰은 적어도 2명의 나이지리아 박사과정 학생들을 지도했다. 나는 어린 치마만다가 아버지에게서 블랙웰에 대한 얘기를 들었을 것이라고 생각한다.

나는 또한 제임스 누에 아디치에의 출판물을 보기도 했다. 그리고 1967년과 1974년 사이의 공백을 확인하고 잠시 멈칫했다. 그 평범한 부재가 얼마나 많은 혼란과 트라우마를 숨기고 있는지 알 수 있었다.

《태양은 노랗게 타오른다》에서 올란나와 오데니그보가 전쟁 후 그들의 옛집으로 돌아왔을 때, 그들의 책과 논문 대부분이 불에 타버렸다는 사실을 알게 된다. 오데니그보는 "검게 그을린 종이를 뒤지며 '내 연구 논문은 여기 있어, 네켄 엔케, 신호 감지를 위한 검정 순위……'라고 중얼거렸다." 이 작지만 섬세한 묘사에 가슴이 찢어진다. 만약 전쟁이 일어나지 않았다면 어땠을까. 우리의 아디치에 선배가 1967년과 1974년 사이에 어떤 논문을 발표했을지는 알 수 없지만, 그 제목이 그의 실제 논문 〈선형 모델의 검정 순위〉를 의미하는 것처럼 보인다. 오데니그보와 그의 가족이 전쟁 후의 삶을 다시 꾸려나가기 시작했고, "해외에서 오데니그보를 위해 책을 보내왔다. 전쟁에 모든 것을 강탈당한 동료를 위해! 메모에는 이렇게 적혀 있었다."

'수학자들의 형제애를 간직한 데이비드 블랙웰의 숭배자 동료들로부터.'

치마만다 응고지 아디치에는 '아프리카인'의 고정관념이라는 맥락에서 '단 하나의 이야기'의 문제를 이야기했다.

그녀는 이렇게 말한다.

"한 학생이 내게 나이지리아 남자들이 내 소설《보라색 히비스커스》의 아버지처럼 신체적 학대자들이라는 게 매우 수치스럽다고 말했다. 나는 그에게 방금 《아메리칸 사이코》라는 소설을 읽었고 젊은 미국인들이 연쇄 살인자들이라는 게 매우 수치스럽다."

단 하나의 이야기, 단 하나의 미국인, 또는 단 하나의 나이지리아인, 또는 감히 말하건대 단 하나의 수학자는 고정관념을 만들어낼 수 있다. 그리고 아디치에는 "고정관념의 문제는 그것들이 사실이 아니라는 게 아니라 불완전하다는 것이다"라고 말한다. 문학에서도 (삶에서와 마찬가지로) 사람이 되는 방법만큼이나 수학자가 되는 방법도 다양하다.

감사의 글

《수학의 아름다움이 서사가 된다면》은 나의 첫 번째 책이다. 모든 단계에서 나를 도와준 놀라운 사람들 덕분에 큰 축복을 받았다. 에이전트인 제니 헬러는 막연하게 책을 써야겠다는 생각에서 출판까지 2년이라는 시간 동안 나를 이끌어주었다. 정말 대단한 일을 해냈다. 나의 편집자인 캐롤라인 블리크와 그녀의 조수인 시드니 전과 함께 일하면서 여러 가지 면에서 훨씬 더 훌륭한 책을 만들 수 있었다. 밥 밀러와 플랫아이언 팀은 모두 환상적이었고, 책을 쓰는 힘든 과정을 최대한 원활하게 진행할 수 있도록 도와주었다.

책에 집중할 수 있도록 2021년 가을에 안식년을 허락해준 버벡대학교의 학과장 켄 호리와 제프 월터스 학장에게도 감사드리며, 수학 그룹의 동료이자 친구인 마우라 패터슨과 스티븐 노블에게도 감사드린다. 이분들이 없었다면 지금처럼 조금이라도 제정신으로 팬데믹을 이겨낼 수 없었을 것이다. 그레셤대학교 팀은 기하학 교수인 나를 훌륭하게 지원해주었다. 수학과 예술 및 인문학의 연결에 초점을 맞춘 내 강의 프로그램은 이전의 다른 시리즈와는 상당히 다른 맛을 가지고 있으며, 내 비전을 지지해주고 실행할 수 있게 해줘서 감사하게 생각한다.

그레셤대학교 교수로 임명된 후 시오반 로버츠가《뉴욕 타임스》에 내 프로필을 실으려고 연락을 해왔고, 그 기사를 계기로 많은 기회가 생겼다. 시오반, 다음에 런던에 오면 꼭 맛있는 저녁 식사를 대접하고 싶다! 또한 이안 리빙스턴 경이 자신의 장대한 파이팅 판타지 시리즈의 집필법에 대해 조언을 구할 수 있도록 시간을 아낌없이 내준 것도 감사하다.

이 여정을 함께한 멋진 친구들이 있다는 것은 큰 행운이다. 무엇보다도 멋진 로버트슨머리 문학에이전시Robertson Murray Literary Agency의 샬럿 로버트슨과 제니 헬러를 소개해준 캐럴라인 터너에게 감사하다. 매년 나와 함께 부커상 최종 후보 목록을 읽고 지난 몇 년 동안 친절하고 지지해준 레이철 램퍼드에게도 감사하다. 첫아기를 임신했을 때 처음 만났고, 그 이후로 우리 가족과 계속 친하게 지내고 있는 앨릭스 벨에게 감사하다. 앨릭스, 당신은 정말 든든하다! 당신이 원했던 것처럼 supercalifragilisticexpialidocious, hippopotomonstrosesquipedalian, floccinaucinihilipilification, honorificabilitudinitatibus, contraremonstrance, epistemophilia라는 단어를 책에 몰래 넣지 못해서 미안하다. 그리고 멋진 북클럽인 'Ladies Wot Read'도 빼놓을 수 없다. 우리는 2006년부터 매달 모임을 가지며 좋은 시절과 나쁜 시절을 사랑과 응원으로 서로를 지켜봐왔다. 앨릭스, 클레어, 콜레트, 엠마, 허대서, 루시, 레이철에게 고맙다는 인사를 전하고 싶다.

나는 책과 아이디어로 가득 찬 집에서 자란 행운아였다. 아버지 마틴은 나와 여동생 메리를 독립적인 연구자로 키우기 위해 단어의 뜻을 물어볼 때마다 사전을 찾아보게 하셨다. 메리는 나의 허약함을 참아주었고, 내가 암석과 광물을 공부할 때 함께 지질 박물관에 가거나 장거리 자동차 여행 중에 4차원 도형에 관해 이야기하는 것도 마다하지 않았다.

2002년 다발성 경화증으로 돌아가신 어머니 팻Pat은 내가 어렸을 때 항상 곁에서 안아주고, 나의 많은 걱정을 달래주고, 지루할 때 재미있는 수학 질문을 던져주었다. 우리는 당시 그레셤대학교 기하학 교수였던 크리스토퍼 제이만Christopher Zeeman의 강의에 함께 가기도 했다. 언젠가 저 위에 있는 것이 자신의 딸이 될 줄 알았더라면 좋았을 텐데. 나는 매일 엄마를 생각한다. 엄마. 고마워요.

똑똑하고 아름다운 딸 밀리, 엠마는 인생에 큰 기쁨을 가져다준다. 그들은 또한 내게 혼돈과 평화롭게 지내는 것의 중요성을 가르쳐주었다. 지난 몇 년 동안 많은 일을 겪었지만 놀랍게도 잘 극복해냈다.

마지막으로 내게 가장 중요한 사람이 있다. 남편 마크. 그가 나를 위해 얼마나 많은 일을 해줬는지 말로 표현하기 어렵다. 그는 항상 내가 하고 싶은 모든 일에 무조건적인 지지를 보내주었고, 이 책도 예외는 아니었다. 그는 내가 주기적으로 "도대체 내가 왜 이 일을 할 수 있다고 생각했지?"라고 의기소침해할 때면 나를 다독여주었다. 남편은 항상 나를 위해, 나는 남편을 위해 곁에 있을 거라는 걸 안다. 그는 최고의 남편이자 아빠가 될 수 있는 사람이다. 그가 없었다면 이 책은 존재하지 않았다.

1부
수학적 구조와 창의성 그리고 제약

1. 하나, 둘, 신발 끈을 매자
시의 수학적 패턴

1 혹시 궁금하다면, 0은 10자로 표시된다! 자기만의 필리쉬를 살짝 만들고 싶다면, π의 첫 40자리는 3.141592653589723846438327950288419701다.

2 파운드는 "'이미지'는 순식간에 지적이고 감정적인 복잡함을 나타내는 것이다. (……) 갑작스러운 해방감을 주는 그 '복잡함'을 순간적으로 표현하는 것이다. 시간의 한계와 공간의 한계로부터의 자유, 가장 위대한 예술 작품 앞에서 경험하는 불현듯 성장하는 느낌을 나타낸다"고 말한다. 그는 시와 마찬가지로, 같은 수학적 표현이더라도 다양하게 해석될 수 있다고 설명했다.

3 포괄적인 학문적 논의를 위해, 카와모토 코지Koji Kawamoto의 〈일본 시의 시학 - 형상화, 구조, 운율The Poetics of Japanese Verse: Imagery, Structure, Meter〉을 읽어 보시라. 나는 애비게일 프리드먼Abigail Friedman의 《하이쿠 견습생: 일본에서 쓴 시에 대한 회고The Haiku Apprentice: Memoirs of Writing Poetry in Japan》을 추천한다. 이 책은 저자가 도쿄에서 일본 주재 미국 외교관으로 있을 때 하이쿠를 배웠던 경험을 담았다. 온라인으로 하이쿠를 경험해보기에 좋은 곳은 시인 겸 하이쿠 전문가 마이클 딜런 웰치Michael Dylan Welch가 운영하는 웹사이트 www.graceguts.com이다.

4 영시의 기법 및 52개의 겐지코 전체 도표는 수학자 겸 컴퓨터 과학자 도널드 크누스Donald Knuth의 에세이 《2천 년의 조합론Two Thousand Years of Combinatorics》에 실려 있다. 이 에세이는 로빈 윌슨Robin Wilson과 존 J. 왓킨스John J. Watkins가 편집하고 옥스퍼드대학교 출판부가 2013년에 출간한 《조합론: 고대와 현대Combinatorics: Ancient & Modern》에 수록되어 있다. 나와 마찬가지로 크누스는 수학이든 다른 어떤 것이든 인간이 소통하는 가장 좋은 방법은 이야기를 통해서라고 생각한다. 이것은 컴퓨터 프로그래밍에 대한 그의 철학으로 확장된다. 크누스는 컴퓨터 프로그램을 문학 작품으로 생각하면 훨씬 더 발전될 것이라고 주장한다. 또한 그는 1974년에 《초현실수, 두 전직 학생이 순수 수학에 심취해 완전한 행복을 찾은 방법Surreal Numbers: How Two Ex-students Turned On to Pure Mathematics and Found Total Happiness》이라는 소설을 쓰기도 했다. 제목에서 알 수 있듯이, 이 소설은 초현실수 시대에 대한 것이다. 이 책을 여기서 언급할 가치가 있는 이유는 수학자 존 콘웨이John Conway가 새로운 종류의 숫자 발명에 대한 연구 논문을 다른 곳에서 출판하기 전, 이 논문을 소개한 유일한 소설이기 때문이다.

5 2021년에 세상의 빛을 본 이 소중한 시의 저작권은 작성 당시 열 살이었던 작가 엠마 하트에게 있다. 엠마 하트의 귀중한 허락을 받아 이 책에 실었다.

2. 서사의 기하학

수학은 어떻게 이야기를 구성하는가

1 2004년 케이스웨스턴리저브대학교에서 진행한 보니것의 공개 강의에서 소개되었다. 이 공개 강의는 https: //youtu.be/4RUgnC1lm8에서 온라인으로 볼 수 있다.

2 룩우드의 2021년 소설 《아무도 이것을 말하지 않는다No One Is Talking About This》에서 인용한 것이다.

3 토올스는 2021년 4월 8일 BBC 라디오4 북클럽Bookclub에서 인터뷰를 진행했다. 당시 에피소드는 BBCi 플레이어(https: //www.bbc.co.uk/programmes/m000tvgy)에서 확인할 수 있다.

4 나선형 효과는 직사각형을 따라 정확히 3분의 2, 위로 올라가는 3분의 1 지점에서 수렴한다.

5 페렉은 "《인생 사용법》의 4명의 주요 인물"이라는 기사에서 이렇게 언급했다. 이 글은 문집 《울리포 개론Oulipo Compendium》에 영어로 번역되어 있다. 문제의 소녀는 《인생 사용법》의 영문 번역본 231쪽과 318쪽에 등장한다고 적혀 있다.

3. 잠재 문학을 위한 작업실

수학자와 울리포

1 《돌아오는 사람들》의 영문판은 이안 몽크Ian Monk가 《엑서터 텍스트: 보석, 비밀 그리고 섹스The Exeter Text: Jewels, Secrets, Sex》라는 제목으로 번역했다. 이 책의 리포그램 난이도는 0.25398×36000 = 9165이지만, 번역이라는 도전을 추가적으로 고려한다면 공정한 비교는 아니다.

4. 어디 한 번 따져보자

이야기 선택의 산술

1 모든 사람이 〈파이팅 판타지〉 시리즈를 반긴 것은 아니다. 한 교회 단체는 여덟 쪽짜리 평론을 통해 이 책을 읽으면 악마와 교감하게 되어 악령에게 홀릴 수도 있다며 그 위험성에 대해 끔찍한 경고를 했다. "이 경고를 우려한 아주 외딴곳에 사는 주부는 지역 라디오 방송국에 전화를 걸어 자기 아이가 이 시리즈 중 하나를 읽은 후 공중 부양을 했다고 말했다." 그렇다고 사람들의 흥미가 사라진 것 같지는 않다. "아이들은 이렇게 생각해요. 뭐라고? 1.5파운드만 내면 날 수 있다고? 그럼 나도 하나 읽을래!" 반면에 선생님들은 아이들이 이 책을 읽는다는 사실을 반겼다. 보고에 따르면 이 책 덕분에 아이들의 문해력과 작문 실력이 20퍼센트나 향상되었고, 어휘력에도 확실히 도움이 된다고 한다. 예를 들어, 이런 식이다. "아빠, 석관이 뭐예요?"

2 역시의 또 다른 예를 보고 싶다면, 브라이언 빌스턴의 《난민Refugees》을 강력하게 추천

한다.

3 고대 그리스 애호가들은 이렇게 이야기를 끼워 넣는 방식을 메털렙시스metalepsis라고 부른다. 《로스트 인 더 펀하우스》의 또 다른 이야기에는 여러 겹으로 구성된 메털렙시스의 예가 있다. 존 바스의 《미넬라이아드Menelaiad》에는 7개의 이야기가 중첩되어 있다. 메넬라오스(스파르타의 왕)는 자신의 서사 속 미로에서 스스로 길을 찾기 위해 고군분투한다. 그는 절망에 휩싸여 이렇게 묻는다. "언제쯤 겹겹이 쌓인 이야기 망토를 벗어나 내 목표에 도달할 것인가?"

4 사실 e가 없는 문장을 뽐내고 있으므로 '소네트'라고 할 수 없다.

2부
대수학의 암시: 수학의 서사적 용법

5. 동화 속 인물들

소설에 등장하는 숫자의 상징성

1 42에서 "읽고 말하기" 수열을 시작한다고 가정하자. 《은하수를 여행하는 히치하이커를 위한 안내서》에 따르면 42는 "삶, 우주, 그리고 모든 것"에 대한 답이다. 그러면 42, 1412, 11141112, 31143112로 시작하는 수열을 얻을 것이다. 2015년 캐나다 작가 시오반 로버츠Siobhan Roberts는 뛰어난 수학자 존 콘웨이를 주제로 멋진 전기를 집필했다. 그에 따르면 콘웨이는 "읽고 말하기" 수열을 연구하며, 수열에는 놀라운 특성이 있다는 것을 알아냈다. 사소한 퍼즐에도 놀라운 수학이 있다. 그 짜릿함을 느껴보고 싶다면 이 수열을 구글로 검색해보자.

2 완전수는 분명히 더 있다. 하지만 그건 단지 직감일 뿐이다. 아직 수학적 증거를 가진 이는 아무도 없다.

3 보너스로 수학자를 위한 대안 버전. 세상에는 10종류의 사람들이 있다. 이진법을 이해하는 사람들, 이해하지 못하는 사람들 그리고 이 농담이 삼진법이라는 사실을 예상하지 못한 사람들.

4 인류학자 앨런 던데스의 에세이 '미국 문화의 숫자 3'은《누구나 자기만의 방식이 있다: 문화 인류학의 이해Every Man His Way: Readings in Cultural Anthropology》에 수록되어 있다. 던데스는 논란을 절대 두려워하지 않았던 것 같다. 그는 미식축구의 언어와 의식에 깔린 동성애적 숨은 의미를 기록한 "터치다운을 위한 엔드 존으로Into the Endzone for a Touchdown" 라는 기사를 쓴 후에는 살해 위협을 받기도 했다.

6. 에이허브의 산술

소설 속 수학적 은유

1 좀 더 자세한 설명은 내 논문을 참조하길 바란다. 〈에이허브의 산술: 모비 딕의 수학 Ahab's Arithmetic: The Mathematics of Moby-Dick〉, Journal of Humanistic Mathematics 11, 2021, https: //scharararship.claremont.edu/jhm/vol11/iss1/3, DOI: 10.5642/jummath.202101.03.

2 블레즈 파스칼은 파스칼의 내기Pascal's wager로 가장 잘 알려져 있을 것이다. 파스칼의 내기는 본질적으로 우리가 신의 존재에 찬성하는지 반대하는지 행동으로 보여주는 것을 말한다. 네 가지 경우의 수가 있다. 신이 존재하고, 신을 믿는다. 신이 존재하지 않지만, 신을 믿는다. 신은 존재하지만, 신을 믿지 않는다. 신은 존재하지 않고, 신을 믿지 않는다. 만약 신이 존재하는 세상에서 신을 믿는다면, 그 믿음에 따라 행동한다고 가정할 때 위대한 사람이다. 그러면 영원히 천국으로 간다. 만약 신을 믿지만, 신이 없다는 잘못된 생각을 하면 아마 유한한 삶 동안 소소한 즐거움을 잃고, 사람들의 웃음거리가 되고, 일찍 일어나 교회로 향해야 할 것이다. 하지만 그 손실은 유한하다. 반면에 신을 믿지 않는다고 가정해보자. 만약 신이 없는 세상이라면 그래도 괜찮다. 하지만 신이 있는 세상이라면, 영원히 지옥으로 갈 것이므로 그 손실은 무한하다. 비록 신이 존재할 확률이 아주 낮다고

생각하더라도, 0이 아닌 확률은 여전히 존재한다. 따라서 순수하게 이성적으로 행동한다면, 신이 존재하는 것처럼 행동하고 신을 믿도록 노력해야 한다고 파스칼은 말한다. 신을 믿을 때의 기대 이득도 무한하지만(신이 존재할 확률이 아무리 낮더라도), 믿지 않을 때의 기대 손실도 무한하기 때문이다.

3 조지 엘리엇이 여성 교육에 꽤 강한 견해가 있었다는 사실은 1860년 장편소설 《플로스 강변의 물방앗간The Mill on the Floss》을 보면 알 수 있다. 물방앗간 주인 툴리버의 남매 매기와 톰은 교육 경험이 서로 매우 다르다. 톰은 유클리드 기하학을 억지로 배워야 했지만, 그 주제에 호기심을 느낀 매기는 배울 기회가 주어지지 않았다. 나중에 매기는 톰의 유클리드와 그의 다른 학교 책들을 스스로 터득하기 시작한다. 그리고 "텅 빈 시간을 라틴어, 기하학, 삼단논법으로 채우며 때로는 자신의 이해력이 유별나게 남성적인 공부와 꽤 맞먹는다는 승리감을 느꼈다."

4 데릭 볼의 논문 〈조지 엘리엇의 소설 속 수학Mathematics in George Eliot's Novels〉은 영국 레스터대학교에서 찾아볼 수 있으며, https://leicester.figshare.com /articles/thesis/MathematicsinGeorge_EliotsNovels /10239446/1.에서 내려받을 수 있다. 19세기에 수학과 과학, 창의성 사이의 광범위한 연결고리에 관심이 있다면, 이 주제를 폭넓게 연구한 글래스고대학교 앨리스 젱킨스Alice Jenkins 교수의 책을 참조해도 좋다. 젱킨스의 책 《공간과 사고의 행진: 영국의 문학과 물리과학, 1815-1850Space and the "March of Mind": Literature and the Physical Sciences in Britain, 1815-1850》는 19세기 영국의 과학과 문학 간의 대화를 학문적으로 탐구한다.

5 비밀을 하나 말해도 되려나? 사실 나는 《피네건의 경야》를 읽지 않았다. 그래서 세바스티안 D. G. 놀스Sebastian D. G. Knowles의 "초보자를 위한 피네건의 경야"라는 멋진 기사를 읽었을 때 무척 기뻤다. 만약 《제임스 조이스 쿼털리James Joyce Quarterly》 2008년 가을호를 얻을 수 있다면, 이 기사를 적극 추천한다. 첫 문장은 다음과 같다. "고백하자면, 2003년 9월 현재, 20년 동안 조이스 심포지엄에 참석하고, 조이스에 관한 12개가 넘는 강의를 진행하고, 조이스의 작품에 완전히 몰입한 책을 쓰고, 또 다른 책을 편집하고 나

서도, 나는 아직 《피네건의 경야》를 읽지 않았다." 놀스는 자포자기하는 심정으로 《피네건의 경야》에 관한 강의를 맡은 후에야 마침내 완독할 수 있었다고 한다.

6 3장 '잠재 문학을 위한 작업실'에서는 유클리드의 다섯 번째 공리를 다른 방식으로 이야기했다. 임의의 직선과 그 선 위에 있지 않은 점이 하나 주어지면, 그 점을 통과하는 직선은 정확히 하나이며, 주어진 직선과 평행하다는 설명이었다. 유클리드의 다섯 번째 공리는 18세기 스코틀랜드 수학자 존 플레이페어John Playfair의 이름을 따 플레이페어의 공리Playfair's axiom로 알려졌으며, 이 공리는 조이스가 언급하는 공리와 논리적 유사성은 있지만 작업하기는 훨씬 쉽다. 또한 3장에서 언급한 힐베르트는 그의 《기하학의 기초Foundations of Geometry》에서 사용한 버전이기도 하다. 조이스의 버전은 원래 그리스어 문헌에 있는 것이다.

7. 환상적인 왕국으로의 여행

신화의 수학

1 어떤 판본에는 "기하학자"가 아닌 "대수학자"로 나와 있다.

2 이 에세이는 1927년 샤토앤윈더스Chatto and Windus가 출판한 《가능한 세상과 그 밖의 에세이Possible Worlds and Other Essays》에 등장했지만, 온라인에서도 쉽게 찾을 수 있다. 또한 홀데인은 비행에 관한 토론에서 천사에 대한 나쁜 소식을 전하기도 했다. 그는 새처럼 날아다니는 생명체의 크기가 4배로 늘어나면, 나는 데 필요한 힘은 128배 늘어난다고 설명한다. 그리고 이어서 "천사의 근육은 독수리나 비둘기보다 더 힘이 없고, 몸무게에 비해 무게도 덜 나간다. 따라서 날개를 움직이는 데 필요한 근육을 수용하려면 약 4피트의 돌출된 가슴이 있어야 하고, 그 무게를 절약하려면 다리는 한낱 버팀목으로 줄어들어야 할 것이다"라고 말한다.

3 릴리퍼트인과 바로우어즈 같은 소인 출현의 타당성을 다룬 실제 과학 논문이 두어 편 있으니, 혹시 그런 류의 이야기를 좋아한다면 재미있게 읽어 볼 만하다. 나는 릴리퍼트인의 권장섭취량 계산을 훨씬 복잡하게 만들기는 싫지만, 2019년 키에 따른 질량의 변화

를 관찰한 커틀러Quetelet의 논문에 따르면 릴리퍼트인은 내가 대략적으로 추정한 9.3칼로리가 아니라 사실상 57칼로리가 필요하다고 시사한다. 하지만 릴리퍼트 경제 측면에서 상황을 훨씬 더 나쁘게 만들 뿐이다. 《생리학 저널The Journal of Physiological Sciences 69》에 수록된 T. 쿠로키T. Kuroki의 '걸리버 여행기에 대한 생리학적 소론: 3세기 후의 수정'을 확인하시라. 한편, 《Journal of Interdisciplinary Science Topics 5》에 게재된 J.G. 파뉴엘로스J. G. Panuelos와 L.H. 그린L. H. Green의 '바로우어즈들의 세상은 어떨까?'에서는 바로우어즈의 목소리에 대한 논의를 비롯해 그들의 삶을 여러 측면에서 더 자세히 설명한다.

3부
수학, 이야기가 되다

8. 수학적 아이디어와의 산책
소설로 탈출한 수학 개념

1 3차원 정육면체의 어떤 겨냥도sketch map도 모든 면을 정사각형으로 표현할 수 없는 것처럼, 초입방체의 어떤 겨냥도 역시 반드시 일부 길이를 왜곡한다. 2차원 평면에 3차원 정육면체를 표현하는 도전을 피할 단 한 가지 방법은 정육면체의 전개도Net를 그리는 것이다. 이 전개도는 정육면체를 만들기 위해 3차원으로 잘라내 접을 수 있도록 6개의 정사각형을 그린 그림이다. 같은 방식으로, 초입방체를 만들 수 있게 4차원으로 접을 수 있는 8개의 정육면체로 된 3차원 전개도를 만들 수 있다. 살바도르 달리Salvador Dalí의 1954년 작 〈4차원 초입방체로 그린 십자가 처형Crucifixion(Corpus Hypercubus)〉이 바로 8개의 정육면체로 그려낸 작품이다.

2 많은 사람들이 평행 공리를 이해하기 힘들어했다. 그만큼 이질적으로 여겨졌다는 뜻이

다. 심지어 도스토옙스키의 1880년 소설 《카라마조프 가의 형제들》 중 가장 지성적인 이반 카라마조프도 이 기하학을 이해하느라 고군분투했다. 이반은 신을 이해하려는 노력과 비유클리드 기하학을 이해하는 노력을 비교한다. 이반은 이렇게 말한다. "유클리드에 따르면 지구상에서 결코 만날 수 없는 두 평행선이 무한대의 어딘가에서 만날지도 모른다는 것을 감히 꿈꾸는 기하학자와 철학자들이 있다. 나는 그것조차 이해할 수 없기에 신을 이해할 수 있다는 기대를 버려야겠다고 결론 내렸다. 그래서 그런 질문을 해결할 능력이 없음을 겸허히 인정한다. 유클리드적이고 세속적인 마음을 가진 내가 어떻게 이 세상의 것이 아닌 문제를 해결할 수 있겠는가?"

3 독일 물리학자 헤르만 폰 헬름홀츠Hermann von Helmholtz도 《플랫랜드》처럼 우리가 구 표면에 살고 있는 2차원 존재라면 세계를 어떻게 해석할 것인가에 대해 논의했다. 그러나 《플랫랜드》의 가장 중요한 영감은 찰스 하워드 힌턴Charles Howard Hinton의 "What Is the Fourth Dimension?(제4차원이란 무엇인가?)"라는 평론에서 나왔다. 분명 애벗은 이 글을 읽었을 것이다. 힌턴은 수학자 및 교사, 작가 그리고 과학을 대중화한 위대한 인물이다. 힌턴의 글은 "평면에 갇힌 존재"를 상상하며 "원이나 직사각형과 같은 어떤 형상이 인식의 힘을 부여받고 있다"고 가정한다. 친숙하게 들리시는가?

4 구 표면에서의 삼각형 각도는 사실상 180도 이상이다. 그렇다고 일상생활에서 걱정할 필요는 없다. 각도의 합이 180도를 초과하는 양은 삼각형이 구 표면에 얼마나 있는지에 비례하기 때문이다. 하지만 이 지식은 19세기에 등장한 더 인상적인 기술적 업적, 대삼각 측량Great Trigonometrical Survey 중 하나에 필수적이었다. 대삼각 측량은 인도 전체를 높은 정확도로 지도화하려는 목적으로 70년 동안 진행되었다. 하지만 측정되는 거리가 너무 멀어 지구 곡률 및 삼각형 각도에 미치는 곡률의 영향이 계산에 고려되어야 했다.

5 《한스 팔의 전대미문의 모험The Unparalleled Adventure of One Hans Pfaall》을 말한다.

6 이 책에는 "암호학 수학자들"이 "원래 신경질적인 일 중독자들"이라 쓰여 있다. 그렇지만 사실일까? 몇 년 전 로열 홀로웨이(《다빈치 코드》의 또 다른 암호학자 소피 느뵈가 훈련받았다고 추정되는 곳)에서 세미나를 열었을 때, 나는 몇몇 수학자들을 만났었다. 그들은 느긋하

고 상냥하게 차와 비스킷을 즐겼으며, 전혀 일 중독자 같지 않은 면모를 보이는 멋진 사람들이었다.

7 그렇다. RSA는 리베스트-샤미르-에이들먼Rivest-Shamir-Adleman의 약자이다. 이 세 사람이 모든 명성과 명예를 얻은 건 이들 잘못이 아니다. 이들은 그럴 만했다. 클리퍼드 코크스도 이들을 시기하지 않는다. 코크스가 말했듯이, "대중의 인정을 받기 위해 이 일을 하는 게 아니다." RSA에 관한 내용은 사이먼 싱Simon Singh의 훌륭한 암호학 역사책 《비밀의 언어The Code Book》에서 더 자세히 읽을 수 있다.

9. 현실 속의 파이

수학을 주제로 한 소설

1 《라이프 오브 파이》가 이 매혹적인 숫자를 언급하는 유일한 문학 작품은 아니다. 지식을 최대한 넓히려면 움베르토 에코Umberto Eco의 《푸코의 진자Foucault's Pendulum》 시작 부분에 있는 이 구절을 확인해 보시라. "내가 진자를 본 건 그때였다. (……) 나는 알고 있었다. 하지만 누구든 그 고요한 호흡의 마법을 눈치챘을 것이다. 그 주기는 철사 길이의 제곱근과 π에 좌우되고, 세상 사람들에게는 무리수로 보일 π는 더 높은 합리성으로 모든 가능한 원주와 지름을 아우르고 있다는 사실을. 구체 진자가 끝에서 끝으로 흔들리는 데 걸리는 시간은 시대를 초월한 측정값 사이에서 불가사의한 음모로 결정된다. 정지점의 단일성, 평면 차원의 이중성, π로 시작하는 삼중성, 제곱근이 지닌 은밀한 사중성, 원 자체의 무한한 완벽함." 댄 브라운에게서는 π라는 말을 들어본 적이 없을 것이다.

2 인용문은 호르헤 루이스 보르헤스 소설의 영문판, 제임스 E. 어비James E. Irby가 번역한 《미로Labyrinths》(펭귄클래식 에디션, 2000)에서 나온 것이다.

10. 모리아티는 수학자였다

문학에서 수학 천재의 역할

1 페르마의 마지막 정리는 수년 동안 몇 차례에 걸쳐 이런 식으로 공개되었다. 와일즈 이

전의 인물들은 어떤 증거를 찾기만 하면 명성과 부를 얻을 수 있었다. 와일즈 이후에는 찾기 힘든 "짧은" 증명이라도 찾아야 했다. 2010년 영국의 TV 프로그램 〈닥터 후Doctor Who〉의 한 에피소드에서 닥터 후는 천체들이 자신의 지능을 믿어야 한다는 증거로 페르마의 마지막 정리의 "진짜 증명", 즉 짧은 증명을 그들에게 들려준다. 반면, 호르헤 루이스 보르헤스는 늘 그렇듯 박식함을 뽐내며 "이븐 하칸 알 보카리, 미궁 속에서 죽은 수학자Ibn Hakkan al Bokhari, Dead in His Labyrinth"에 나오는 수학자 어윈이 그 정리를 증명했다고 주장하지 않는다. 그는 "디오판토스의 한 페이지에서 피에르 페르마가 썼다고 추정되는 이론The theory supposed to have been written by Pierre Fermat in a page of Diophantus"에 관한 논문을 발표했을 뿐이다. 아서 포르게스Arthur Porges의 1954년 단편소설 〈악마와 사이먼 플래그The Devil and Simon Flagg〉에는 또 다른 반전이 있다. 수학자 사이먼 플래그는 악마를 속여 내기를 건다. 악마가 한 가지 질문에 대답할 수 있다면, 그는 플래그의 영혼을 가질 수 있다. 그렇지 않다면, 그는 플래그에게 부와 건강, 행복을 주고 그를 영원히 평화롭게 둬야 한다. "페르마의 마지막 정리가 사실인가?"라는 질문에 악마는 대답하지 못하고, 플래그는 그 보상을 받는다.

2 공교롭게도 베스는 수학을 잘한다. 저자 테비스는 고아원에서 베스가 반 1등이라고 말한다. 사실 이 부분은 이야기의 중심 내용이다. 반 1등은 화요일 산수 수업 후 칠판지우개를 닦기 위해 지하실로 내려가도록 선택받은 사람이라는 뜻이었고, 베스는 그것을 특권이라 여겼기 때문이다. 베스가 체스를 두는 관리인을 처음 본 후 그에게 체스를 가르쳐 달라고 조르는 곳이 바로 지하실이다. TV 각색이 그랬듯이, 나는 테비스가 자살한 수학자로서의 베스 어머니에 대한 뒷이야기를 들려주지 않는다고 알리게 되어 기쁘다.

3 하디는 또한 어느 날 완전히 낯선 사람에게 받은 편지를 공들여 읽으며 수학에 크게 이바지했다. 이 편지는 $1 + 2 + 3 + 4 + \cdots\cdots = -\frac{1}{12}$ 와 같은 터무니없는 공식으로 채워져 있었고, 이 공식을 쓴 사람은 공식적인 수학 교육을 전혀 받지 않은 인도 점원이었다. 이 공식에 의미 있는 맥락이 있다고 여긴 하디는 이 편지를 쓴 사람이 누구든 희귀한 재능이 있고, 다소 순수한 직관에서 이 공식이 도출되었음을 인식했다. 그래서 그와 함께 일할

자금을 마련해 스리니바사 라마누잔Srinivasa Ramanujan이라는 이름의 그 점원을 영국으로 데려왔다. 라마누잔은 20세기에 가장 뛰어난 독창적인 수학 사상가 중 1명임을 입증했고, 그 공은 라마누잔의 재능을 인정하고 물심양면으로 그를 도운 하디에게 돌아갔다. 라마누잔의 이야기는 사이먼 맥버니Simon McBurney와 그의 극단 컴플리시테Complicité가 2007년에 공연한 멋진 연극 〈사라지는 숫자A Disappearing Number〉로 널리 전해졌다.

4 독시아디스는 컴퓨터 과학자 크리스토스 파파디미트리우Christos Papadimitriou와 공동집필한 2009년 그래픽 소설 《로지코믹스Logicomix》에서 20세기 수학적 진리의 기초를 더 다양하게 탐구하며, 더 많이 보여준다. 이 책 역시 매우 권장할 만하다. 20세기가 시작될 무렵, 수학 전체를 가능한 가장 엄격한 논리적 기초 위에 두려는 공동의 시도가 있었다. 가능한 모든 수학적 진술을 표현할 수 있는 일종의 수학적 언어를 고안하려는 시도였다. 그런 다음에야 초기 가정이나 공리 목록에 동의할 수 있고, 엄격하게 정의된 추론 규칙에 따라 각 진술을 증명하거나 반증할 수 있었다. 하지만 1931년 수학자 쿠르트 괴델Kurt Gödel이 모든 것을 박살 냈다. 괴델은 그 어떤 수학 체계도 체계 내에서 증명할 수 없는 진정한 진술이 있다는 점에서 불충분해야 한다고 증명했다. 이러한 발전은 수학 전체를 체계화하는 데 일생을 바친 논리학자들에게 깊은 실망감을 주었다. 그래서 아마 《로지코믹스》에 대한 《뉴욕 타임스》의 리뷰 제목이 "알고리즘과 블루스Algorithm and Blues"였을지도 모르겠다.

5 예를 들어 지미 헨드릭스Jimi Hendrix, 커트 코베인Kurt Cobain, 재니스 조플린Janis Joplin, 짐 모리슨Jim Morrison, 에이미 와인하우스Amy Winehouse 그리고 브라이언 존스Brian Jones는 27세에 세상을 떠났다. 하지만 엘비스 프레슬리Elvis Presley, 존 레넌John Lennon, 데이비드 보위David Bowie 그리고 다른 수백 명은 그렇지 않았다.

6 어떻게 하면 Софья Васильевна Ковалевская를 영어로 가장 잘 번역할 수 있을지 좀 애매하다. 러시아인의 이름은 세 부분으로 되어 있다. 첫 번째는 이름, 두 번째는 부칭父稱 그리고 마지막은 성이다. 따라서 소피야의 아버지 이름은 바실리였고, 남편의 성은 코발렙스키였기 때문에, 그녀의 전체 이름은 소피야 바실리예프나 코발렙스카야였다. 부칭

과 성은 둘 다 남성과 여성 형태가 있다. 러시아 사람들은 꽤 자주 이름과 부칭으로 불린다. 또한 재미를 더하기 위해, 줄여 부르는 이름이 많다. 러시아 소설을 읽어 본 사람이라면 누구나 그 문제를 알고 있다. 그래서 알렉산드르 페트로비치라는 것을 깨닫기도 전에 돌연 나타난 사샤에 대한 10쪽짜리 내용에 점점 더 혼란스러워진다. 어쨌든 나는 소피야 코발렙스카야라는 현재의 합의를 가장 정확한 표현이라고 믿는다. 그럼에도 사람들이 또한 소피아Sofia, 소피아Sophia, 소피Sophie, 심지어 더 줄인 소냐Sonya뿐만 아니라 코발레브스키Kovalevsky, 코발레프스키Kovalevski, 코발레프스카이아Kovalevskaia, 코발레렙스카야Kovalevskaja 등으로 부르는 것을 볼 수 있다. 앨리스 먼로는 소피아 코발레브스키Sophia Kovalevsky라고 불렀다.

수학자의 서재

1. 하나, 둘, 신발 끈을 매자

시의 수학적 패턴

- Tom Chivers (editor), *Adventures in Form: A Compendium of Poetic Forms, Rules and Constraints* (Penned in the Margins, 2012).
- Jordan Ellenberg, *Shape: The Hidden Geometry of Absolutely Everything* (Penguin Press, 2021). He has also written a well-received novel, *The Grasshopper King* (Coffee House Press, 2003).
- Michael Keith's pilish poem *Near a Raven* is available on his website, cadaeic.net (that strange word "cadaeic" is not in any dictionary—but if you let a=1, b=2, and so on, you will see what's going on). He has also written an entire pilish book, the only one I know of: Michael Keith, *Not a Wake: A Dream Em- bodying (Pi)'s Digits Fully for 10000 Decimals* (Vinculum Press, 2010).
- Raymond Queneau's Cent mille milliards de poèmes has been translated into English more than once. Stanley Chapman's version uses the rhyme scheme abab, cdcd, efef, gg, and Queneau's reaction was apparently "admiring stupefaction," so that seems a good place to start. It appears

in *Oulipo Compendium*, edited by Harry Mathews and Alastair Brotchie (Atlas Press, 2005).

- Murasaki Shikibu, *The Tale of Genji*, translated by Royall Tyler (Penguin Classics, 2002).
- For poetry with explicitly mathematical themes, check out these three collections: Madhur Anand, *A New Index for Predicting Catastrophes* (McClelland and Stewart, 2015). Sarah Glaz, *Ode to Numbers* (Antrim House, 2017). Brian McCabe, *Zero* (Polygon, 2009).

2. 서사의 기하학

수학은 어떻게 이야기를 구성하는가

- Eleanor Catton, *The Luminaries* (Little, Brown, 2013).
- Georges Perec, *Life: A User's Manual*, translated by David Bellos (Collins Harvill, 1987).
- Hilbert Schenck, *The Geometry of Narrative*, Analog Science Fiction / Science Fact (Davis Publications, August 1983).
- Catherine Shaw has written several Vanessa Duncan novels. The first is *The Three- Body Problem* (Allison and Busby, 2004).
- Laurence Sterne, *The Life and Opinions of Tristram Shandy, Gentleman* (1759~1767). Amor Towles, *A Gentleman in Moscow* (Viking, 2016).

3. 잠재 문학을 위한 작업실

수학자와 울리포

- Christian Bök, *Eunoia* (Coach House Books, 2001).
- Alastair Brotchie (editor), *Oulipo Laboratory: Texts from the Bibliothèque Oulip-iènne* (Atlas Anti-Classics, 1995).
- Italo Calvino, *If on a Winter's Night a Traveler*, translated by William Weaver (Har-court Brace Jovanovich, 1982).
- Italo Calvino, *Invisible Cities*, translated by William Weaver (Harcourt Brace Jo-vanovich, 1978).
- Mark Dunn, *Ella Minnow Pea: A Novel in Letters* (Anchor, 2002).
- Harry Mathews and Alastair Brotchie (editors), *Oulipo Compendium* (Atlas Press, 2005).
- Warren F. Motte, *Oulipo: A Primer of Potential Literature* (Dalkey Archive Press, 1986).
- Georges Perec, *A Void*, translated by Gilbert Adair(Harvill Press, 1994). *Georges Perec, Three by Perec*, translated by Ian Monk (David R. Godine Publisher, 2007). This contains *The Exeter Text: Jewels, Secrets, Sex,* Monk's translation of *Les Revenentes*, the novel that prohibits every vowel except e.

4. 어디 한 번 따져보자

이야기 선택의 산술

- John Barth, *Lost in the Funhouse*, reissue edition (Anchor, 1988).

- Julio Cortázar, *Hopscotch, Blow-Up, We Love Glenda So Much* (Everyman's Library, 2017) — this contains Hopscotch as well as a collection of short stories including *Continuity of Parks*.
- B. S. Johnson, *House Mother Normal*, reissue edition (New Directions, 2016).
- B. S. Johnson, *The Unfortunates*, reissue edition (New Directions, 2009). Gabriel Josipovici, *Mobius the Stripper* (Gollancz, 1974).
- Ian Livingstone and Steve Jackson wrote many of the *You are the hero* books in the Fighting Fantasy series. The ones I mentioned are *The Warlock of Fire- top Mountain* (Puffin, 1982), co-written with *Steve Jackson, and Deathtrap Dungeon* (Puffin, 1984), both of which were reissued by Scholastic Books in 2017.
- US readers may remember the Choose Your Own Adventure series, which had its heyday in the 1980s. Most of the books were written by Edward Packard or R. A. Montgomery. I'm pretty sure I had *The Abominable Snowman* (Bantam Books, 1982).

5. 동화 속 인물들

소설에 등장하는 숫자의 상징성

- Annemarie Schimmel's book *The Mystery of Numbers* (Oxford University Press, 1993) devotes a chapter not quite to each number (she'd be writing it for all infinity if she did) but to all the small numbers. It's in this little book that I first learned that cats have different numbers of lives depending on their nationality.

- If you'd prefer a purely mathematical guide to numbers and their properties, you can't go wrong with *The Penguin Dictionary of Curious and Interesting Numbers* by David Wells (Penguin, 1997).
- For a really deep dive into the language of numbers and the origin of number words and number symbols in different languages and cultures, try Karl Menninger's *Number Words and Number Symbols: A Cultural History of Numbers* (Dover, 1992). It has quite an old-fashioned tone of voice (it's a translation of the 1958 German edition) but is full of fascinating nuggets.

6. 에이허브의 산술

소설 속 수학적 은유

- Herman Melville, *Moby-Dick* (1851).
- George Eliot's novels all contain mathematical allusions. We discussed *Adam Bede* (1859), *Silas Marner* (1861), *Middlemarch* (1871~1872), and *Daniel Deronda* (1876).
- Vasily Grossman, *Life and Fate* (NYRB Classics, 2008). Leo Tolstoy, *War and Peace* (1869).
- James Joyce, *Dubliners* (1914), and *Ulysses* (1922). I'm not

going to tell you to read *Finnegans Wake* (1939).

7. 환상적인 왕국으로의 여행

신화의 수학

- Mary Norton, *The Borrowers* (1952). There were several later Borrowers books too. François Rabelais, *Life of Gargantua and Pantagruel* (published in English 1693~1694).
- Jonathan Swift, *Gulliver's Travels* (1726). Voltaire, *Micromégas* (1752).

8. 수학적 아이디어와의 산책

소설로 탈출한 수학 개념

Books relating to *Flatland* and the fourth dimension

- Edwin A. Abbott, *Flatland: A Romance of Many Dimensions* (1884). You might also like Ian Stewart's *The Annotated Flatland* (Perseus Books, 2008).
- Dionys Burger, *Sphereland* (Apollo Editions, 1965).
- A. K. Dewdney, *The Planiverse: Computer Contact with a Two-Dimensional World* (Poseidon Press, 1984).
- Fyodor Dostoyevsky, *The Brothers Karamazov* (1880).
- Charles H. Hinton, *An Episode of Flatland: or, How a Plane Folk Discovered the Third Dimension* (S. Sonnenschein, 1907).
- Rudy Rucker, *The Fourth Dimension and How to Get There* (Penguin, 1986). Rudy Rucker, *Spaceland: A Novel of the Fourth Dimension* (Tor Books, 2002). Ian Stewart, *Flatterland*

(Perseus Books, 2001).

Books relating to fractals

- Michael Crichton, *Jurassic Park* (Arrow Books, 1991). John Updike, *Roger's Version* (Knopf, 1986).
- Several Richard Powers novels discuss fractals, including *The Gold Bug Variations* (Harper, 1991), *Galatea 2.2* (Harper, 1995), and *Plowing the Dark* (Farrar, Straus and Giroux, 2000), in which an artist works with computer scientists to design a virtual world using, in part, fractals.

Books relating to cryptography

- Dan Brown, *The Da Vinci Code* (Doubleday, 2003) and *Digital Fortress* (St. Martin's Press, 1998).
- Arthur Conan Doyle, *The Adventure of the Dancing Men* (in The Return of Sherlock Holmes, 1905) and *The Valley of Fear* (1915). Both had previously appeared in *The Strand Magazine*.
- John F. Dooley (editor), *Codes and Villains and Mystery* (Amazon, 2016), is an anthology that includes the O. Henry story *Calloway's Code*.
- Robert Harris, *Enigma* (Hutchinson, 1995).
- Edgar Allan Poe, *The Gold-Bug* (1843) and *The Purloined Letter* (1844); both available in numerous short story collections and editions of Poe's works.
- Neal Stephenson, *Cryptonomicon* (Avon, 1999). Jules Verne,

Journey to the Center of the Earth (1864).

- Hugh Whitemore, *Breaking the Code* (Samuel French, 1987).

9. 현실 속의 파이

수학을 주제로 한 소설

- Jorge Luis Borges, *Labyrinths*, Penguin Modern Classics edition (Penguin Books, 2000). This collection includes *The Library of Babel* as well as several other wonderful stories with a mathematical flavor. *The Library of Babel* is also included in William G. Bloch, *The Unimaginable Mathematics of Borges' Library of Babel* (Oxford University Press, 2008).
- Lewis Carroll, *Alice's Adventures in Wonderland* (1865) and *Through the Looking- Glass*, and *What Alice Found There* (1871). For mathematical discussions of Lewis Carroll's work, I recommend Martin Gardner's *The Annotated Alice* (Penguin Books, 2001) and Robin Wilson's *Lewis Carroll in Numberland* (Penguin Books, 2009).
- Yann Martel, *Life of Pi* (Mariner Books, 2002).

10. 모리아티는 수학자였다

문학에서 수학 천재의 역할

- Chimamanda Ngozi Adichie, *Half of a Yellow Sun* (Knopf, 2006).
- Isaac Asimov, *Foundation* (Gnome Press, 1951), the first of

seven books in the Foundation series.

- Apostolos Doxiadis, *Uncle Petros and Goldbach's Conjecture* (Faber and Faber, 2001).
- Mark Haddon, *The Curious Incident of the Dog in the Night-Time* (Doubleday, 2003).
- Aldous Huxley, *Young Archimedes* (1924). It is the first story included in Clifton Fadiman's *Fantasia Mathematica* (Simon and Schuster, 1958). This anthology contains a broad selection of mathematically themed short stories, poetry, and quotations. I have to say that some of them haven't aged particularly well, but the collection is still worth dipping into.
- Sofya Kovalevskaya, *A Russian Childhood* (Springer, 1978) and *Nihilist Girl* (Mod- ern Language Association of America, 2001).
- Stieg Larsson, *The Girl Who Played with Fire* (Knopf, 2009)—the second in the Millennium series, following *The Girl with the Dragon Tattoo*.
- Alice Munro, *Too Much Happiness* (Knopf, 2009).
- Sydney Padua, *The Thrilling Adventures of Lovelace and Babbage: The (Mostly) True Story of the First Computer* (Pantheon Books, 2015).
- Tom Stoppard, *Arcadia: A Play in Two Acts* (Faber and Faber, 1993). I also recommend his play *Rosencrantz and Guildenstern Are Dead* (Faber and Faber, 1967), for its fascinating exploration of probability, chance, and fate.
- Walter Tevis, *The Queen's Gambit* (Random House, 1983).

There are many books featuring mathematicians that we didn't have the space to discuss. Here are a few to get you started:

- Catherine Chung, *The Tenth Muse* (Ecco, 2019), the story of a brilliant young mathematician taking on the Riemann hypothesis, one of the great unsolved problems of mathematics. It weaves in stories of real women mathematicians who, in Chung's words, "posed as schoolboys, married tutors, and moved across continents, all to study and excel at mathematics."
- Apostolos Doxiadis and Christos Papadimitriou, *Logicomix: An Epic Search for Truth* (Bloomsbury, 2009), a graphic novel narrated by a fictional Bertrand Russell and featuring mathematicians such as David Hilbert, Kurt Gödel, and Alan Turing.
- Jonathan Levi, *Septimania* (Overlook Press, 2016). This entertaining novel features mathematician Louiza, along with Isaac Newton and Newton expert Malory, about whom Levi says that "in the Kingdom of Mathematicians, he as a Historian of Science (……) bestrode the River Cam with the charisma and stature of a Colossus." As 2021~23 president of the British Society for the History of Mathematics, I can confirm that all our members are incredibly charismatic and you will probably become more so yourself if you join.
- Simon McBurney / Théâtre de Complicité, *A Disappearing Number* (Oberon, 2008), a stage play about the Indian

mathematician Srinivasa Ramanujan and his work with G. H. Hardy.

- Yoko Ogawa, *The Housekeeper and the Professor* (Picador, 2009), a touching and poignant story of a mathematics professor who lives with only eighty minutes of short-term memory, and the friendship that develops with his housekeeper and her son.
- Alex Pavesi, *Eight Detectives* (Henry Holt, 2020). This novel centers on a mathematician who has analyzed the permutations of murder mysteries. I don't want to tell you anything about it because I'll spoil it for you, but I very much enjoyed it.

모비 딕의 기하학부터 쥬라기 공원의 프랙털까지
수학의 아름다움이 서사가 된다면

초판 1쇄 발행 2024년 8월 28일
초판 3쇄 발행 2024년 10월 22일

지은이 새러 하트
옮긴이 고유경
펴낸이 성의현
펴낸곳 미래의창

편집주간 김성옥
책임편집 김다울
디자인 공미향 · 강혜민

출판 신고 2019년 10월 28일 제2019-000291호
주소 서울시 마포구 잔다리로 62-1 미래의창빌딩(서교동 376-15, 5층)
전화 070-8693-1719 **팩스** 0507-0301-1585
홈페이지 www.miraebook.co.kr
ISBN 979-11-93638-40-8 (03410)

※ 책값은 뒤표지에 표기되어 있습니다.

생각이 글이 되고, 글이 책이 되는 놀라운 경험. 미래의창과 함께라면 가능합니다.
책을 통해 여러분의 생각과 아이디어를 더 많은 사람들과 공유하시기 바랍니다.
투고메일 togo@miraebook.co.kr (홈페이지와 블로그에서 양식을 다운로드하세요)
제휴 및 기타 문의 ask@miraebook.co.kr